U0215350

全屋定制 CAD 标准图集

1

名门汇　编

木门 / 屏风

前 言

PREFACE

全屋定制是一种个性化、多样化的设计理念，其通过“互联网+”的营销模式，以数字化和智能化进行生产，是家具产业一次颠覆性的技术进步。定制是中国家具产业从大规模生产走向大规模定制的重大转型，是家具产业从中国制造走向中国创造的重大转折。

随着社会的不断发展，全屋定制逐渐被广大消费者所接受，它强调的是个性化设计及家居设计风格的统一，全屋定制不仅能让我们的生活更加舒适，也能独树一帜地演绎主人的生活理念。

全屋定制涵盖了用户调查、方案设计、后期沟通、工厂生产、安装、售后等一系列服务，因此必须依靠强大的企业或服务平台，实现设计、生产、施工、饰品配套等多种资源的整合与利用；以全屋设计为主导，配合专业定制和整体主材配置来实现属于客户自己的家装文化。

想在未来的全屋定制行业占领先机，除了依靠品质、服务等因素，对整装品牌而言，人是不可或缺的重要力量。因此企业对于设计师的培养和设计师自身能力的提升，越来越显得必不可少。

作为全屋定制企业最核心的岗位——设计师，任重而道远，设计师不仅是企业价值的创造者，更是帮助企业解决问题的行动者，设计师在企业的转型升级、突破瓶颈等问题中都是中坚力量，设计师面对的挑战和困难也是非常艰巨的。

为了能让广大设计师和我们的同行业者更快解决实际问题，找到用户需求，我们特将近年来的生产实践整理成册，本套系列丛书分为三部分，第一部分为木门、屏风；第二部分为衣柜、酒柜、鞋柜、书柜；第三部分为柜类配件、活动柜、楼梯、墙板、博古架。

我们在整理这套书时候尽量原创，在编写过程中参考和引用了很多行业内知名的企业、设计师的宝贵资料和研究成果，同时也参照了很多行业图集，也有部分素材来源于网络，在此基础上进行了部分修改！在此对原作者和研究者表示衷心的感谢！

本书在编写过程中，肯定有诸多纰漏之处，我们也向本套书提出质疑或提供建议的读者表示诚挚的敬意！

编 者

2018 年 12 月

目 录
Contents

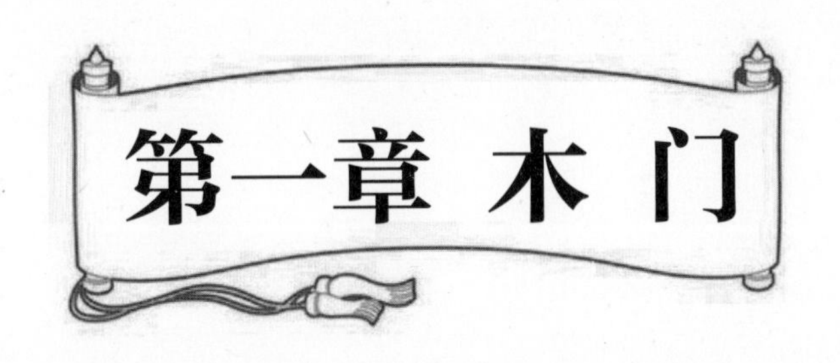

第一节 木门的概念及分类

木门，顾名思义，是由木材制作而成的门，2006 年国家发展和改革委员会颁布实施的木质门行业标准 WB/T1024-2006，将木质门定义为：是由木质材料（锯材、胶合材等）为主要材料制作门框（套）、门扇的门。

目前市场上的木门主要分为：原木门、集成实木门、实木复合门、模压门、免漆门等，其中原木门工艺复杂，对于木材干燥及后续处理非常严格。

第二节 原木门的结构及加工流程

原木门主要由边梃、竖梃、上梃、中梃、下梃、门心板各部件组成，其立面根据其结构和实木门加工工艺，大致可分为：边梃、竖梃、上梃、中梃、下梃，为一类；门芯板为另一类。

原木门加工过程：选材→下料→刨压→拼接→砂光→木工铣线→开榫→打眼→组装→砂光→精切→修补→打白磨→喷底→补灰→打磨→第一遍底漆→打磨→检补→第二遍底漆→打磨→检补→色漆→打磨→修补→面漆→检验→包装→入库。

第三节 原木门拆单图解

图示中标注有尺寸，表示在标准规格内为固定值，“EQ”所表示总尺寸减掉固定值后的尺寸平分。在设计时因需考虑实际尺寸，比例需要调整，如当门扇宽度为 880mm 时，门边宽度可以从 130mm 调成 140mm；如果总宽度 700mm 以下，门边宽充可以从 130mm 调成 120mm。在门边的调整，需要考虑到锁具，如密码锁的门边就需要加宽。图示注明固定值，并不代表是不变值，只代表模型库中的参数值，如在根据实际情况，可以手动修改及调整。在设计拆单时，需要考虑刀型的尺寸，如总宽度太小，导致刀型不够位置时，可以考虑改变门边尺寸或更换刀型，模型库设定刀型，只根据最常用刀型。

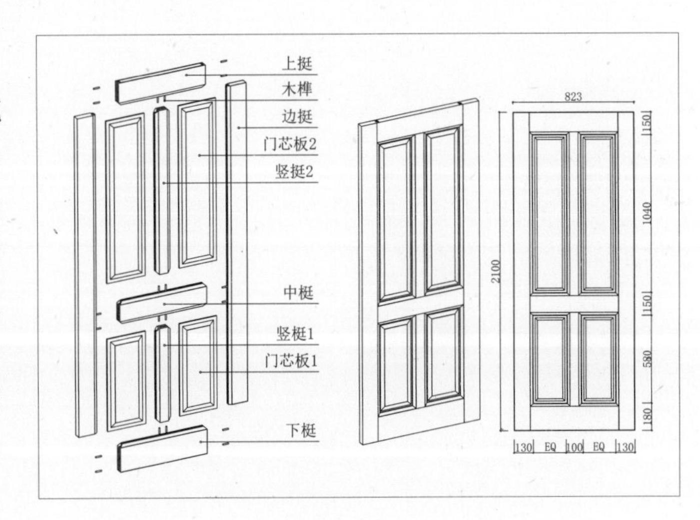

第四节 单开门款式

门扇规格参数(单位：mm)	
款式型号	DKM-001
工艺编号	
门边刀型	**R
芯板刀型	X**
扣线型号	K**
雕花型号	H-001
锣槽规格	槽宽15;槽深5
卡头进槽	20×2
芯板进槽	16×2
门边规格参数	
宽度600~700	门边120mm
宽度701~880	门边130mm
宽度881~990	门边140mm

门扇规格参数(单位：mm)	
款式型号	BLM-002
工艺编号	
门边刀型	**R
芯板刀型	X**
扣线型号	K**
雕花型号	H-002
锣槽规格	槽宽15;槽深5
卡头进槽	20×2
芯板进槽	16×2
门边规格参数	
宽度600~700	门边120mm
宽度701~880	门边130mm
宽度881~990	门边140mm

门扇规格参数(单位：mm)	
款式型号	BLM-003
工艺编号	43N
门边刀型	**R
芯板刀型	X**
扣线型号	K**
雕花型号	H-003
锣槽规格	槽宽15;槽深5
卡头进槽	20×2
芯板进槽	16×2
门边规格参数	
宽度600~700	门边120mm
宽度701~880	门边130mm
宽度881~990	门边140mm

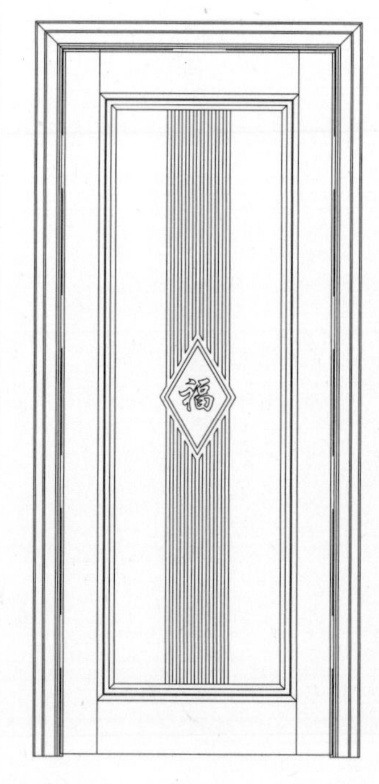

门扇规格参数(单位：mm)	
款式型号	DKM-004
工艺编号	
门边刀型	**R
芯板刀型	X**
扣线型号	K**
雕花型号	H-004
锣槽规格	槽宽15;槽深5
卡头进槽	20×2
芯板进槽	16×2
门边规格参数	
宽度600~700	门边120mm
宽度701~880	门边130mm
宽度881~990	门边140mm

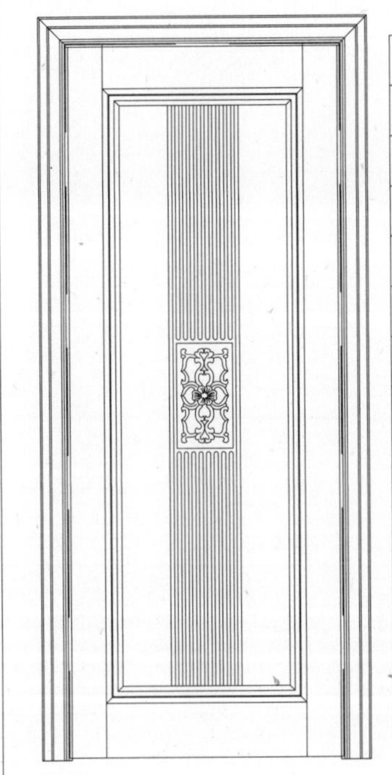

门扇规格参数(单位：mm)	
款式型号	DKM-005
工艺编号	
门边刀型	**R
芯板刀型	X**
扣线型号	K**
雕花型号	H-005
锣槽规格	槽宽15;槽深5
卡头进槽	20×2
芯板进槽	16×2
门边规格参数	
宽度600~700	门边120mm
宽度701~880	门边130mm
宽度881~990	门边140mm

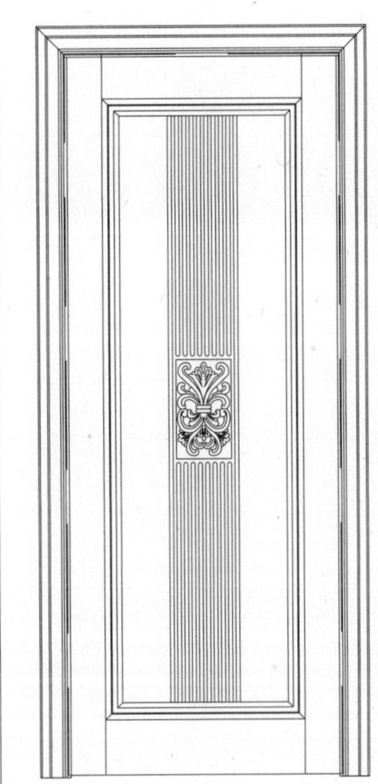

门扇规格参数(单位：mm)	
款式型号	DKM-006
工艺编号	
门边刀型	**R
芯板刀型	X**
扣线型号	K**
雕花型号	H-006
锣槽规格	槽宽15;槽深5
卡头进槽	20×2
芯板进槽	16×2
门边规格参数	
宽度600~700	门边120mm
宽度701~880	门边130mm
宽度881~990	门边140mm

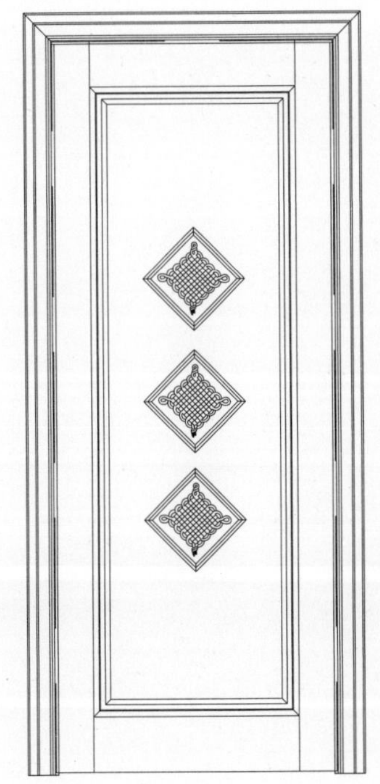

门扇规格参数(单位：mm)	
款式型号	DKM-007
工艺编号	
门边刀型	**R
芯板刀型	X**
扣线型号	K**
雕花型号	H-007
锣槽规格	槽宽15;槽深5
卡头进槽	20×2
芯板进槽	16×2
门边规格参数	
宽度600~700	门边120mm
宽度701~880	门边130mm
宽度881~990	门边140mm

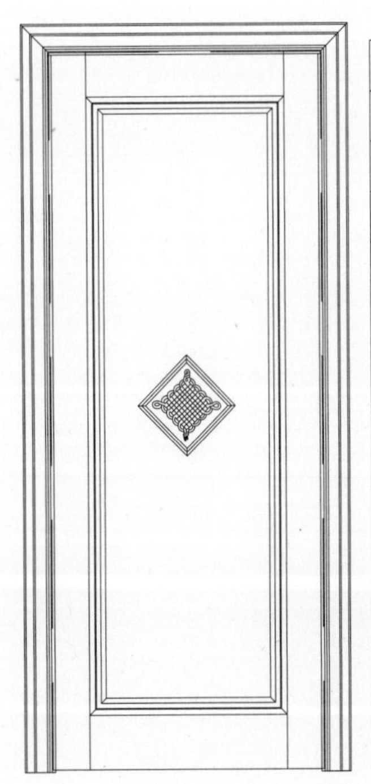

门扇规格参数(单位：mm)	
款式型号	DKM-008
工艺编号	
门边刀型	**R
芯板刀型	X**
扣线型号	K**
雕花型号	H-008
锣槽规格	槽宽15;槽深5
卡头进槽	20×2
芯板进槽	16×2
门边规格参数	
宽度600~700	门边120mm
宽度701~880	门边130mm
宽度881~990	门边140mm

门扇规格参数(单位：mm)	
款式型号	DKM-009
工艺编号	
门边刀型	**R
芯板刀型	X**
扣线型号	K**
雕花型号	H-009
锣槽规格	槽宽15;槽深5
卡头进槽	20×2
芯板进槽	16×2
门边规格参数	
宽度600~700	门边120mm
宽度701~880	门边130mm
宽度881~990	门边140mm

门扇规格参数(单位：mm)	
款式型号	BLM-010
工艺编号	
门边刀型	**R
芯板刀型	X**
扣线型号	K**
雕花型号	
锣槽规格	槽宽15;槽深5
卡头进槽	20×2
芯板进槽	16×2
门边规格参数	
宽度600~700	门边120mm
宽度701~880	门边130mm
宽度881~990	门边140mm

门扇规格参数(单位：mm)	
款式型号	DKM-011
工艺编号	
门边刀型	**R
芯板刀型	X**
扣线型号	K**
雕花型号	H-010
锣槽规格	槽宽15;槽深5
卡头进槽	20×2
芯板进槽	16×2
门边规格参数	
宽度600~700	门边120mm
宽度701~880	门边130mm
宽度881~990	门边140mm

门扇规格参数(单位：mm)	
款式型号	DKM-012
工艺编号	
门边刀型	**R
芯板刀型	X**
扣线型号	K**
雕花型号	H-011
锣槽规格	槽宽15;槽深5
卡头进槽	20×2
芯板进槽	16×2
门边规格参数	
宽度600~700	门边120mm
宽度701~880	门边130mm
宽度881~990	门边140mm

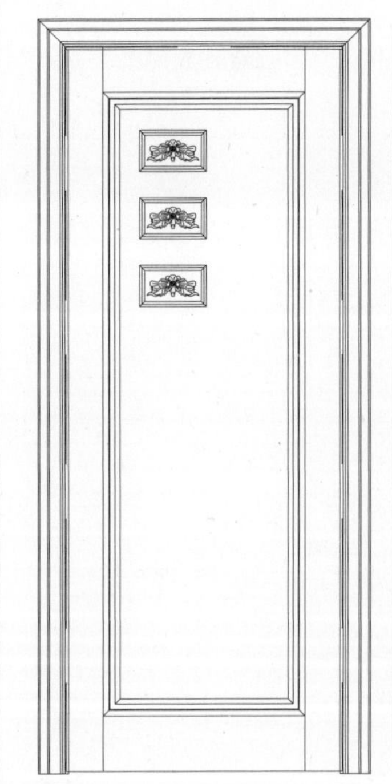

门扇规格参数(单位：mm)	
款式型号	DKM-013
工艺编号	
门边刀型	**R
芯板刀型	X**
扣线型号	K**
雕花型号	
锣槽规格	槽宽15;槽深5
卡头进槽	20×2
芯板进槽	16×2
门边规格参数	
宽度600~700	门边120mm
宽度701~880	门边130mm
宽度881~990	门边140mm

门扇规格参数(单位：mm)	
款式型号	DKM-014
工艺编号	
门边刀型	**R
芯板刀型	X**
扣线型号	K**
雕花型号	H-003
锣槽规格	槽宽15;槽深5
卡头进槽	20×2
芯板进槽	16×2
门边规格参数	
宽度600~700	门边120mm
宽度701~880	门边130mm
宽度881~990	门边140mm

门扇规格参数(单位：mm)	
款式型号	DKM-015
工艺编号	
门边刀型	**R
芯板刀型	X**
扣线型号	K**
雕花型号	H-013
锣槽规格	槽宽15;槽深5
卡头进槽	20×2
芯板进槽	16×2
门边规格参数	
宽度600~700	门边120mm
宽度701~880	门边130mm
宽度881~990	门边140mm

门扇规格参数(单位：mm)	
款式型号	BLM-016
工艺编号	
门边刀型	**R
芯板刀型	X**
扣线型号	K**
雕花型号	
锣槽规格	槽宽15;槽深5
卡头进槽	20×2
芯板进槽	16×2
门边规格参数	
宽度600~700	门边120mm
宽度701~880	门边130mm
宽度881~990	门边140mm

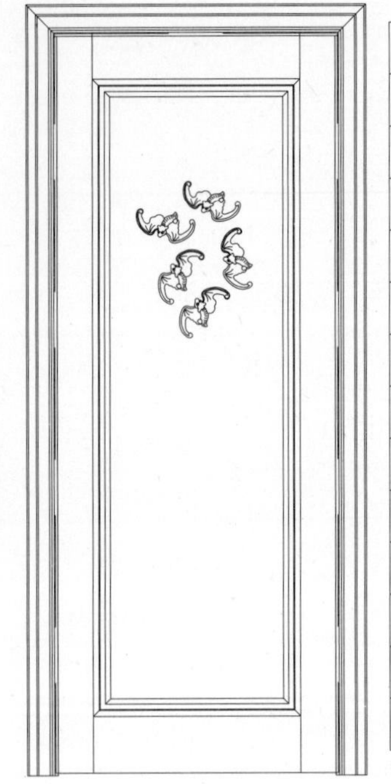

门扇规格参数(单位：mm)	
款式型号	DKM-017
工艺编号	
门边刀型	**R
芯板刀型	X**
扣线型号	K**
雕花型号	H-014
锣槽规格	槽宽15;槽深5
卡头进槽	20×2
芯板进槽	16×2
门边规格参数	
宽度600~700	门边120mm
宽度701~880	门边130mm
宽度881~990	门边140mm

门扇规格参数(单位：mm)	
款式型号	DKM-018
工艺编号	
门边刀型	**R
芯板刀型	X**
扣线型号	K**
雕花型号	
锣槽规格	槽宽15;槽深5
卡头进槽	20×2
芯板进槽	16×2
门边规格参数	
宽度600~700	门边120mm
宽度701~880	门边130mm
宽度881~990	门边140mm

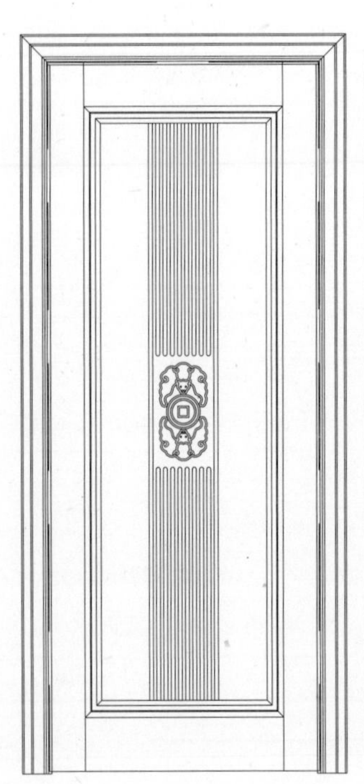

门扇规格参数(单位：mm)	
款式型号	DKM-019
工艺编号	
门边刀型	**R
芯板刀型	X**
扣线型号	K**
雕花型号	H-015
锣槽规格	槽宽15;槽深5
卡头进槽	20×2
芯板进槽	16×2
门边规格参数	
宽度600~700	门边120mm
宽度701~880	门边130mm
宽度881~990	门边140mm

门扇规格参数(单位：mm)	
款式型号	DKM-020
工艺编号	
门边刀型	**R
芯板刀型	X**
扣线型号	K**
雕花型号	
锣槽规格	槽宽15;槽深5
卡头进槽	20×2
芯板进槽	16×2
门边规格参数	
宽度600~700	门边120mm
宽度701~880	门边130mm
宽度881~990	门边140mm

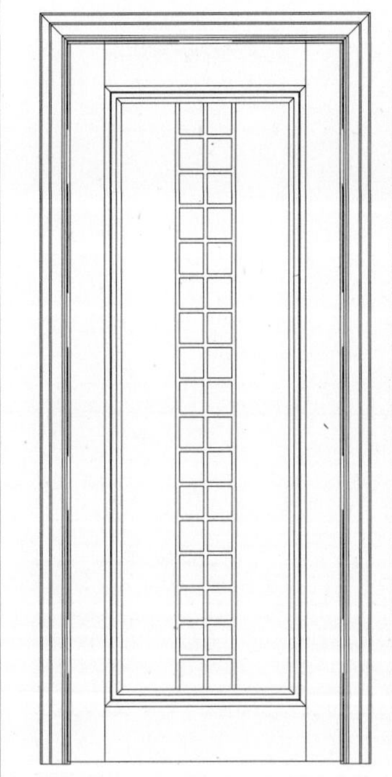

门扇规格参数(单位：mm)	
款式型号	DKM-021
工艺编号	
门边刀型	**R
芯板刀型	X**
扣线型号	K**
雕花型号	
锣槽规格	槽宽15;槽深5
卡头进槽	20×2
芯板进槽	16×2
门边规格参数	
宽度600~700	门边120mm
宽度701~880	门边130mm
宽度881~990	门边140mm

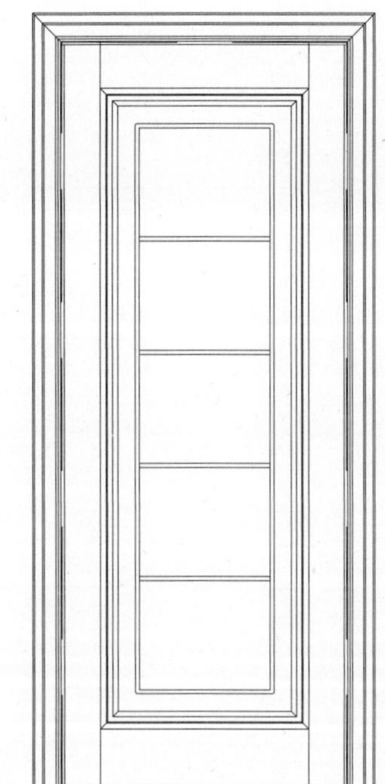

门扇规格参数(单位：mm)	
款式型号	DKM-022
工艺编号	
门边刀型	**R
芯板刀型	X**
扣线型号	K**
雕花型号	
锣槽规格	槽宽15;槽深5
卡头进槽	20×2
芯板进槽	16×2
门边规格参数	
宽度600~700	门边120mm
宽度701~880	门边130mm
宽度881~990	门边140mm

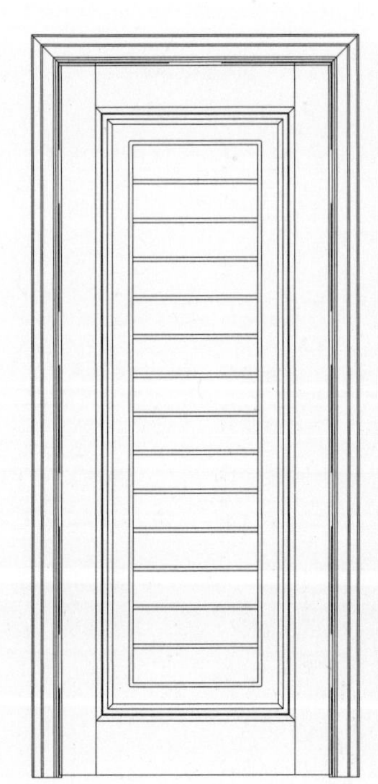

门扇规格参数(单位：mm)	
款式型号	DKM-023
工艺编号	
门边刀型	**R
芯板刀型	X**
扣线型号	K**
雕花型号	
锣槽规格	槽宽15;槽深5
卡头进槽	20×2
芯板进槽	16×2
门边规格参数	
宽度600~700	门边120mm
宽度701~880	门边130mm
宽度881~990	门边140mm

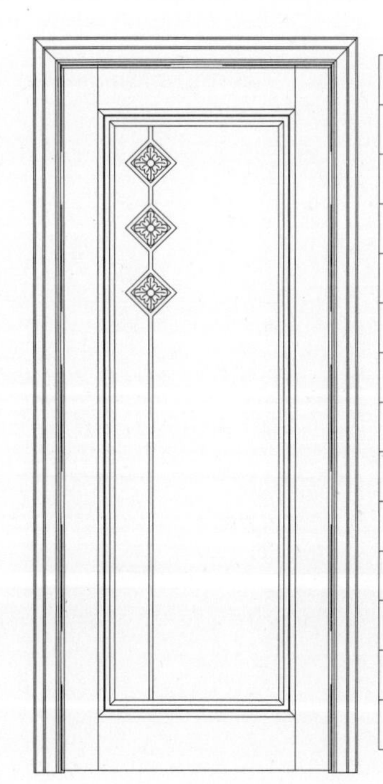

门扇规格参数(单位：mm)	
款式型号	DKM-024
工艺编号	
门边刀型	**R
芯板刀型	X**
扣线型号	K**
雕花型号	H-016
锣槽规格	槽宽15;槽深5
卡头进槽	20×2
芯板进槽	16×2
门边规格参数	
宽度600~700	门边120mm
宽度701~880	门边130mm
宽度881~990	门边140mm

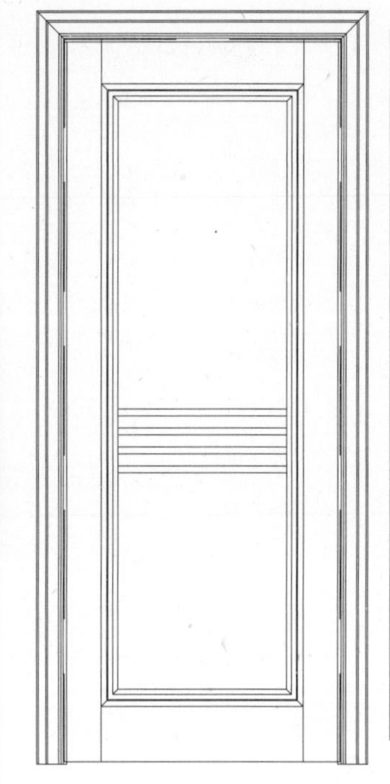

门扇规格参数(单位：mm)	
款式型号	DKM-025
工艺编号	
门边刀型	**R
芯板刀型	X**
扣线型号	K**
雕花型号	
锣槽规格	槽宽15；槽深5
卡头进槽	20×2
芯板进槽	16×2
门边规格参数	
宽度600~700	门边120mm
宽度701~880	门边130mm
宽度881~990	门边140mm

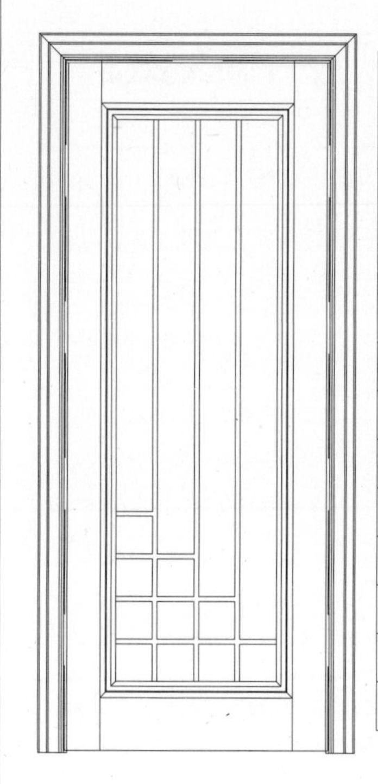

门扇规格参数(单位：mm)	
款式型号	DKM-026
工艺编号	
门边刀型	**R
芯板刀型	X**
扣线型号	K**
雕花型号	
锣槽规格	槽宽15；槽深5
卡头进槽	20×2
芯板进槽	16×2
门边规格参数	
宽度600~700	门边120mm
宽度701~880	门边130mm
宽度881~990	门边140mm

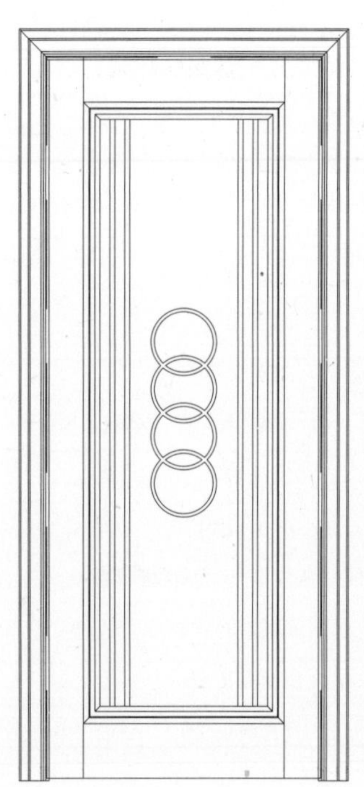

门扇规格参数(单位：mm)	
款式型号	DKM-027
工艺编号	
门边刀型	**R
芯板刀型	X**
扣线型号	K**
雕花型号	
锣槽规格	槽宽15；槽深5
卡头进槽	20×2
芯板进槽	16×2
门边规格参数	
宽度600~700	门边120mm
宽度701~880	门边130mm
宽度881~990	门边140mm

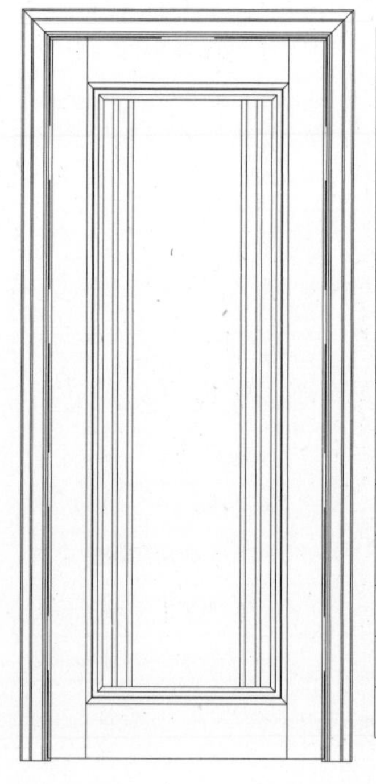

门扇规格参数(单位：mm)	
款式型号	DKM-028
工艺编号	
门边刀型	**R
芯板刀型	X**
扣线型号	K**
雕花型号	
锣槽规格	槽宽15；槽深5
卡头进槽	20×2
芯板进槽	16×2
门边规格参数	
宽度600~700	门边120mm
宽度701~880	门边130mm
宽度881~990	门边140mm

门扇规格参数(单位：mm)	
款式型号	BLM-029
工艺编号	
门边刀型	**R
芯板刀型	X**
扣线型号	K**
雕花型号	H-017
锣槽规格	槽宽15；槽深5
卡头进槽	20×2
芯板进槽	16×2
门边规格参数	
宽度600~700	门边120mm
宽度701~880	门边130mm
宽度881~990	门边140mm

门扇规格参数(单位：mm)	
款式型号	DKM-030
工艺编号	
门边刀型	**R
芯板刀型	X**
扣线型号	K**
雕花型号	
锣槽规格	槽宽15；槽深5
卡头进槽	20×2
芯板进槽	16×2
门边规格参数	
宽度600~700	门边120mm
宽度701~880	门边130mm
宽度881~990	门边140mm

门扇规格参数(单位：mm)	
款式型号	DKM-031
工艺编号	
门边刀型	**R
芯板刀型	X**
扣线型号	K**
雕花型号	H-018
锣槽规格	槽宽15；槽深5
卡头进槽	20×2
芯板进槽	16×2
门边规格参数	
宽度600~700	门边120mm
宽度701~880	门边130mm
宽度881~990	门边140mm

门扇规格参数(单位：mm)	
款式型号	DKM-032
工艺编号	
门边刀型	**R
芯板刀型	X**
扣线型号	K**
雕花型号	
锣槽规格	槽宽15；槽深5
卡头进槽	20×2
芯板进槽	16×2
门边规格参数	
宽度600~700	门边120mm
宽度701~880	门边130mm
宽度881~990	门边140mm

门扇规格参数(单位：mm)	
款式型号	DKM-033
工艺编号	
门边刀型	**R
芯板刀型	X**
扣线型号	K**
雕花型号	H-019
锣槽规格	槽宽15；槽深5
卡头进槽	20×2
芯板进槽	16×2
门边规格参数	
宽度600~700	门边120mm
宽度701~880	门边130mm
宽度881~990	门边140mm

门扇规格参数(单位：mm)	
款式型号	DKM-034
工艺编号	
门边刀型	**R
芯板刀型	X**
扣线型号	K**
雕花型号	
锣槽规格	槽宽15；槽深5
卡头进槽	20×2
芯板进槽	16×2
门边规格参数	
宽度600~700	门边120mm
宽度701~880	门边130mm
宽度881~990	门边140mm

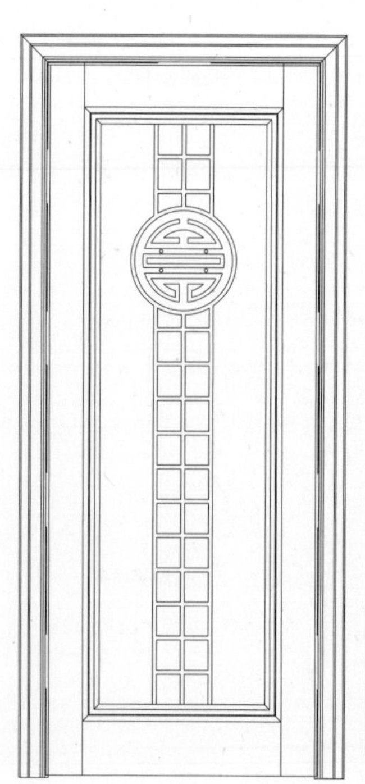

门扇规格参数(单位：mm)	
款式型号	DKM-035
工艺编号	
门边刀型	**R
芯板刀型	X**
扣线型号	K**
雕花型号	H-021
锣槽规格	槽宽15；槽深5
卡头进槽	20×2
芯板进槽	16×2
门边规格参数	
宽度600~700	门边120mm
宽度701~880	门边130mm
宽度881~990	门边140mm

门扇规格参数(单位：mm)	
款式型号	DKM-036
工艺编号	
门边刀型	**R
芯板刀型	X**
扣线型号	K**
雕花型号	H-022
锣槽规格	槽宽15；槽深5
卡头进槽	20×2
芯板进槽	16×2
门边规格参数	
宽度600~700	门边120mm
宽度701~880	门边130mm
宽度881~990	门边140mm

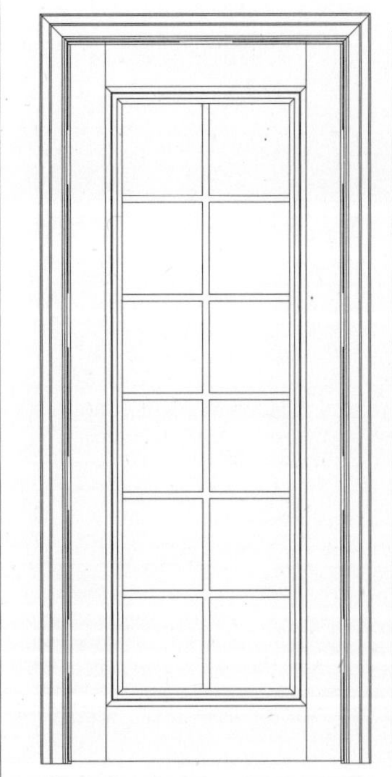

门扇规格参数(单位：mm)	
款式型号	BLM-037
工艺编号	
门边刀型	**R
芯板刀型	X**
扣线型号	K**
雕花型号	
锣槽规格	槽宽15;槽深5
卡头进槽	20×2
芯板进槽	16×2
门边规格参数	
宽度600~700	门边120mm
宽度701~880	门边130mm
宽度881~990	门边140mm

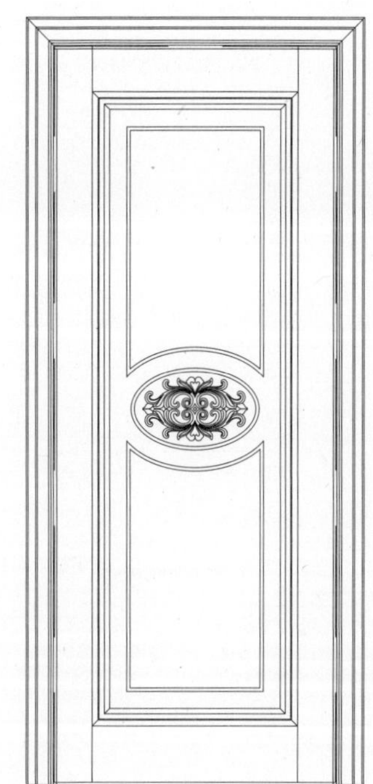

门扇规格参数(单位：mm)	
款式型号	DKM-038
工艺编号	
门边刀型	**R
芯板刀型	X**
扣线型号	K**
雕花型号	H-023
锣槽规格	槽宽15;槽深5
卡头进槽	20×2
芯板进槽	16×2
门边规格参数	
宽度600~700	门边120mm
宽度701~880	门边130mm
宽度881~990	门边140mm

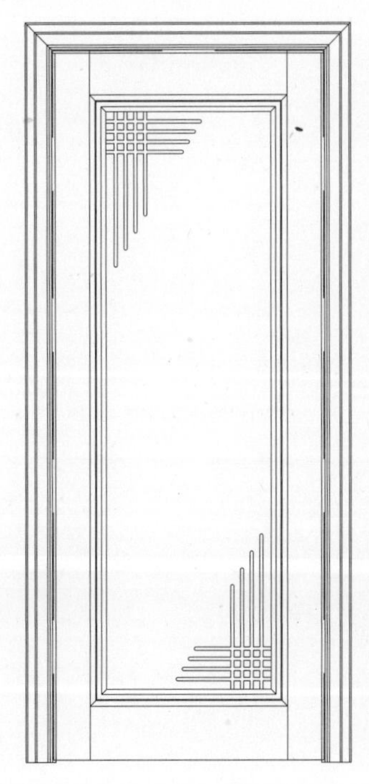

门扇规格参数(单位：mm)	
款式型号	BLM-039
工艺编号	
门边刀型	**R
芯板刀型	X**
扣线型号	K**
雕花型号	
锣槽规格	槽宽15;槽深5
卡头进槽	20×2
芯板进槽	16×2
门边规格参数	
宽度600~700	门边120mm
宽度701~880	门边130mm
宽度881~990	门边140mm

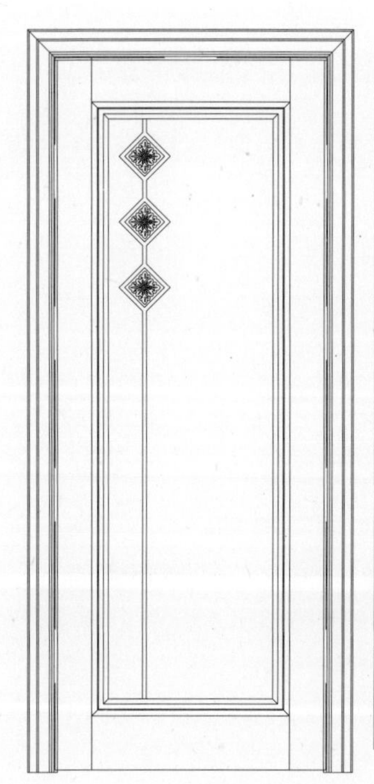

门扇规格参数(单位：mm)	
款式型号	BLM-040
工艺编号	
门边刀型	**R
芯板刀型	X**
扣线型号	K**
雕花型号	H-024
锣槽规格	槽宽15;槽深5
卡头进槽	20×2
芯板进槽	16×2
门边规格参数	
宽度600~700	门边120mm
宽度701~880	门边130mm
宽度881~990	门边140mm

门扇规格参数(单位：mm)	
款式型号	BLM-041
工艺编号	
门边刀型	**R
芯板刀型	X**
扣线型号	K**
雕花型号	
锣槽规格	槽宽15；槽深5
卡头进槽	20×2
芯板进槽	16×2
门边规格参数	
宽度600~700	门边120mm
宽度701~880	门边130mm
宽度881~990	门边140mm

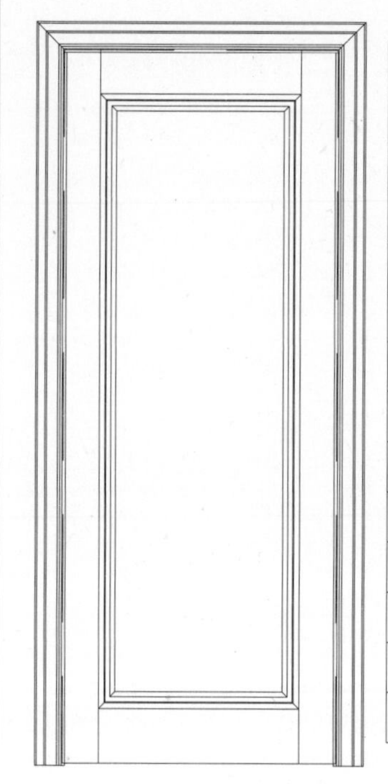

门扇规格参数(单位：mm)	
款式型号	DKM-042
工艺编号	
门边刀型	**R
芯板刀型	X**
扣线型号	K**
雕花型号	
锣槽规格	槽宽15；槽深5
卡头进槽	20×2
芯板进槽	16×2
门边规格参数	
宽度600~700	门边120mm
宽度701~880	门边130mm
宽度881~990	门边140mm

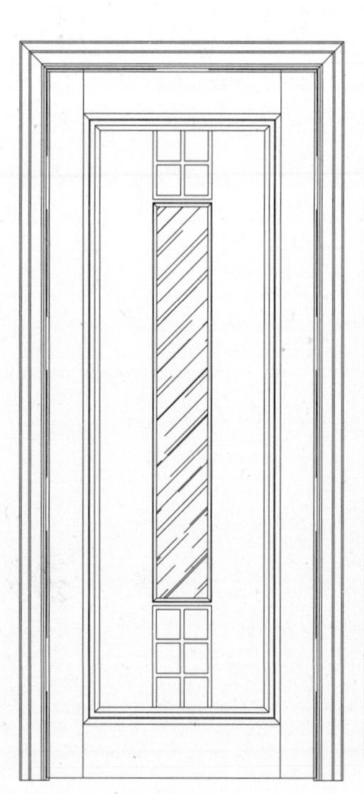

门扇规格参数(单位：mm)	
款式型号	BLM-043
工艺编号	
门边刀型	**R
芯板刀型	X**
扣线型号	K**
雕花型号	
锣槽规格	槽宽15；槽深5
卡头进槽	20×2
芯板进槽	16×2
门边规格参数	
宽度600~700	门边120mm
宽度701~880	门边130mm
宽度881~990	门边140mm

门扇规格参数(单位：mm)	
款式型号	BLM-044
工艺编号	
门边刀型	**R
芯板刀型	X**
扣线型号	K**
雕花型号	
锣槽规格	槽宽15；槽深5
卡头进槽	20×2
芯板进槽	16×2
门边规格参数	
宽度600~700	门边120mm
宽度701~880	门边130mm
宽度881~990	门边140mm

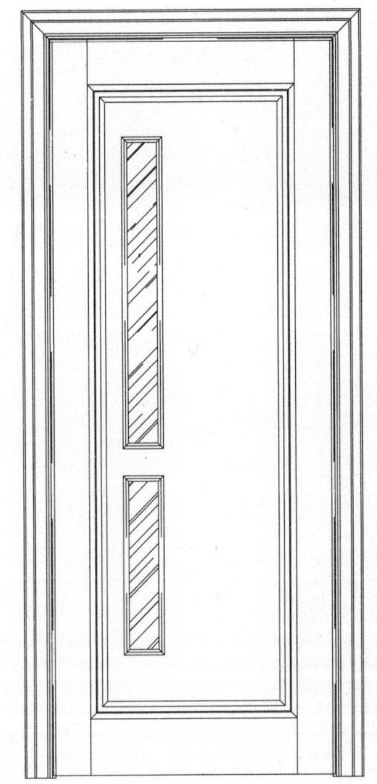

门扇规格参数(单位：mm)	
款式型号	BLM-045
工艺编号	
门边刀型	**R
芯板刀型	X**
扣线型号	K**
雕花型号	
锣槽规格	槽宽15;槽深5
卡头进槽	20×2
芯板进槽	16×2
门边规格参数	
宽度600~700	门边120mm
宽度701~880	门边130mm
宽度881~990	门边140mm

门扇规格参数(单位：mm)	
款式型号	BLM-046
工艺编号	
门边刀型	**R
芯板刀型	X**
扣线型号	K**
雕花型号	H-026
锣槽规格	槽宽15;槽深5
卡头进槽	20×2
芯板进槽	16×2
门边规格参数	
宽度600~700	门边120mm
宽度701~880	门边130mm
宽度881~990	门边140mm

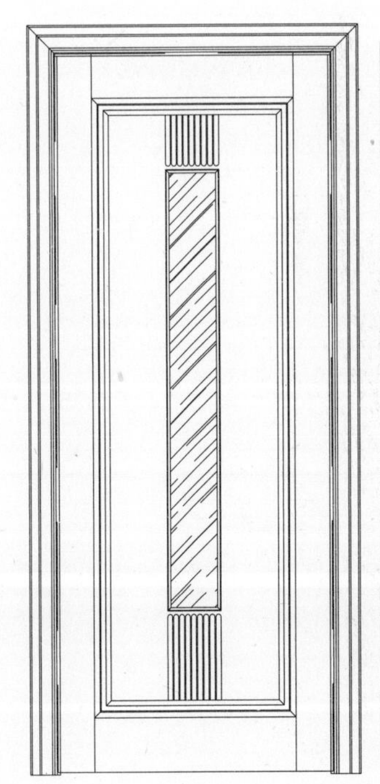

门扇规格参数(单位：mm)	
款式型号	BLM-047
工艺编号	
门边刀型	**R
芯板刀型	X**
扣线型号	K**
雕花型号	
锣槽规格	槽宽15;槽深5
卡头进槽	20×2
芯板进槽	16×2
门边规格参数	
宽度600~700	门边120mm
宽度701~880	门边130mm
宽度881~990	门边140mm

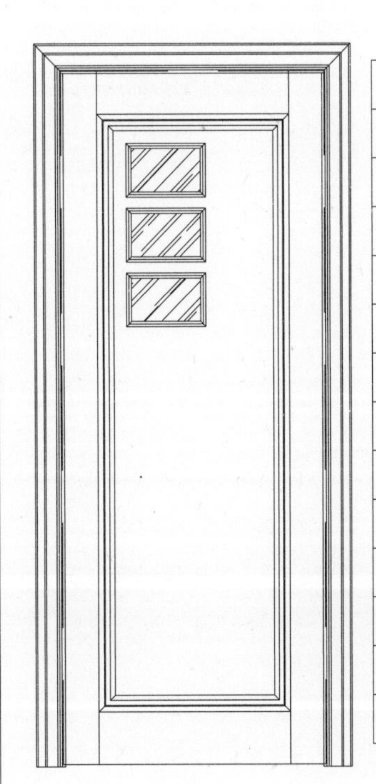

门扇规格参数(单位：mm)	
款式型号	BLM-048
工艺编号	
门边刀型	**R
芯板刀型	X**
扣线型号	K**
雕花型号	H-017
锣槽规格	槽宽15;槽深5
卡头进槽	20×2
芯板进槽	16×2
门边规格参数	
宽度600~700	门边120mm
宽度701~880	门边130mm
宽度881~990	门边140mm

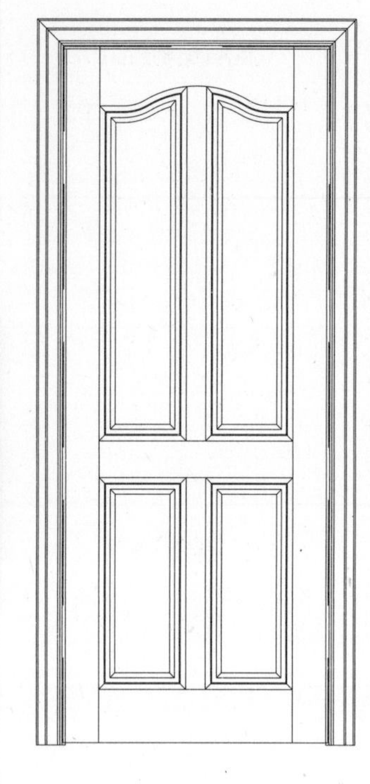

门扇规格参数(单位：mm)	
款式型号	DKM-049
工艺编号	
门边刀型	**R
芯板刀型	X**
扣线型号	K**
雕花型号	
锣槽规格	槽宽15;槽深5
卡头进槽	20×2
芯板进槽	16×2
门边规格参数	
宽度600~700	门边120mm
宽度701~880	门边130mm
宽度881~990	门边140mm

门扇规格参数(单位：mm)	
款式型号	DKM-050
工艺编号	
门边刀型	**R
芯板刀型	X**
扣线型号	K**
雕花型号	
锣槽规格	槽宽15;槽深5
卡头进槽	20×2
芯板进槽	16×2
门边规格参数	
宽度600~700	门边120mm
宽度701~880	门边130mm
宽度881~990	门边140mm

门扇规格参数(单位：mm)	
款式型号	DKM-051
工艺编号	
门边刀型	**R
芯板刀型	X**
扣线型号	K**
雕花型号	
锣槽规格	槽宽15;槽深5
卡头进槽	20×2
芯板进槽	16×2
门边规格参数	
宽度600~700	门边120mm
宽度701~880	门边130mm
宽度881~990	门边140mm

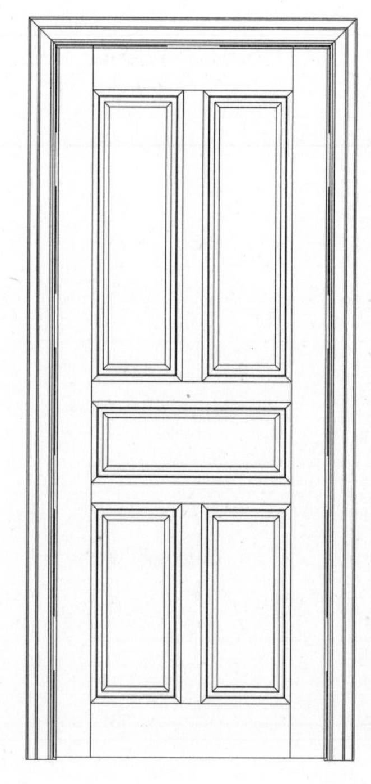

门扇规格参数(单位：mm)	
款式型号	DKM-052
工艺编号	
门边刀型	**R
芯板刀型	X**
扣线型号	K**
雕花型号	
锣槽规格	槽宽15;槽深5
卡头进槽	20×2
芯板进槽	16×2
门边规格参数	
宽度600~700	门边120mm
宽度701~880	门边130mm
宽度881~990	门边140mm

门扇规格参数(单位：mm)	
款式型号	DKM-053
工艺编号	
门边刀型	**R
芯板刀型	X**
扣线型号	K**
雕花型号	
锣槽规格	槽宽15;槽深5
卡头进槽	20×2
芯板进槽	16×2
门边规格参数	
宽度600~700	门边120mm
宽度701~880	门边130mm
宽度881~990	门边140mm

门扇规格参数(单位：mm)	
款式型号	DKM-054
工艺编号	
门边刀型	**R
芯板刀型	X**
扣线型号	K**
雕花型号	
锣槽规格	槽宽15;槽深5
卡头进槽	20×2
芯板进槽	16×2
门边规格参数	
宽度600~700	门边120mm
宽度701~880	门边130mm
宽度881~990	门边140mm

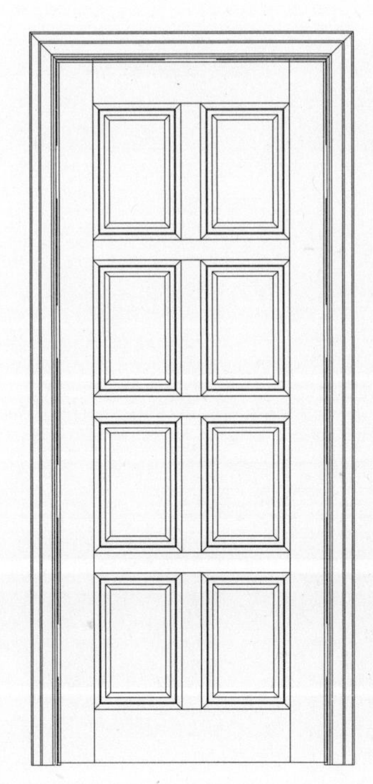

门扇规格参数(单位：mm)	
款式型号	DKM-055
工艺编号	
门边刀型	**R
芯板刀型	X**
扣线型号	K**
雕花型号	
锣槽规格	槽宽15;槽深5
卡头进槽	20×2
芯板进槽	16×2
门边规格参数	
宽度600~700	门边120mm
宽度701~880	门边130mm
宽度881~990	门边140mm

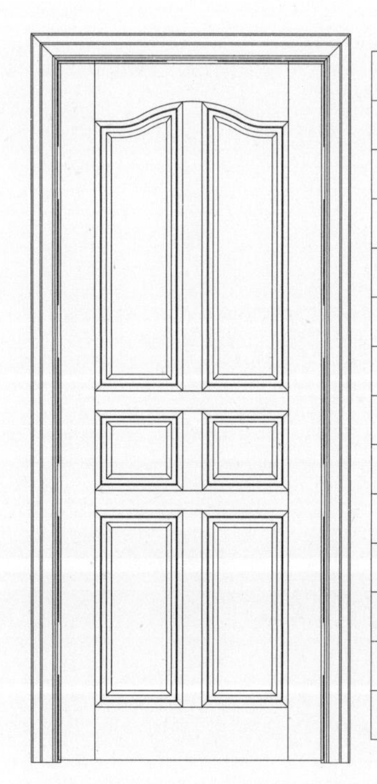

门扇规格参数(单位：mm)	
款式型号	DKM-056
工艺编号	
门边刀型	**R
芯板刀型	X**
扣线型号	K**
雕花型号	
锣槽规格	槽宽15;槽深5
卡头进槽	20×2
芯板进槽	16×2
门边规格参数	
宽度600~700	门边120mm
宽度701~880	门边130mm
宽度881~990	门边140mm

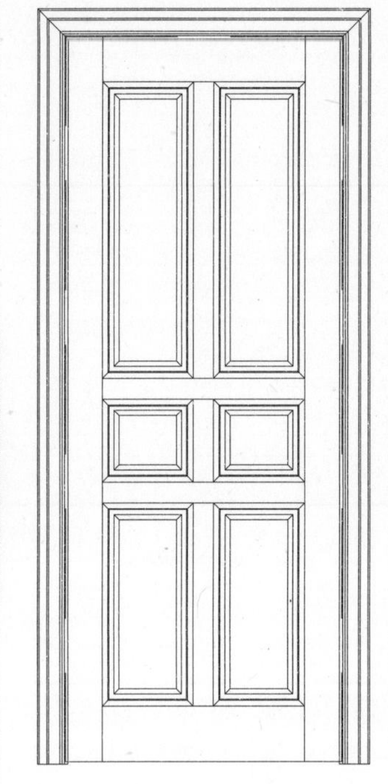

门扇规格参数(单位：mm)	
款式型号	DKM-057
工艺编号	
门边刀型	**R
芯板刀型	X**
扣线型号	K**
雕花型号	H-023
锣槽规格	槽宽15;槽深5
卡头进槽	20×2
芯板进槽	16×2
门边规格参数	
宽度600~700	门边120mm
宽度701~880	门边130mm
宽度881~990	门边140mm

门扇规格参数(单位：mm)	
款式型号	DKM-058
工艺编号	
门边刀型	**R
芯板刀型	X**
扣线型号	K**
雕花型号	
锣槽规格	槽宽15;槽深5
卡头进槽	20×2
芯板进槽	16×2
门边规格参数	
宽度600~700	门边120mm
宽度701~880	门边130mm
宽度881~990	门边140mm

门扇规格参数(单位：mm)	
款式型号	DKM-059
工艺编号	
门边刀型	**R
芯板刀型	X**
扣线型号	K**
雕花型号	
锣槽规格	槽宽15;槽深5
卡头进槽	20×2
芯板进槽	16×2
门边规格参数	
宽度600~700	门边120mm
宽度701~880	门边130mm
宽度881~990	门边140mm

门扇规格参数(单位：mm)	
款式型号	DKM-060
工艺编号	
门边刀型	**R
芯板刀型	X**
扣线型号	K**
雕花型号	
锣槽规格	槽宽15;槽深5
卡头进槽	20×2
芯板进槽	16×2
门边规格参数	
宽度600~700	门边120mm
宽度701~880	门边130mm
宽度881~990	门边140mm

门扇规格参数(单位：mm)	
款式型号	DKM-061
工艺编号	
门边刀型	**R
芯板刀型	X**
扣线型号	K**
雕花型号	
锣槽规格	槽宽15;槽深5
卡头进槽	20×2
芯板进槽	16×2
门边规格参数	
宽度600~700	门边120mm
宽度701~880	门边130mm
宽度881~990	门边140mm

门扇规格参数(单位：mm)	
款式型号	DKM-062
工艺编号	
门边刀型	**R
芯板刀型	X**
扣线型号	K**
雕花型号	
锣槽规格	槽宽15;槽深5
卡头进槽	20×2
芯板进槽	16×2
门边规格参数	
宽度600~700	门边120mm
宽度701~880	门边130mm
宽度881~990	门边140mm

门扇规格参数(单位：mm)	
款式型号	DKM-063
工艺编号	
门边刀型	**R
芯板刀型	X**
扣线型号	K**
雕花型号	
锣槽规格	槽宽15;槽深5
卡头进槽	20×2
芯板进槽	16×2
门边规格参数	
宽度600~700	门边120mm
宽度701~880	门边130mm
宽度881~990	门边140mm

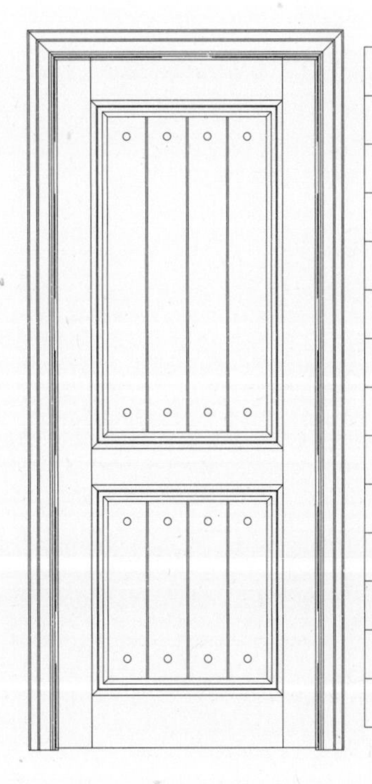

门扇规格参数(单位：mm)	
款式型号	DKM-064
工艺编号	
门边刀型	**R
芯板刀型	X**
扣线型号	K**
雕花型号	
锣槽规格	槽宽15;槽深5
卡头进槽	20×2
芯板进槽	16×2
门边规格参数	
宽度600~700	门边120mm
宽度701~880	门边130mm
宽度881~990	门边140mm

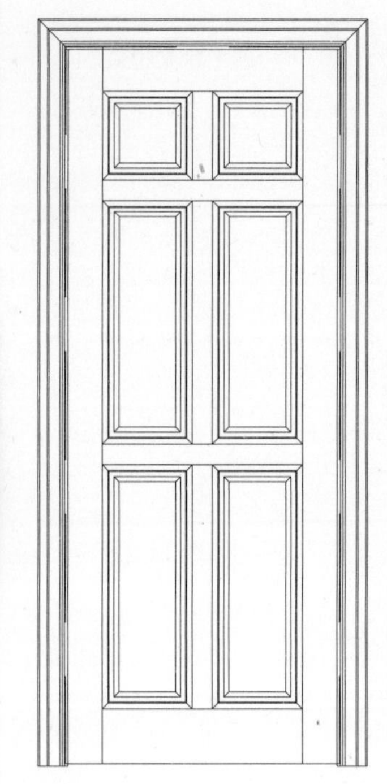

门扇规格参数(单位：mm)	
款式型号	DKM-065
工艺编号	
门边刀型	**R
芯板刀型	X**
扣线型号	K**
雕花型号	
锣槽规格	槽宽15；槽深5
卡头进槽	20×2
芯板进槽	16×2
门边规格参数	
宽度600~700	门边120mm
宽度701~880	门边130mm
宽度881~990	门边140mm

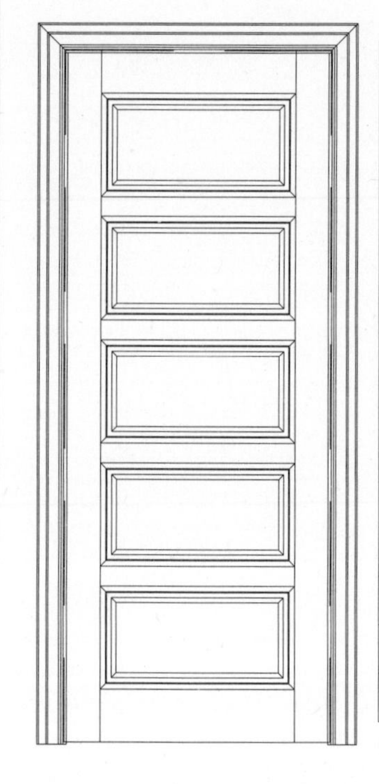

门扇规格参数(单位：mm)	
款式型号	DKM-066
工艺编号	
门边刀型	**R
芯板刀型	X**
扣线型号	K**
雕花型号	
锣槽规格	槽宽15；槽深5
卡头进槽	20×2
芯板进槽	16×2
门边规格参数	
宽度600~700	门边120mm
宽度701~880	门边130mm
宽度881~990	门边140mm

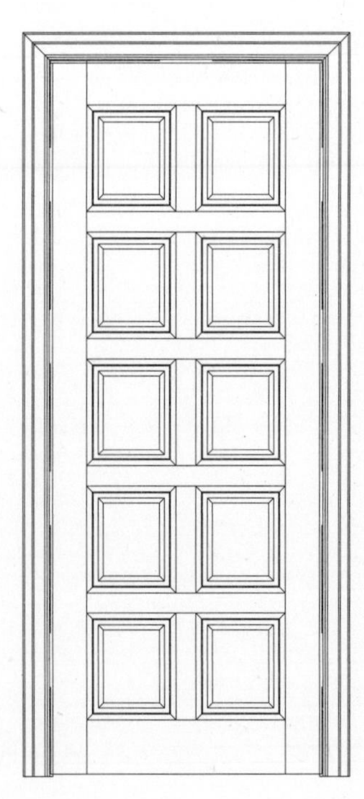

门扇规格参数(单位：mm)	
款式型号	DKM-067
工艺编号	
门边刀型	**R
芯板刀型	X**
扣线型号	K**
雕花型号	
锣槽规格	槽宽15；槽深5
卡头进槽	20×2
芯板进槽	16×2
门边规格参数	
宽度600~700	门边120mm
宽度701~880	门边130mm
宽度881~990	门边140mm

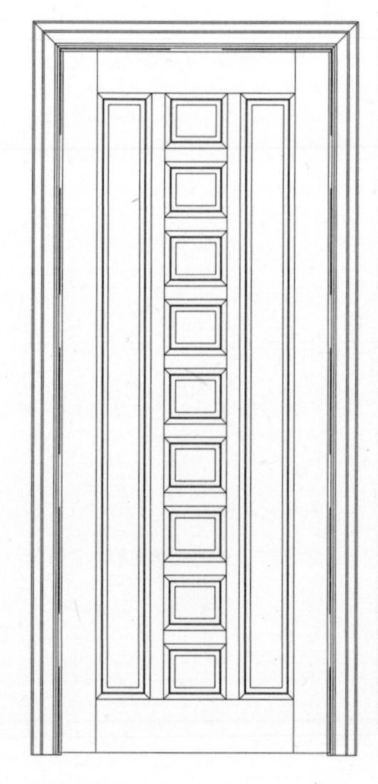

门扇规格参数(单位：mm)	
款式型号	DKM-068
工艺编号	
门边刀型	**R
芯板刀型	X**
扣线型号	K**
雕花型号	
锣槽规格	槽宽15；槽深5
卡头进槽	20×2
芯板进槽	16×2
门边规格参数	
宽度600~700	门边120mm
宽度701~880	门边130mm
宽度881~990	门边140mm

门扇规格参数(单位：mm)	
款式型号	DKM-069
工艺编号	
门边刀型	**R
芯板刀型	X**
扣线型号	K**
雕花型号	
锣槽规格	槽宽15；槽深5
卡头进槽	20×2
芯板进槽	16×2
门边规格参数	
宽度600~700	门边120mm
宽度701~880	门边130mm
宽度881~990	门边140mm

门扇规格参数(单位：mm)	
款式型号	DKM-070
工艺编号	
门边刀型	**R
芯板刀型	X**
扣线型号	K**
雕花型号	
锣槽规格	槽宽15；槽深5
卡头进槽	20×2
芯板进槽	16×2
门边规格参数	
宽度600~700	门边120mm
宽度701~880	门边130mm
宽度881~990	门边140mm

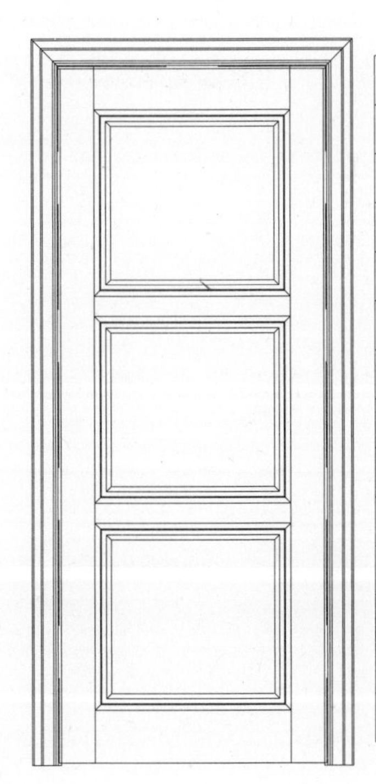

门扇规格参数(单位：mm)	
款式型号	DKM-071
工艺编号	
门边刀型	**R
芯板刀型	X**
扣线型号	K**
雕花型号	
锣槽规格	槽宽15；槽深5
卡头进槽	20×2
芯板进槽	16×2
门边规格参数	
宽度600~700	门边120mm
宽度701~880	门边130mm
宽度881~990	门边140mm

门扇规格参数(单位：mm)	
款式型号	DKM-072
工艺编号	
门边刀型	**R
芯板刀型	X**
扣线型号	K**
雕花型号	
锣槽规格	槽宽15；槽深5
卡头进槽	20×2
芯板进槽	16×2
门边规格参数	
宽度600~700	门边120mm
宽度701~880	门边130mm
宽度881~990	门边140mm

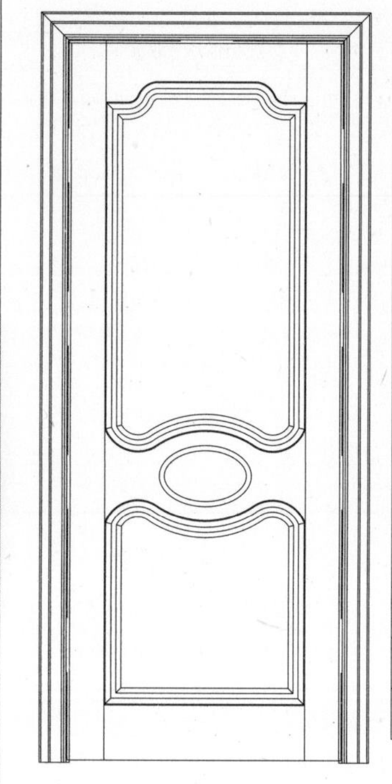

门扇规格参数(单位：mm)	
款式型号	DKM-073
工艺编号	
门边刀型	**R
芯板刀型	X**
扣线型号	K**
雕花型号	
锣槽规格	槽宽15；槽深5
卡头进槽	20×2
芯板进槽	16×2
门边规格参数	
宽度600~700	门边120mm
宽度701~880	门边130mm
宽度881~990	门边140mm

门扇规格参数(单位：mm)	
款式型号	DKM-074
工艺编号	
门边刀型	**R
芯板刀型	X**
扣线型号	K**
雕花型号	
锣槽规格	槽宽15；槽深5
卡头进槽	20×2
芯板进槽	16×2
门边规格参数	
宽度600~700	门边120mm
宽度701~880	门边130mm
宽度881~990	门边140mm

门扇规格参数(单位：mm)	
款式型号	DKM-075
工艺编号	
门边刀型	**R
芯板刀型	X**
扣线型号	K**
雕花型号	H-027/028
锣槽规格	槽宽15；槽深5
卡头进槽	20×2
芯板进槽	16×2
门边规格参数	
宽度600~700	门边120mm
宽度701~880	门边130mm
宽度881~990	门边140mm

门扇规格参数(单位：mm)	
款式型号	DKM-076
工艺编号	
门边刀型	**R
芯板刀型	X**
扣线型号	K**
雕花型号	H-029
锣槽规格	槽宽15；槽深5
卡头进槽	20×2
芯板进槽	16×2
门边规格参数	
宽度600~700	门边120mm
宽度701~880	门边130mm
宽度881~990	门边140mm

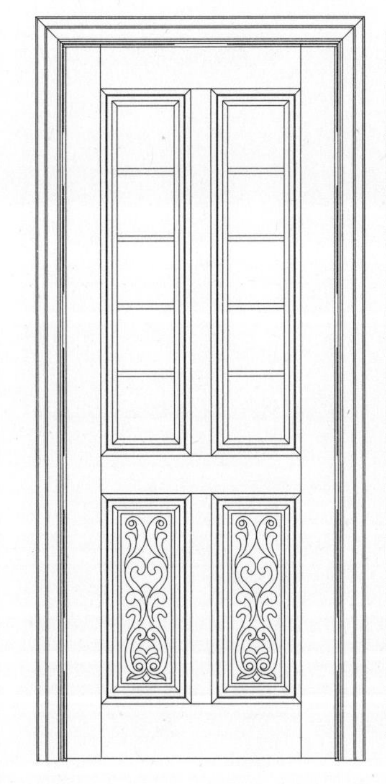

门扇规格参数(单位：mm)	
款式型号	BLM-077
工艺编号	
门边刀型	**R
芯板刀型	X**
扣线型号	K**
雕花型号	H-030
锣槽规格	槽宽15;槽深5
卡头进槽	20×2
芯板进槽	16×2
门边规格参数	
宽度600~700	门边120mm
宽度701~880	门边130mm
宽度881~990	门边140mm

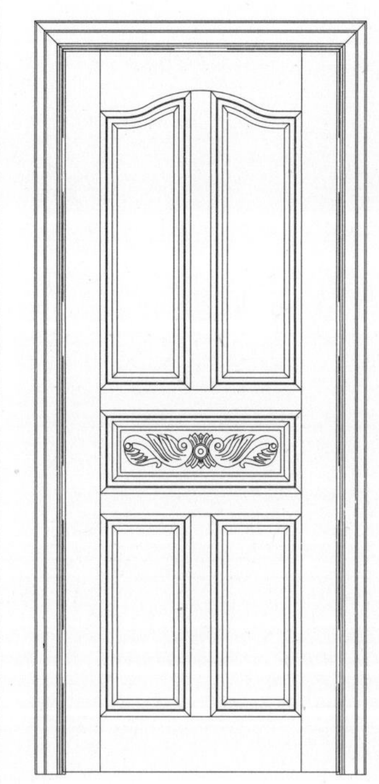

门扇规格参数(单位：mm)	
款式型号	DKM-078
工艺编号	
门边刀型	**R
芯板刀型	X**
扣线型号	K**
雕花型号	H-031
锣槽规格	槽宽15;槽深5
卡头进槽	20×2
芯板进槽	16×2
门边规格参数	
宽度600~700	门边120mm
宽度701~880	门边130mm
宽度881~990	门边140mm

门扇规格参数(单位：mm)	
款式型号	DKM-079
工艺编号	
门边刀型	**R
芯板刀型	X**
扣线型号	K**
雕花型号	H-032
锣槽规格	槽宽15;槽深5
卡头进槽	20×2
芯板进槽	16×2
门边规格参数	
宽度600~700	门边120mm
宽度701~880	门边130mm
宽度881~990	门边140mm

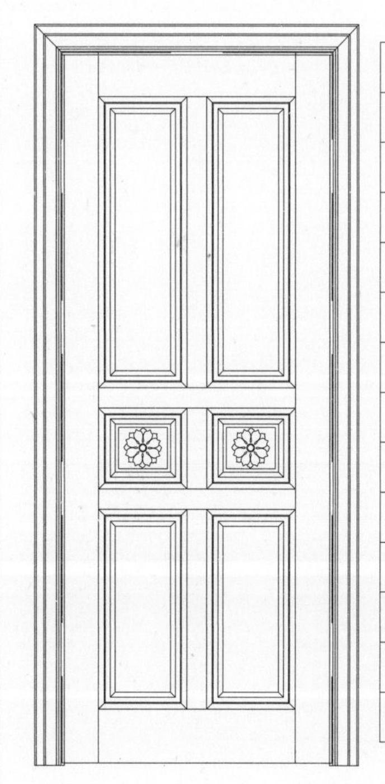

门扇规格参数(单位：mm)	
款式型号	DKM-080
工艺编号	
门边刀型	**R
芯板刀型	X**
扣线型号	K**
雕花型号	H-033
锣槽规格	槽宽15;槽深5
卡头进槽	20×2
芯板进槽	16×2
门边规格参数	
宽度600~700	门边120mm
宽度701~880	门边130mm
宽度881~990	门边140mm

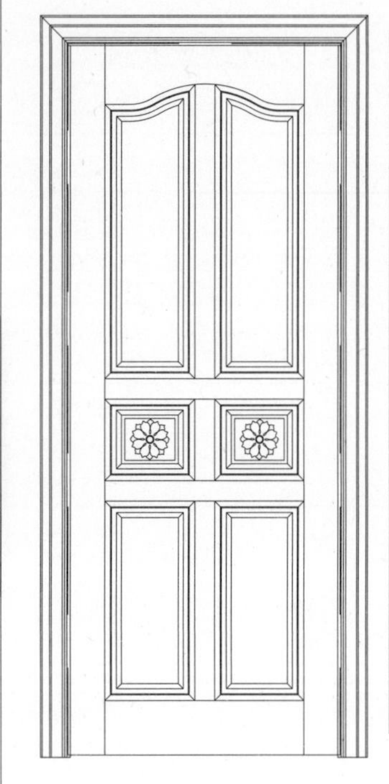

门扇规格参数(单位：mm)	
款式型号	DKM-081
工艺编号	
门边刀型	**R
芯板刀型	X**
扣线型号	K**
雕花型号	H-033
锣槽规格	槽宽15；槽深5
卡头进槽	20×2
芯板进槽	16×2
门边规格参数	
宽度600~700	门边120mm
宽度701~880	门边130mm
宽度881~990	门边140mm

门扇规格参数(单位：mm)	
款式型号	DKM-082
工艺编号	
门边刀型	**R
芯板刀型	X**
扣线型号	K**
雕花型号	H-034
锣槽规格	槽宽15；槽深5
卡头进槽	20×2
芯板进槽	16×2
门边规格参数	
宽度600~700	门边120mm
宽度701~880	门边130mm
宽度881~990	门边140mm

门扇规格参数(单位：mm)	
款式型号	DKM-083
工艺编号	
门边刀型	**R
芯板刀型	X**
扣线型号	K**
雕花型号	H-027/035
锣槽规格	槽宽15；槽深5
卡头进槽	20×2
芯板进槽	16×2
门边规格参数	
宽度600~700	门边120mm
宽度701~880	门边130mm
宽度881~990	门边140mm

门扇规格参数(单位：mm)	
款式型号	DKM-084
工艺编号	
门边刀型	**R
芯板刀型	X**
扣线型号	K**
雕花型号	H-036/037
锣槽规格	槽宽15；槽深5
卡头进槽	20×2
芯板进槽	16×2
门边规格参数	
宽度600~700	门边120mm
宽度701~880	门边130mm
宽度881~990	门边140mm

门扇规格参数(单位：mm)	
款式型号	DKM-085
工艺编号	
门边刀型	**R
芯板刀型	X**
扣线型号	K**
雕花型号	H-038/039
锣槽规格	槽宽15；槽深5
卡头进槽	20×2
芯板进槽	16×2
门边规格参数	
宽度600~700	门边120mm
宽度701~880	门边130mm
宽度881~990	门边140mm

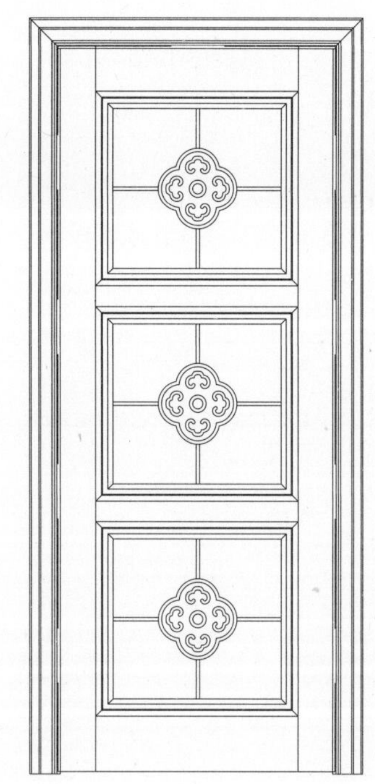

门扇规格参数(单位：mm)	
款式型号	BLM-086
工艺编号	
门边刀型	**R
芯板刀型	X**
扣线型号	K**
雕花型号	
锣槽规格	槽宽15；槽深5
卡头进槽	20×2
芯板进槽	16×2
门边规格参数	
宽度600~700	门边120mm
宽度701~880	门边130mm
宽度881~990	门边140mm

门扇规格参数(单位：mm)	
款式型号	DKM-087
工艺编号	
门边刀型	**R
芯板刀型	X**
扣线型号	K**
雕花型号	H-040
锣槽规格	槽宽15；槽深5
卡头进槽	20×2
芯板进槽	16×2
门边规格参数	
宽度600~700	门边120mm
宽度701~880	门边130mm
宽度881~990	门边140mm

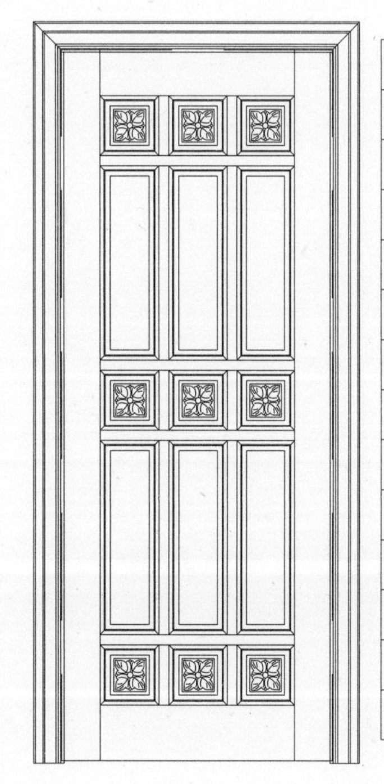

门扇规格参数(单位：mm)	
款式型号	DKM-088
工艺编号	
门边刀型	**R
芯板刀型	X**
扣线型号	K**
雕花型号	H-041
锣槽规格	槽宽15；槽深5
卡头进槽	20×2
芯板进槽	16×2
门边规格参数	
宽度600~700	门边120mm
宽度701~880	门边130mm
宽度881~990	门边140mm

门扇规格参数(单位：mm)	
款式型号	DKM-089
工艺编号	
门边刀型	**R
芯板刀型	X**
扣线型号	K**
雕花型号	H-042
锣槽规格	槽宽15；槽深5
卡头进槽	20×2
芯板进槽	16×2
门边规格参数	
宽度600~700	门边120mm
宽度701~880	门边130mm
宽度881~990	门边140mm

门扇规格参数(单位：mm)	
款式型号	DKM-090
工艺编号	
门边刀型	**R
芯板刀型	X**
扣线型号	K**
雕花型号	H-043
锣槽规格	槽宽15；槽深5
卡头进槽	20×2
芯板进槽	16×2
门边规格参数	
宽度600~700	门边120mm
宽度701~880	门边130mm
宽度881~990	门边140mm

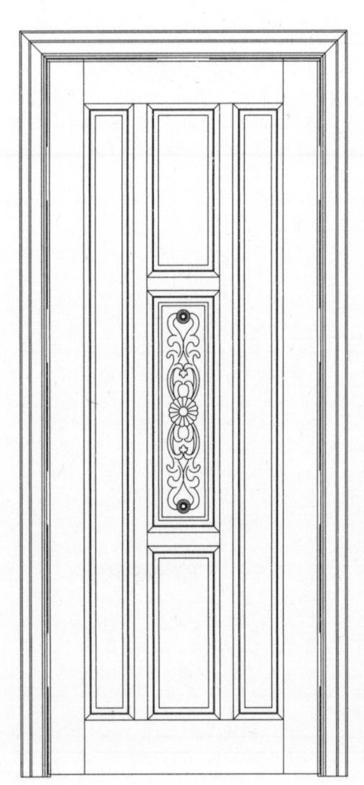

门扇规格参数(单位：mm)	
款式型号	DKM-091
工艺编号	
门边刀型	**R
芯板刀型	X**
扣线型号	K**
雕花型号	H-044
锣槽规格	槽宽15；槽深5
卡头进槽	20×2
芯板进槽	16×2
门边规格参数	
宽度600~700	门边120mm
宽度701~880	门边130mm
宽度881~990	门边140mm

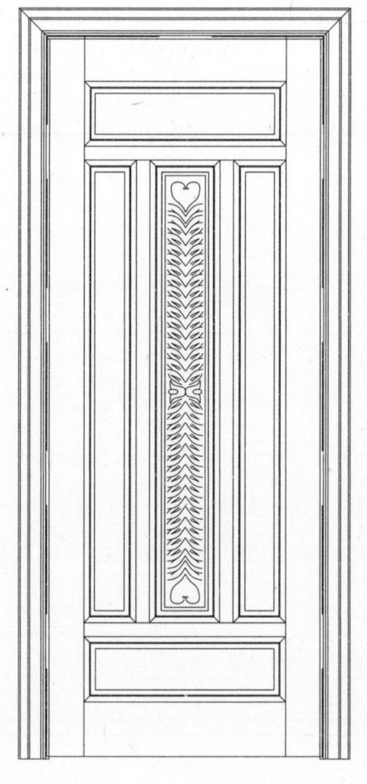

门扇规格参数(单位：mm)	
款式型号	DKM-092
工艺编号	
门边刀型	**R
芯板刀型	X**
扣线型号	K**
雕花型号	H-045
锣槽规格	槽宽15；槽深5
卡头进槽	20×2
芯板进槽	16×2
门边规格参数	
宽度600~700	门边120mm
宽度701~880	门边130mm
宽度881~990	门边140mm

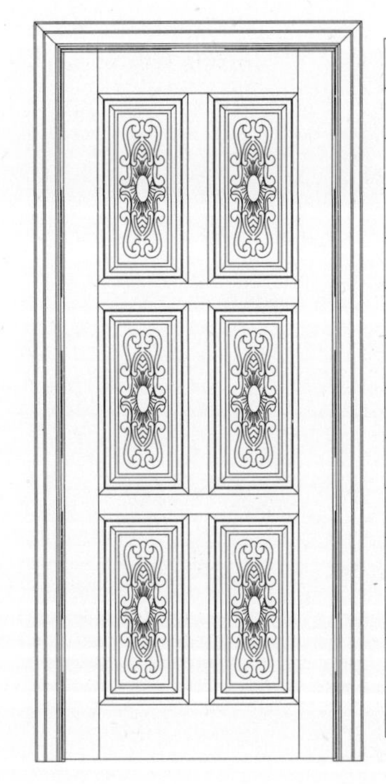

门扇规格参数(单位：mm)	
款式型号	DKM-093
工艺编号	
门边刀型	**R
芯板刀型	X**
扣线型号	K**
雕花型号	H-046
锣槽规格	槽宽15；槽深5
卡头进槽	20×2
芯板进槽	16×2
门边规格参数	
宽度600~700	门边120mm
宽度701~880	门边130mm
宽度881~990	门边140mm

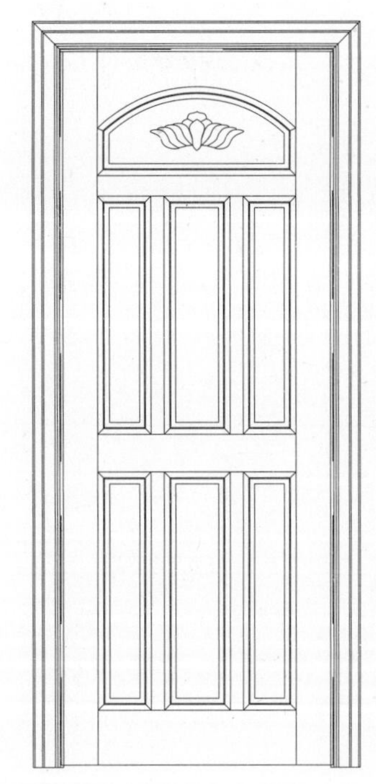

门扇规格参数(单位：mm)	
款式型号	DKM-094
工艺编号	
门边刀型	**R
芯板刀型	X**
扣线型号	K**
雕花型号	H-047
锣槽规格	槽宽15；槽深5
卡头进槽	20×2
芯板进槽	16×2
门边规格参数	
宽度600~700	门边120mm
宽度701~880	门边130mm
宽度881~990	门边140mm

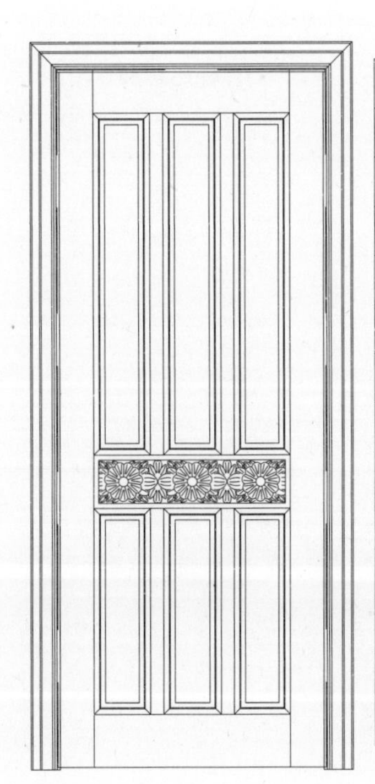

门扇规格参数(单位：mm)	
款式型号	DKM-095
工艺编号	
门边刀型	**R
芯板刀型	X**
扣线型号	K**
雕花型号	H-048
锣槽规格	槽宽15；槽深5
卡头进槽	20×2
芯板进槽	16×2
门边规格参数	
宽度600~700	门边120mm
宽度701~880	门边130mm
宽度881~990	门边140mm

门扇规格参数(单位：mm)	
款式型号	DKM-096
工艺编号	
门边刀型	**R
芯板刀型	X**
扣线型号	K**
雕花型号	H-049
锣槽规格	槽宽15；槽深5
卡头进槽	20×2
芯板进槽	16×2
门边规格参数	
宽度600~700	门边120mm
宽度701~880	门边130mm
宽度881~990	门边140mm

门扇规格参数(单位：mm)	
款式型号	DKM-097
工艺编号	
门边刀型	**R
芯板刀型	X**
扣线型号	K**
雕花型号	H-050
锣槽规格	槽宽15;槽深5
卡头进槽	20×2
芯板进槽	16×2
门边规格参数	
宽度600~700	门边120mm
宽度701~880	门边130mm
宽度881~990	门边140mm

门扇规格参数(单位：mm)	
款式型号	DKM-098
工艺编号	
门边刀型	**R
芯板刀型	X**
扣线型号	K**
雕花型号	H-051
锣槽规格	槽宽15;槽深5
卡头进槽	20×2
芯板进槽	16×2
门边规格参数	
宽度600~700	门边120mm
宽度701~880	门边130mm
宽度881~990	门边140mm

门扇规格参数(单位：mm)	
款式型号	DKM-099
工艺编号	
门边刀型	**R
芯板刀型	X**
扣线型号	K**
雕花型号	H-052/053
锣槽规格	槽宽15;槽深5
卡头进槽	20×2
芯板进槽	16×2
门边规格参数	
宽度600~700	门边120mm
宽度701~880	门边130mm
宽度881~990	门边140mm

门扇规格参数(单位：mm)	
款式型号	DKM-100
工艺编号	
门边刀型	**R
芯板刀型	X**
扣线型号	K**
雕花型号	H-054
锣槽规格	槽宽15;槽深5
卡头进槽	20×2
芯板进槽	16×2
门边规格参数	
宽度600~700	门边120mm
宽度701~880	门边130mm
宽度881~990	门边140mm

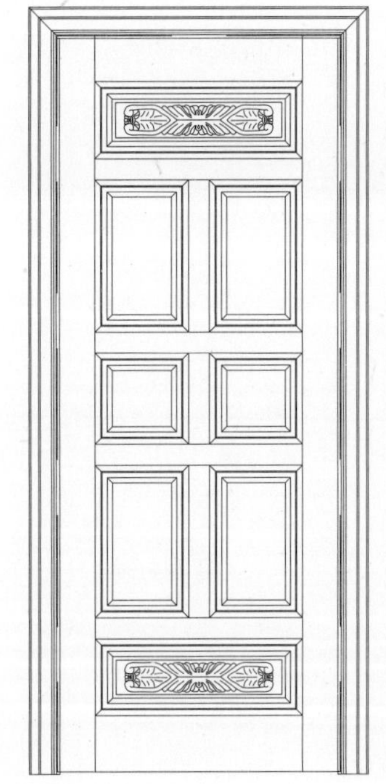

门扇规格参数(单位：mm)	
款式型号	DKM-101
工艺编号	
门边刀型	**R
芯板刀型	X**
扣线型号	K**
雕花型号	H-055
锣槽规格	槽宽15；槽深5
卡头进槽	20×2
芯板进槽	16×2
门边规格参数	
宽度600~700	门边120mm
宽度701~880	门边130mm
宽度881~990	门边140mm

门扇规格参数(单位：mm)	
款式型号	DKM-102
工艺编号	
门边刀型	**R
芯板刀型	X**
扣线型号	K**
雕花型号	H-056
锣槽规格	槽宽15；槽深5
卡头进槽	20×2
芯板进槽	16×2
门边规格参数	
宽度600~700	门边120mm
宽度701~880	门边130mm
宽度881~990	门边140mm

门扇规格参数(单位：mm)	
款式型号	DKM-103
工艺编号	
门边刀型	**R
芯板刀型	X**
扣线型号	K**
雕花型号	H-057/058
锣槽规格	槽宽15；槽深5
卡头进槽	20×2
芯板进槽	16×2
门边规格参数	
宽度600~700	门边120mm
宽度701~880	门边130mm
宽度881~990	门边140mm

门扇规格参数(单位：mm)	
款式型号	DKM-104
工艺编号	
门边刀型	**R
芯板刀型	X**
扣线型号	K**
雕花型号	H-059
锣槽规格	槽宽15；槽深5
卡头进槽	20×2
芯板进槽	16×2
门边规格参数	
宽度600~700	门边120mm
宽度701~880	门边130mm
宽度881~990	门边140mm

门扇规格参数(单位：mm)	
款式型号	DKM-105
工艺编号	
门边刀型	**R
芯板刀型	X**
扣线型号	K**
雕花型号	H-060
锣槽规格	槽宽15;槽深5
卡头进槽	20×2
芯板进槽	16×2
门边规格参数	
宽度600~700	门边120mm
宽度701~880	门边130mm
宽度881~990	门边140mm

门扇规格参数(单位：mm)	
款式型号	DKM-106
工艺编号	
门边刀型	**R
芯板刀型	X**
扣线型号	K**
雕花型号	H-061
锣槽规格	槽宽15;槽深5
卡头进槽	20×2
芯板进槽	16×2
门边规格参数	
宽度600~700	门边120mm
宽度701~880	门边130mm
宽度881~990	门边140mm

门扇规格参数(单位：mm)	
款式型号	DKM-107
工艺编号	
门边刀型	**R
芯板刀型	X**
扣线型号	K**
雕花型号	H-062
锣槽规格	槽宽15;槽深5
卡头进槽	20×2
芯板进槽	16×2
门边规格参数	
宽度600~700	门边120mm
宽度701~880	门边130mm
宽度881~990	门边140mm

门扇规格参数(单位：mm)	
款式型号	DKM-108
工艺编号	
门边刀型	**R
芯板刀型	X**
扣线型号	K**
雕花型号	H-063/064
锣槽规格	槽宽15;槽深5
卡头进槽	20×2
芯板进槽	16×2
门边规格参数	
宽度600~700	门边120mm
宽度701~880	门边130mm
宽度881~990	门边140mm

门扇规格参数(单位：mm)	
款式型号	DKM-109
工艺编号	
门边刀型	**R
芯板刀型	X**
扣线型号	K**
雕花型号	H-065/066 /067/068
锣槽规格	槽宽15;槽深5
卡头进槽	20×2
芯板进槽	16×2
门边规格参数	
宽度600~700	门边120mm
宽度701~880	门边130mm
宽度881~990	门边140mm

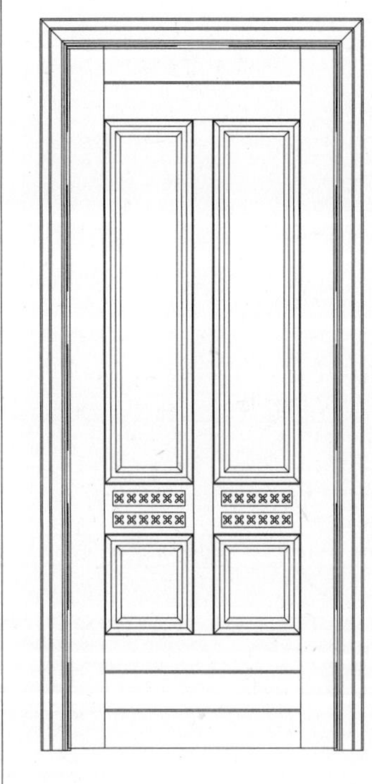

门扇规格参数(单位：mm)	
款式型号	DKM-110
工艺编号	
门边刀型	**R
芯板刀型	X**
扣线型号	K**
雕花型号	H-069
锣槽规格	槽宽15;槽深5
卡头进槽	20×2
芯板进槽	16×2
门边规格参数	
宽度600~700	门边120mm
宽度701~880	门边130mm
宽度881~990	门边140mm

门扇规格参数(单位：mm)	
款式型号	BLM-111
工艺编号	
门边刀型	**R
芯板刀型	X**
扣线型号	K**
雕花型号	
锣槽规格	槽宽15;槽深5
卡头进槽	20×2
芯板进槽	16×2
门边规格参数	
宽度600~700	门边120mm
宽度701~880	门边130mm
宽度881~990	门边140mm

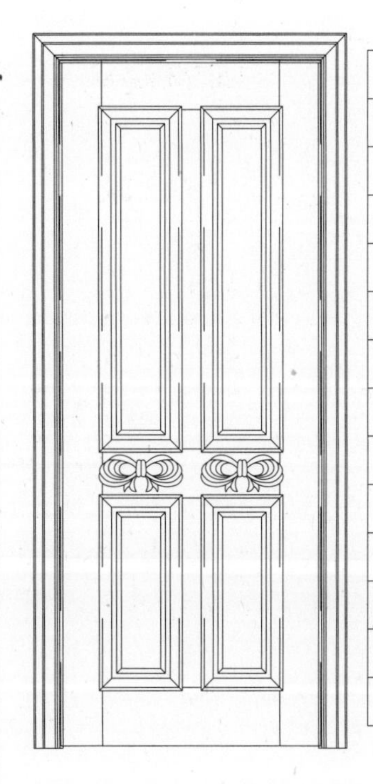

门扇规格参数(单位：mm)	
款式型号	DKM-112
工艺编号	
门边刀型	**R
芯板刀型	X**
扣线型号	K**
雕花型号	H-070
锣槽规格	槽宽15;槽深5
卡头进槽	20×2
芯板进槽	16×2
门边规格参数	
宽度600~700	门边120mm
宽度701~880	门边130mm
宽度881~990	门边140mm

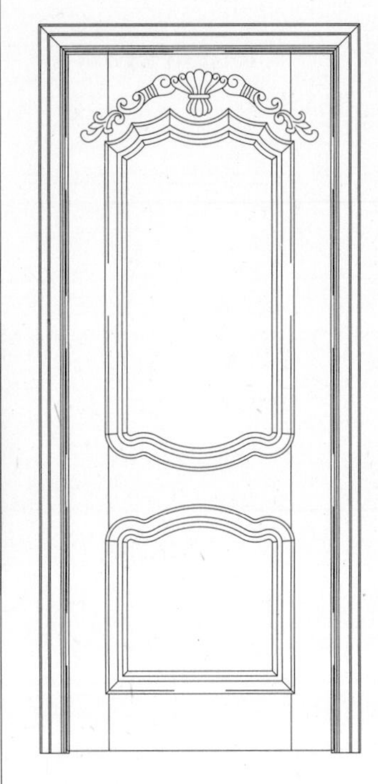

门扇规格参数(单位：mm)	
款式型号	DKM-113
工艺编号	
门边刀型	**R
芯板刀型	X**
扣线型号	K**
雕花型号	H-071
锣槽规格	槽宽15；槽深5
卡头进槽	20×2
芯板进槽	16×2
门边规格参数	
宽度600~700	门边120mm
宽度701~880	门边130mm
宽度881~990	门边140mm

门扇规格参数(单位：mm)	
款式型号	DKM-114
工艺编号	
门边刀型	**R
芯板刀型	X**
扣线型号	K**
雕花型号	H-071/072
锣槽规格	槽宽15；槽深5
卡头进槽	20×2
芯板进槽	16×2
门边规格参数	
宽度600~700	门边120mm
宽度701~880	门边130mm
宽度881~990	门边140mm

门扇规格参数(单位：mm)	
款式型号	DKM-115
工艺编号	
门边刀型	**R
芯板刀型	X**
扣线型号	K**
雕花型号	H-073/074 /075 /076
锣槽规格	槽宽15；槽深5
卡头进槽	20×2
芯板进槽	16×2
门边规格参数	
宽度600~700	门边120mm
宽度701~880	门边130mm
宽度881~990	门边140mm

门扇规格参数(单位：mm)	
款式型号	DKM-116
工艺编号	
门边刀型	**R
芯板刀型	X**
扣线型号	K**
雕花型号	H-077
锣槽规格	槽宽15；槽深5
卡头进槽	20×2
芯板进槽	16×2
门边规格参数	
宽度600~700	门边120mm
宽度701~880	门边130mm
宽度881~990	门边140mm

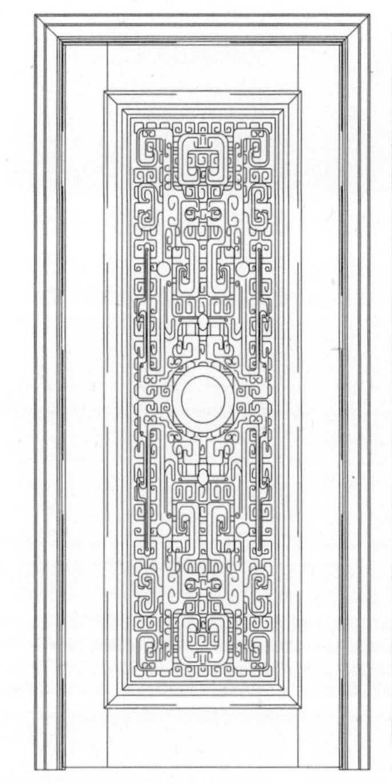

门扇规格参数(单位：mm)	
款式型号	DKM-117
工艺编号	
门边刀型	**R
芯板刀型	X**
扣线型号	K**
雕花型号	H-078
锣槽规格	槽宽15;槽深5
卡头进槽	20×2
芯板进槽	16×2
门边规格参数	
宽度600~700	门边120mm
宽度701~880	门边130mm
宽度881~990	门边140mm

门扇规格参数(单位：mm)	
款式型号	DKM-118
工艺编号	
门边刀型	**R
芯板刀型	X**
扣线型号	K**
雕花型号	H-079
锣槽规格	槽宽15;槽深5
卡头进槽	20×2
芯板进槽	16×2
门边规格参数	
宽度600~700	门边120mm
宽度701~880	门边130mm
宽度881~990	门边140mm

门扇规格参数(单位：mm)	
款式型号	DKM-119
工艺编号	
门边刀型	**R
芯板刀型	X**
扣线型号	K**
雕花型号	H-080/081
锣槽规格	槽宽15;槽深5
卡头进槽	20×2
芯板进槽	16×2
门边规格参数	
宽度600~700	门边120mm
宽度701~880	门边130mm
宽度881~990	门边140mm

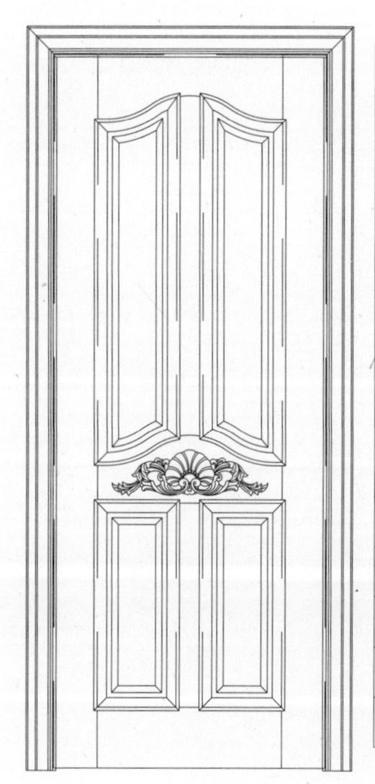

门扇规格参数(单位：mm)	
款式型号	DKM-120
工艺编号	
门边刀型	**R
芯板刀型	X**
扣线型号	K**
雕花型号	H-082
锣槽规格	槽宽15;槽深5
卡头进槽	20×2
芯板进槽	16×2
门边规格参数	
宽度600~700	门边120mm
宽度701~880	门边130mm
宽度881~990	门边140mm

门扇规格参数(单位：mm)	
款式型号	DKM-121
工艺编号	
门边刀型	**R
芯板刀型	X**
扣线型号	K**
雕花型号	H=083/084
锣槽规格	槽宽15;槽深5
卡头进槽	20×2
芯板进槽	16×2
门边规格参数	
宽度600~700	门边120mm
宽度701~880	门边130mm
宽度881~990	门边140mm

门扇规格参数(单位：mm)	
款式型号	DKM-122
工艺编号	
门边刀型	**R
芯板刀型	X**
扣线型号	K**
雕花型号	H=085
锣槽规格	槽宽15;槽深5
卡头进槽	20×2
芯板进槽	16×2
门边规格参数	
宽度600~700	门边120mm
宽度701~880	门边130mm
宽度881~990	门边140mm

门扇规格参数(单位：mm)	
款式型号	DKM-123
工艺编号	
门边刀型	**R
芯板刀型	X**
扣线型号	K**
雕花型号	H=086
锣槽规格	槽宽15;槽深5
卡头进槽	20×2
芯板进槽	16×2
门边规格参数	
宽度600~700	门边120mm
宽度701~880	门边130mm
宽度881~990	门边140mm

门扇规格参数(单位：mm)	
款式型号	DKM-124
工艺编号	
门边刀型	**R
芯板刀型	X**
扣线型号	K**
雕花型号	H=087
锣槽规格	槽宽15;槽深5
卡头进槽	20×2
芯板进槽	16×2
门边规格参数	
宽度600~700	门边120mm
宽度701~880	门边130mm
宽度881~990	门边140mm

门扇规格参数(单位：mm)	
款式型号	DKM-125
工艺编号	
门边刀型	**R
芯板刀型	X**
扣线型号	K**
雕花型号	H=088
锣槽规格	槽宽15；槽深5
卡头进槽	20×2
芯板进槽	16×2
门边规格参数	
宽度600~700	门边120mm
宽度701~880	门边130mm
宽度881~990	门边140mm

门扇规格参数(单位：mm)	
款式型号	DKM-126
工艺编号	
门边刀型	**R
芯板刀型	X**
扣线型号	K**
雕花型号	H=089/090
锣槽规格	槽宽15；槽深5
卡头进槽	20×2
芯板进槽	16×2
门边规格参数	
宽度600~700	门边120mm
宽度701~880	门边130mm
宽度881~990	门边140mm

门扇规格参数(单位：mm)	
款式型号	DKM-127
工艺编号	
门边刀型	**R
芯板刀型	X**
扣线型号	K**
雕花型号	H-091/092
锣槽规格	槽宽15；槽深5
卡头进槽	20×2
芯板进槽	16×2
门边规格参数	
宽度600~700	门边120mm
宽度701~880	门边130mm
宽度881~990	门边140mm

门扇规格参数(单位：mm)	
款式型号	DKM-128
工艺编号	
门边刀型	**R
芯板刀型	X**
扣线型号	K**
雕花型号	H-093/094
锣槽规格	槽宽15；槽深5
卡头进槽	20×2
芯板进槽	16×2
门边规格参数	
宽度600~700	门边120mm
宽度701~880	门边130mm
宽度881~990	门边140mm

门扇规格参数(单位：mm)	
款式型号	DKM-129
工艺编号	
门边刀型	**R
芯板刀型	X**
扣线型号	K**
雕花型号	H-095/096
锣槽规格	槽宽15;槽深5
卡头进槽	20×2
芯板进槽	16×2
门边规格参数	
宽度600~700	门边120mm
宽度701~880	门边130mm
宽度881~990	门边140mm

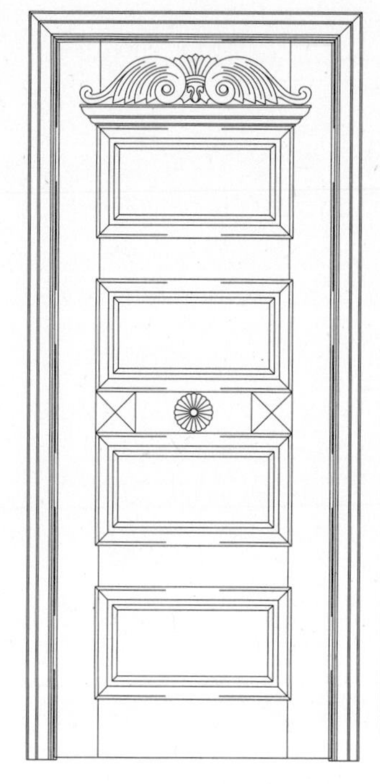

门扇规格参数(单位：mm)	
款式型号	DKM-130
工艺编号	
门边刀型	**R
芯板刀型	X**
扣线型号	K**
雕花型号	H-097
锣槽规格	槽宽15;槽深5
卡头进槽	20×2
芯板进槽	16×2
门边规格参数	
宽度600~700	门边120mm
宽度701~880	门边130mm
宽度881~990	门边140mm

门扇规格参数(单位：mm)	
款式型号	DKM-131
工艺编号	
门边刀型	**R
芯板刀型	X**
扣线型号	K**
雕花型号	H-098
锣槽规格	槽宽15;槽深5
卡头进槽	20×2
芯板进槽	16×2
门边规格参数	
宽度600~700	门边120mm
宽度701~880	门边130mm
宽度881~990	门边140mm

门扇规格参数(单位：mm)	
款式型号	DKM-132
工艺编号	
门边刀型	**R
芯板刀型	X**
扣线型号	K**
雕花型号	H-099
锣槽规格	槽宽15;槽深5
卡头进槽	20×2
芯板进槽	16×2
门边规格参数	
宽度600~700	门边120mm
宽度701~880	门边130mm
宽度881~990	门边140mm

门扇规格参数(单位：mm)	
款式型号	DKM-133
工艺编号	
门边刀型	**R
芯板刀型	X**
扣线型号	K**
雕花型号	H-100
锣槽规格	槽宽15；槽深5
卡头进槽	20×2
芯板进槽	16×2
门边规格参数	
宽度600~700	门边120mm
宽度701~880	门边130mm
宽度881~990	门边140mm

门扇规格参数(单位：mm)	
款式型号	DKM-134
工艺编号	
门边刀型	**R
芯板刀型	X**
扣线型号	K**
雕花型号	H-101/102/103
锣槽规格	槽宽15；槽深5
卡头进槽	20×2
芯板进槽	16×2
门边规格参数	
宽度600~700	门边120mm
宽度701~880	门边130mm
宽度881~990	门边140mm

门扇规格参数(单位：mm)	
款式型号	DKM-135
工艺编号	
门边刀型	**R
芯板刀型	X**
扣线型号	K**
雕花型号	H-104/105
锣槽规格	槽宽15；槽深5
卡头进槽	20×2
芯板进槽	16×2
门边规格参数	
宽度600~700	门边120mm
宽度701~880	门边130mm
宽度881~990	门边140mm

门扇规格参数(单位：mm)	
款式型号	DKM-136
工艺编号	
门边刀型	**R
芯板刀型	X**
扣线型号	K**
雕花型号	H-106/107
锣槽规格	槽宽15；槽深5
卡头进槽	20×2
芯板进槽	16×2
门边规格参数	
宽度600~700	门边120mm
宽度701~880	门边130mm
宽度881~990	门边140mm

门扇规格参数(单位：mm)	
款式型号	DKM-137
工艺编号	
门边刀型	**R
芯板刀型	X**
扣线型号	K**
雕花型号	H-108/109
锣槽规格	槽宽15；槽深5
卡头进槽	20×2
芯板进槽	16×2
门边规格参数	
宽度600~700	门边120mm
宽度701~880	门边130mm
宽度881~990	门边140mm

门扇规格参数(单位：mm)	
款式型号	DKM-138
工艺编号	
门边刀型	**R
芯板刀型	X**
扣线型号	K**
雕花型号	H-110
锣槽规格	槽宽15；槽深5
卡头进槽	20×2
芯板进槽	16×2
门边规格参数	
宽度600~700	门边120mm
宽度701~880	门边130mm
宽度881~990	门边140mm

门扇规格参数(单位：mm)	
款式型号	DKM-139
工艺编号	
门边刀型	**R
芯板刀型	X**
扣线型号	K**
雕花型号	H-111
锣槽规格	槽宽15；槽深5
卡头进槽	20×2
芯板进槽	16×2
门边规格参数	
宽度600~700	门边120mm
宽度701~880	门边130mm
宽度881~990	门边140mm

门扇规格参数(单位：mm)	
款式型号	DKM-140
工艺编号	
门边刀型	**R
芯板刀型	X**
扣线型号	K**
雕花型号	H-112/113
锣槽规格	槽宽15；槽深5
卡头进槽	20×2
芯板进槽	16×2
门边规格参数	
宽度600~700	门边120mm
宽度701~880	门边130mm
宽度881~990	门边140mm

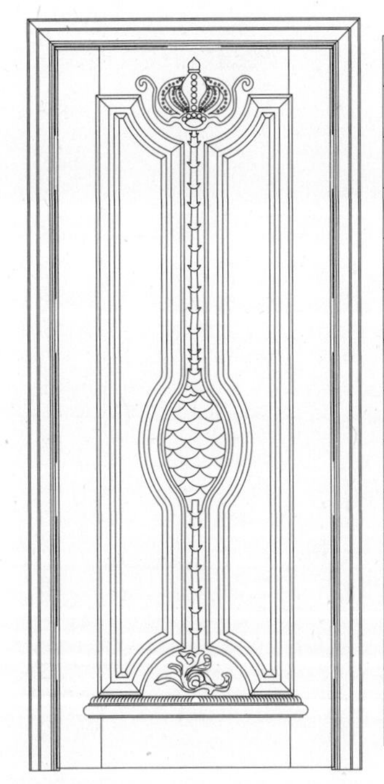

门扇规格参数(单位：mm)	
款式型号	DKM-141
工艺编号	
门边刀型	**R
芯板刀型	X**
扣线型号	K**
雕花型号	H-114
锣槽规格	槽宽15；槽深5
卡头进槽	20×2
芯板进槽	16×2
门边规格参数	
宽度600~700	门边120mm
宽度701~880	门边130mm
宽度881~990	门边140mm

门扇规格参数(单位：mm)	
款式型号	DKM-142
工艺编号	
门边刀型	**R
芯板刀型	X**
扣线型号	K**
雕花型号	H-115/116
锣槽规格	槽宽15；槽深5
卡头进槽	20×2
芯板进槽	16×2
门边规格参数	
宽度600~700	门边120mm
宽度701~880	门边130mm
宽度881~990	门边140mm

门扇规格参数(单位：mm)	
款式型号	DKM-143
工艺编号	
门边刀型	**R
芯板刀型	X**
扣线型号	K**
雕花型号	H-117/118
锣槽规格	槽宽15；槽深5
卡头进槽	20×2
芯板进槽	16×2
门边规格参数	
宽度600~700	门边120mm
宽度701~880	门边130mm
宽度881~990	门边140mm

门扇规格参数(单位：mm)	
款式型号	DKM-144
工艺编号	
门边刀型	**R
芯板刀型	X**
扣线型号	K**
雕花型号	H-119/120/121
锣槽规格	槽宽15；槽深5
卡头进槽	20×2
芯板进槽	16×2
门边规格参数	
宽度600~700	门边120mm
宽度701~880	门边130mm
宽度881~990	门边140mm

门扇规格参数(单位：mm)	
款式型号	DKM-145
工艺编号	
门边刀型	**R
芯板刀型	X**
扣线型号	K**
雕花型号	H-122/123/124
锣槽规格	槽宽15;槽深5
卡头进槽	20×2
芯板进槽	16×2
门边规格参数	
宽度600~700	门边120mm
宽度701~880	门边130mm
宽度881~990	门边140mm

门扇规格参数(单位：mm)	
款式型号	DKM-146
工艺编号	
门边刀型	**R
芯板刀型	X**
扣线型号	K**
雕花型号	H-125
锣槽规格	槽宽15;槽深5
卡头进槽	20×2
芯板进槽	16×2
门边规格参数	
宽度600~700	门边120mm
宽度701~880	门边130mm
宽度881~990	门边140mm

门扇规格参数(单位：mm)	
款式型号	DKM-147
工艺编号	
门边刀型	**R
芯板刀型	X**
扣线型号	K**
雕花型号	H-126/127/128
锣槽规格	槽宽15;槽深5
卡头进槽	20×2
芯板进槽	16×2
门边规格参数	
宽度600~700	门边120mm
宽度701~880	门边130mm
宽度881~990	门边140mm

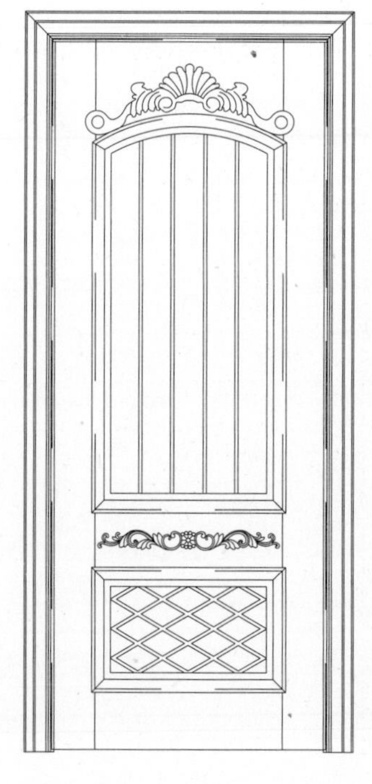

门扇规格参数(单位：mm)	
款式型号	DKM-148
工艺编号	
门边刀型	**R
芯板刀型	X**
扣线型号	K**
雕花型号	H-129/130
锣槽规格	槽宽15;槽深5
卡头进槽	20×2
芯板进槽	16×2
门边规格参数	
宽度600~700	门边120mm
宽度701~880	门边130mm
宽度881~990	门边140mm

门扇规格参数(单位：mm)	
款式型号	DKM-149
工艺编号	
门边刀型	**R
芯板刀型	X**
扣线型号	K**
雕花型号	H-131
锣槽规格	槽宽15；槽深5
卡头进槽	20×2
芯板进槽	16×2
门边规格参数	
宽度600~700	门边120mm
宽度701~880	门边130mm
宽度881~990	门边140mm

门扇规格参数(单位：mm)	
款式型号	DKM-150
工艺编号	
门边刀型	**R
芯板刀型	X**
扣线型号	K**
雕花型号	H-132/133
锣槽规格	槽宽15；槽深5
卡头进槽	20×2
芯板进槽	16×2
门边规格参数	
宽度600~700	门边120mm
宽度701~880	门边130mm
宽度881~990	门边140mm

门扇规格参数(单位：mm)	
款式型号	DKM-151
工艺编号	
门边刀型	**R
芯板刀型	X**
扣线型号	K**
雕花型号	H-134/135
锣槽规格	槽宽15；槽深5
卡头进槽	20×2
芯板进槽	16×2
门边规格参数	
宽度600~700	门边120mm
宽度701~880	门边130mm
宽度881~990	门边140mm

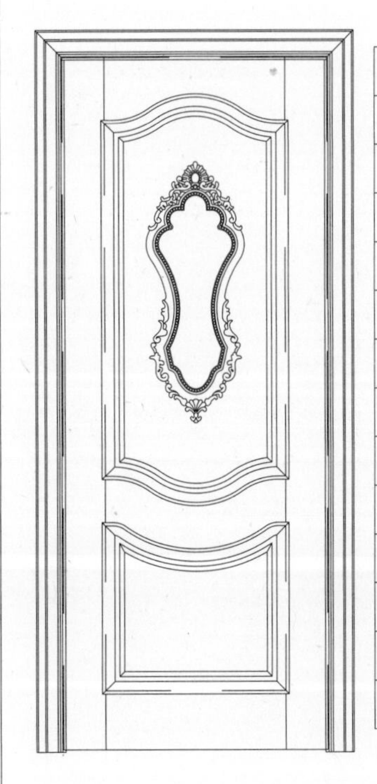

门扇规格参数(单位：mm)	
款式型号	DKM-152
工艺编号	
门边刀型	**R
芯板刀型	X**
扣线型号	K**
雕花型号	H-136
锣槽规格	槽宽15；槽深5
卡头进槽	20×2
芯板进槽	16×2
门边规格参数	
宽度600~700	门边120mm
宽度701~880	门边130mm
宽度881~990	门边140mm

门扇规格参数(单位：mm)	
款式型号	DKM-153
工艺编号	
门边刀型	**R
芯板刀型	X**
扣线型号	K**
雕花型号	H-137/138
锣槽规格	槽宽15;槽深5
卡头进槽	20×2
芯板进槽	16×2
门边规格参数	
宽度600~700	门边120mm
宽度701~880	门边130mm
宽度881~990	门边140mm

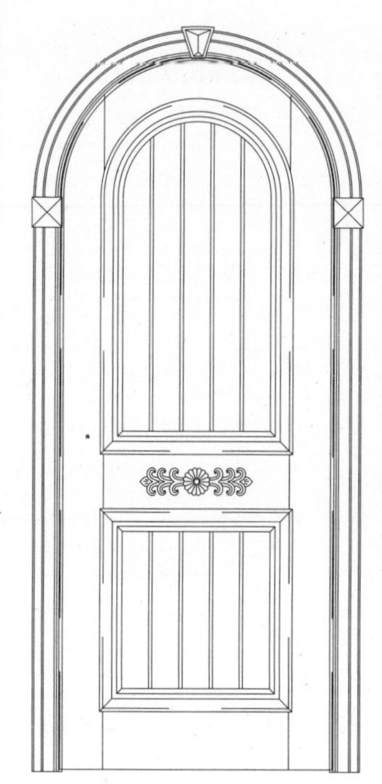

门扇规格参数(单位：mm)	
款式型号	DKM-154
工艺编号	
门边刀型	**R
芯板刀型	X**
扣线型号	K**
雕花型号	H-139
锣槽规格	槽宽15;槽深5
卡头进槽	20×2
芯板进槽	16×2
门边规格参数	
宽度600~700	门边120mm
宽度701~880	门边130mm
宽度881~990	门边140mm

门扇规格参数(单位：mm)	
款式型号	DKM-155
工艺编号	
门边刀型	**R
芯板刀型	X**
扣线型号	K**
雕花型号	H-140
锣槽规格	槽宽15;槽深5
卡头进槽	20×2
芯板进槽	16×2
门边规格参数	
宽度600~700	门边120mm
宽度701~880	门边130mm
宽度881~990	门边140mm

门扇规格参数(单位：mm)	
款式型号	DKM-156
工艺编号	
门边刀型	**R
芯板刀型	X**
扣线型号	K**
雕花型号	H-141/142 /143 /144
锣槽规格	槽宽15;槽深5
卡头进槽	20×2
芯板进槽	16×2
门边规格参数	
宽度600~700	门边120mm
宽度701~880	门边130mm
宽度881~990	门边140mm

门扇规格参数(单位：mm)	
款式型号	DKM-157
工艺编号	
门边刀型	**R
芯板刀型	X**
扣线型号	K**
雕花型号	H-145/146
锣槽规格	槽宽15；槽深5
卡头进槽	20×2
芯板进槽	16×2
门边规格参数	
宽度600~700	门边120mm
宽度701~880	门边130mm
宽度881~990	门边140mm

门扇规格参数(单位：mm)	
款式型号	DKM-158
工艺编号	
门边刀型	**R
芯板刀型	X**
扣线型号	K**
雕花型号	H-147/148
锣槽规格	槽宽15；槽深5
卡头进槽	20×2
芯板进槽	16×2
门边规格参数	
宽度600~700	门边120mm
宽度701~880	门边130mm
宽度881~990	门边140mm

门扇规格参数(单位：mm)	
款式型号	DKM-159
工艺编号	
门边刀型	**R
芯板刀型	X**
扣线型号	K**
雕花型号	H-149
锣槽规格	槽宽15；槽深5
卡头进槽	20×2
芯板进槽	16×2
门边规格参数	
宽度600~700	门边120mm
宽度701~880	门边130mm
宽度881~990	门边140mm

门扇规格参数(单位：mm)	
款式型号	DKM-160
工艺编号	
门边刀型	**R
芯板刀型	X**
扣线型号	K**
雕花型号	H-150/151
锣槽规格	槽宽15；槽深5
卡头进槽	20×2
芯板进槽	16×2
门边规格参数	
宽度600~700	门边120mm
宽度701~880	门边130mm
宽度881~990	门边140mm

门扇规格参数(单位：mm)	
款式型号	DKM-161
工艺编号	
门边刀型	**R
芯板刀型	X**
扣线型号	K**
雕花型号	
锣槽规格	槽宽15；槽深5
卡头进槽	20×2
芯板进槽	16×2
门边规格参数	
宽度600~700	门边120mm
宽度701~880	门边130mm
宽度881~990	门边140mm

门扇规格参数(单位：mm)	
款式型号	DKM-162
工艺编号	
门边刀型	**R
芯板刀型	X**
扣线型号	K**
雕花型号	H-152/153
锣槽规格	槽宽15；槽深5
卡头进槽	20×2
芯板进槽	16×2
门边规格参数	
宽度600~700	门边120mm
宽度701~880	门边130mm
宽度881~990	门边140mm

门扇规格参数(单位：mm)	
款式型号	DKM-163
工艺编号	
门边刀型	**R
芯板刀型	X**
扣线型号	K**
雕花型号	
锣槽规格	槽宽15；槽深5
卡头进槽	20×2
芯板进槽	16×2
门边规格参数	
宽度600~700	门边120mm
宽度701~880	门边130mm
宽度881~990	门边140mm

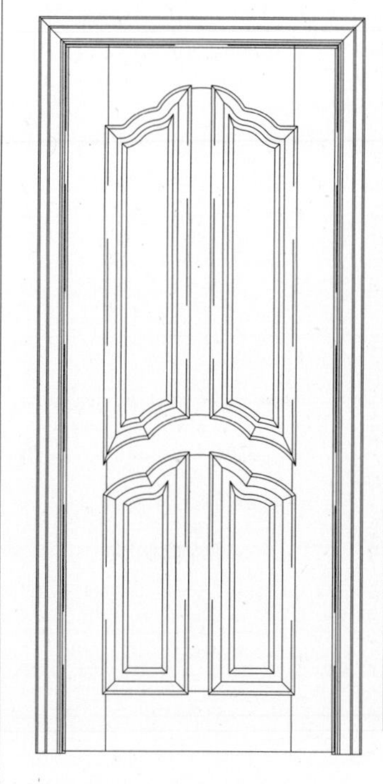

门扇规格参数(单位：mm)	
款式型号	DKM-164
工艺编号	
门边刀型	**R
芯板刀型	X**
扣线型号	K**
雕花型号	
锣槽规格	槽宽15；槽深5
卡头进槽	20×2
芯板进槽	16×2
门边规格参数	
宽度600~700	门边120mm
宽度701~880	门边130mm
宽度881~990	门边140mm

门扇规格参数(单位：mm)	
款式型号	DKM-165
工艺编号	
门边刀型	**R
芯板刀型	X**
扣线型号	K**
雕花型号	
锣槽规格	槽宽15;槽深5
卡头进槽	20×2
芯板进槽	16×2
门边规格参数	
宽度600~700	门边120mm
宽度701~880	门边130mm
宽度881~990	门边140mm

门扇规格参数(单位：mm)	
款式型号	DKM-166
工艺编号	
门边刀型	**R
芯板刀型	X**
扣线型号	K**
雕花型号	
锣槽规格	槽宽15;槽深5
卡头进槽	20×2
芯板进槽	16×2
门边规格参数	
宽度600~700	门边120mm
宽度701~880	门边130mm
宽度881~990	门边140mm

门扇规格参数(单位：mm)	
款式型号	DKM-167
工艺编号	
门边刀型	**R
芯板刀型	X**
扣线型号	K**
雕花型号	
锣槽规格	槽宽15;槽深5
卡头进槽	20×2
芯板进槽	16×2
门边规格参数	
宽度600~700	门边120mm
宽度701~880	门边130mm
宽度881~990	门边140mm

门扇规格参数(单位：mm)	
款式型号	DKM-168
工艺编号	
门边刀型	**R
芯板刀型	X**
扣线型号	K**
雕花型号	
锣槽规格	槽宽15;槽深5
卡头进槽	20×2
芯板进槽	16×2
门边规格参数	
宽度600~700	门边120mm
宽度701~880	门边130mm
宽度881~990	门边140mm

门扇规格参数(单位：mm)	
款式型号	BLM-169
工艺编号	
门边刀型	**R
芯板刀型	X**
扣线型号	K**
雕花型号	
锣槽规格	槽宽15；槽深5
卡头进槽	20×2
芯板进槽	16×2
门边规格参数	
宽度600~700	门边120mm
宽度701~880	门边130mm
宽度881~990	门边140mm

门扇规格参数(单位：mm)	
款式型号	BLM-170
工艺编号	
门边刀型	**R
芯板刀型	X**
扣线型号	K**
雕花型号	
锣槽规格	槽宽15；槽深5
卡头进槽	20×2
芯板进槽	16×2
门边规格参数	
宽度600~700	门边120mm
宽度701~880	门边130mm
宽度881~990	门边140mm

门扇规格参数(单位：mm)	
款式型号	BLM-171
工艺编号	
门边刀型	**R
芯板刀型	X**
扣线型号	K**
雕花型号	H-156/157
锣槽规格	槽宽15；槽深5
卡头进槽	20×2
芯板进槽	16×2
门边规格参数	
宽度600~700	门边120mm
宽度701~880	门边130mm
宽度881~990	门边140mm

门扇规格参数(单位：mm)	
款式型号	BLM-172
工艺编号	
门边刀型	**R
芯板刀型	X**
扣线型号	K**
雕花型号	H-158
锣槽规格	槽宽15；槽深5
卡头进槽	20×2
芯板进槽	16×2
门边规格参数	
宽度600~700	门边120mm
宽度701~880	门边130mm
宽度881~990	门边140mm

门扇规格参数(单位：mm)	
款式型号	BLM-173
工艺编号	
门边刀型	**R
芯板刀型	X**
扣线型号	K**
雕花型号	
锣槽规格	槽宽15;槽深5
卡头进槽	20×2
芯板进槽	16×2
门边规格参数	
宽度600~700	门边120mm
宽度701~880	门边130mm
宽度881~990	门边140mm

门扇规格参数(单位：mm)	
款式型号	BLM-174
工艺编号	
门边刀型	**R
芯板刀型	X**
扣线型号	K**
雕花型号	
锣槽规格	槽宽15;槽深5
卡头进槽	20×2
芯板进槽	16×2
门边规格参数	
宽度600~700	门边120mm
宽度701~880	门边130mm
宽度881~990	门边140mm

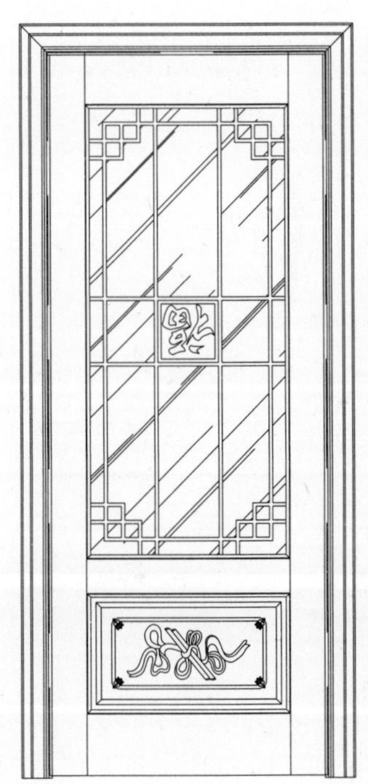

门扇规格参数(单位：mm)	
款式型号	BLM-175
工艺编号	
门边刀型	**R
芯板刀型	X**
扣线型号	K**
雕花型号	H-161
锣槽规格	槽宽15;槽深5
卡头进槽	20×2
芯板进槽	16×2
门边规格参数	
宽度600~700	门边120mm
宽度701~880	门边130mm
宽度881~990	门边140mm

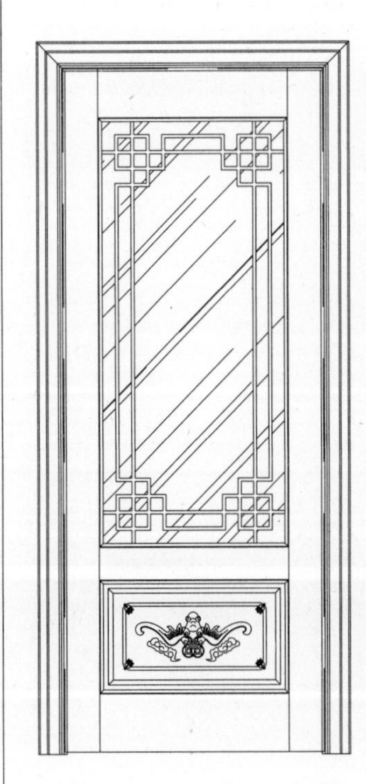

门扇规格参数(单位：mm)	
款式型号	BLM-176
工艺编号	
门边刀型	**R
芯板刀型	X**
扣线型号	K**
雕花型号	H-162
锣槽规格	槽宽15;槽深5
卡头进槽	20×2
芯板进槽	16×2
门边规格参数	
宽度600~700	门边120mm
宽度701~880	门边130mm
宽度881~990	门边140mm

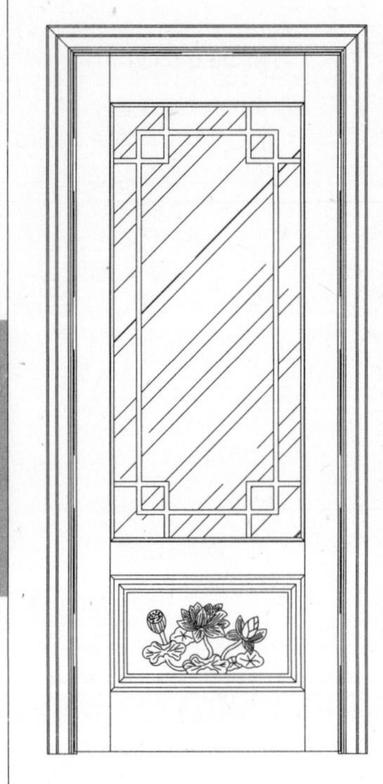

门扇规格参数(单位：mm)	
款式型号	BLM-177
工艺编号	
门边刀型	**R
芯板刀型	X**
扣线型号	K**
雕花型号	
锣槽规格	槽宽15;槽深5
卡头进槽	20×2
芯板进槽	16×2
门边规格参数	
宽度600~700	门边120mm
宽度701~880	门边130mm
宽度881~990	门边140mm

门扇规格参数(单位：mm)	
款式型号	BLM-178
工艺编号	
门边刀型	**R
芯板刀型	X**
扣线型号	K**
雕花型号	
锣槽规格	槽宽15;槽深5
卡头进槽	20×2
芯板进槽	16×2
门边规格参数	
宽度600~700	门边120mm
宽度701~880	门边130mm
宽度881~990	门边140mm

门扇规格参数(单位：mm)	
款式型号	BLM-179
工艺编号	
门边刀型	**R
芯板刀型	X**
扣线型号	K**
雕花型号	
锣槽规格	槽宽15;槽深5
卡头进槽	20×2
芯板进槽	16×2
门边规格参数	
宽度600~700	门边120mm
宽度701~880	门边130mm
宽度881~990	门边140mm

门扇规格参数(单位：mm)	
款式型号	BLM-180
工艺编号	
门边刀型	**R
芯板刀型	X**
扣线型号	K**
雕花型号	
锣槽规格	槽宽15;槽深5
卡头进槽	20×2
芯板进槽	16×2
门边规格参数	
宽度600~700	门边120mm
宽度701~880	门边130mm
宽度881~990	门边140mm

门扇规格参数(单位：mm)	
款式型号	BLM-181
工艺编号	
门边刀型	**R
芯板刀型	X**
扣线型号	K**
雕花型号	
锣槽规格	槽宽15；槽深5
卡头进槽	20×2
芯板进槽	16×2
门边规格参数	
宽度600~700	门边120mm
宽度701~880	门边130mm
宽度881~990	门边140mm

门扇规格参数(单位：mm)	
款式型号	BLM-182
工艺编号	
门边刀型	**R
芯板刀型	X**
扣线型号	K**
雕花型号	
锣槽规格	槽宽15；槽深5
卡头进槽	20×2
芯板进槽	16×2
门边规格参数	
宽度600~700	门边120mm
宽度701~880	门边130mm
宽度881~990	门边140mm

门扇规格参数(单位：mm)	
款式型号	BLM-183
工艺编号	
门边刀型	**R
芯板刀型	X**
扣线型号	K**
雕花型号	
锣槽规格	槽宽15；槽深5
卡头进槽	20×2
芯板进槽	16×2
门边规格参数	
宽度600~700	门边120mm
宽度701~880	门边130mm
宽度881~990	门边140mm

门扇规格参数(单位：mm)	
款式型号	BLM-184
工艺编号	
门边刀型	**R
芯板刀型	X**
扣线型号	K**
雕花型号	H-165
锣槽规格	槽宽15；槽深5
卡头进槽	20×2
芯板进槽	16×2
门边规格参数	
宽度600~700	门边120mm
宽度701~880	门边130mm
宽度881~990	门边140mm

门扇规格参数(单位：mm)	
款式型号	BLM-185
工艺编号	
门边刀型	**R
芯板刀型	X**
扣线型号	K**
雕花型号	
锣槽规格	槽宽15；槽深5
卡头进槽	20×2
芯板进槽	16×2
门边规格参数	
宽度600~700	门边120mm
宽度701~880	门边130mm
宽度881~990	门边140mm

门扇规格参数(单位：mm)	
款式型号	BLM-186
工艺编号	
门边刀型	**R
芯板刀型	X**
扣线型号	K**
雕花型号	
锣槽规格	槽宽15；槽深5
卡头进槽	20×2
芯板进槽	16×2
门边规格参数	
宽度600~700	门边120mm
宽度701~880	门边130mm
宽度881~990	门边140mm

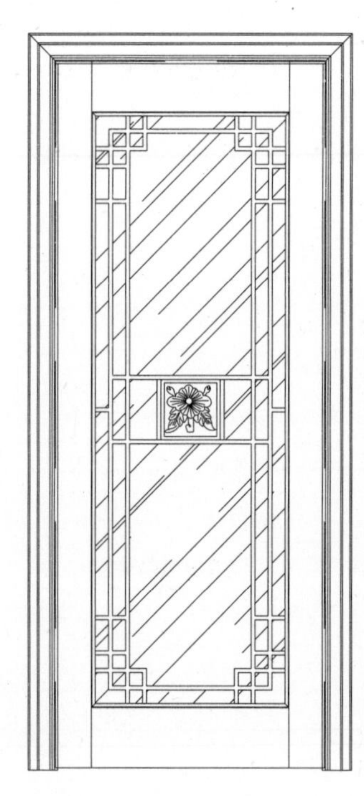

门扇规格参数(单位：mm)	
款式型号	BLM-187
工艺编号	
门边刀型	**R
芯板刀型	X**
扣线型号	K**
雕花型号	H-167
锣槽规格	槽宽15；槽深5
卡头进槽	20×2
芯板进槽	16×2
门边规格参数	
宽度600~700	门边120mm
宽度701~880	门边130mm
宽度881~990	门边140mm

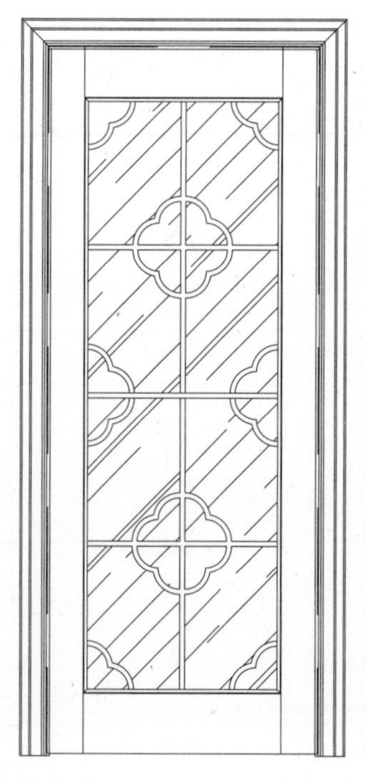

门扇规格参数(单位：mm)	
款式型号	BLM-188
工艺编号	
门边刀型	**R
芯板刀型	X**
扣线型号	K**
雕花型号	
锣槽规格	槽宽15；槽深5
卡头进槽	20×2
芯板进槽	16×2
门边规格参数	
宽度600~700	门边120mm
宽度701~880	门边130mm
宽度881~990	门边140mm

门扇规格参数(单位：mm)	
款式型号	BLM-189
工艺编号	
门边刀型	**R
芯板刀型	X**
扣线型号	K**
雕花型号	
锣槽规格	槽宽15；槽深5
卡头进槽	20×2
芯板进槽	16×2
门边规格参数	
宽度600~700	门边120mm
宽度701~880	门边130mm
宽度881~990	门边140mm

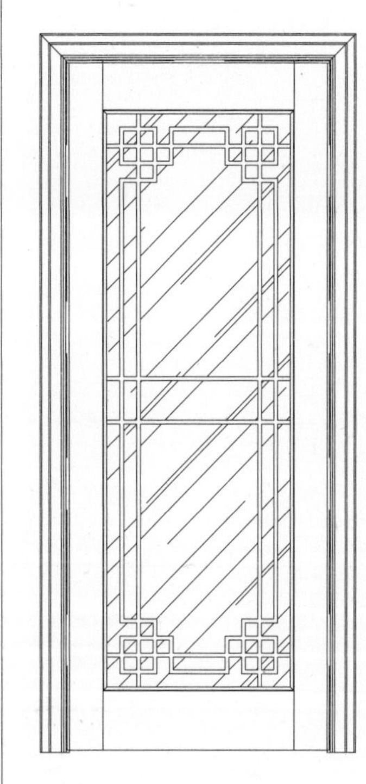

门扇规格参数(单位：mm)	
款式型号	BLM-190
工艺编号	
门边刀型	**R
芯板刀型	X**
扣线型号	K**
雕花型号	
锣槽规格	槽宽15；槽深5
卡头进槽	20×2
芯板进槽	16×2
门边规格参数	
宽度600~700	门边120mm
宽度701~880	门边130mm
宽度881~990	门边140mm

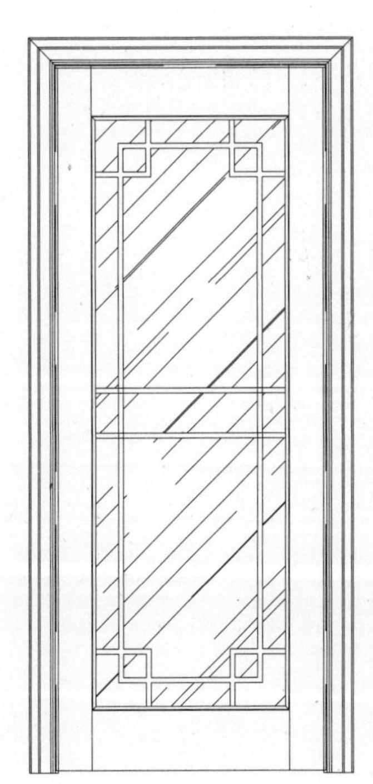

门扇规格参数(单位：mm)	
款式型号	BLM-191
工艺编号	
门边刀型	**R
芯板刀型	X**
扣线型号	K**
雕花型号	
锣槽规格	槽宽15；槽深5
卡头进槽	20×2
芯板进槽	16×2
门边规格参数	
宽度600~700	门边120mm
宽度701~880	门边130mm
宽度881~990	门边140mm

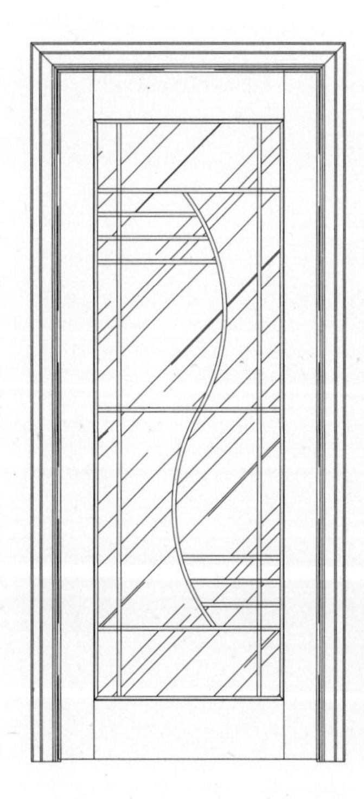

门扇规格参数(单位：mm)	
款式型号	BLM-192
工艺编号	
门边刀型	**R
芯板刀型	X**
扣线型号	K**
雕花型号	
锣槽规格	槽宽15；槽深5
卡头进槽	20×2
芯板进槽	16×2
门边规格参数	
宽度600~700	门边120mm
宽度701~880	门边130mm
宽度881~990	门边140mm

木门

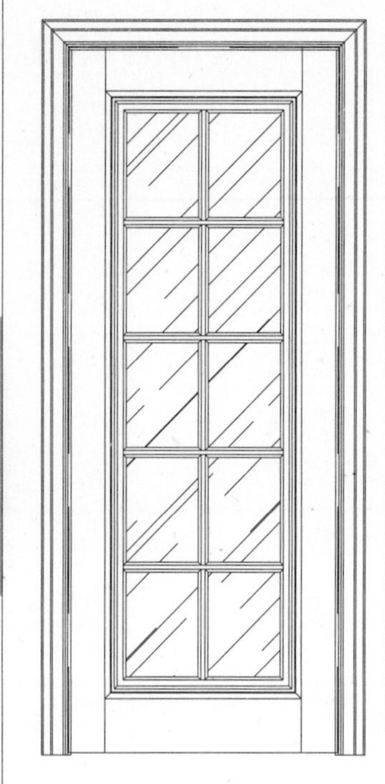

门扇规格参数(单位：mm)	
款式型号	BLM-193
工艺编号	
门边刀型	**R
芯板刀型	X**
扣线型号	K**
雕花型号	
锣槽规格	槽宽15;槽深5
卡头进槽	20×2
芯板进槽	16×2
门边规格参数	
宽度600~700	门边120mm
宽度701~880	门边130mm
宽度881~990	门边140mm

门扇规格参数(单位：mm)	
款式型号	BLM-194
工艺编号	
门边刀型	**R
芯板刀型	X**
扣线型号	K**
雕花型号	
锣槽规格	槽宽15;槽深5
卡头进槽	20×2
芯板进槽	16×2
门边规格参数	
宽度600~700	门边120mm
宽度701~880	门边130mm
宽度881~990	门边140mm

门扇规格参数(单位：mm)	
款式型号	BLM-195
工艺编号	
门边刀型	**R
芯板刀型	X**
扣线型号	K**
雕花型号	
锣槽规格	槽宽15;槽深5
卡头进槽	20×2
芯板进槽	16×2
门边规格参数	
宽度600~700	门边120mm
宽度701~880	门边130mm
宽度881~990	门边140mm

门扇规格参数(单位：mm)	
款式型号	BLM-196
工艺编号	
门边刀型	**R
芯板刀型	X**
扣线型号	K**
雕花型号	
锣槽规格	槽宽15;槽深5
卡头进槽	20×2
芯板进槽	16×2
门边规格参数	
宽度600~700	门边120mm
宽度701~880	门边130mm
宽度881~990	门边140mm

门扇规格参数(单位：mm)	
款式型号	BLM-197
工艺编号	
门边刀型	**R
芯板刀型	X**
扣线型号	K**
雕花型号	H-170
锣槽规格	槽宽15;槽深5
卡头进槽	20×2
芯板进槽	16×2
门边规格参数	
宽度600~700	门边120mm
宽度701~880	门边130mm
宽度881~990	门边140mm

门扇规格参数(单位：mm)	
款式型号	BLM-198
工艺编号	
门边刀型	**R
芯板刀型	X**
扣线型号	K**
雕花型号	
锣槽规格	槽宽15;槽深5
卡头进槽	20×2
芯板进槽	16×2
门边规格参数	
宽度600~700	门边120mm
宽度701~880	门边130mm
宽度881~990	门边140mm

第五节 子母门款式

门扇规格参数(单位：mm)	
款式型号	ZMM-001
工艺编号	
门边刀型	**R
芯板刀型	X**
扣线型号	K**
雕花型号	H-171/172/173
锣槽规格	槽宽15;槽深5
卡头进槽	20×2
芯板进槽	16×2
门边规格参数	
宽度600~700	门边120mm
宽度701~880	门边130mm
宽度881~990	门边140mm

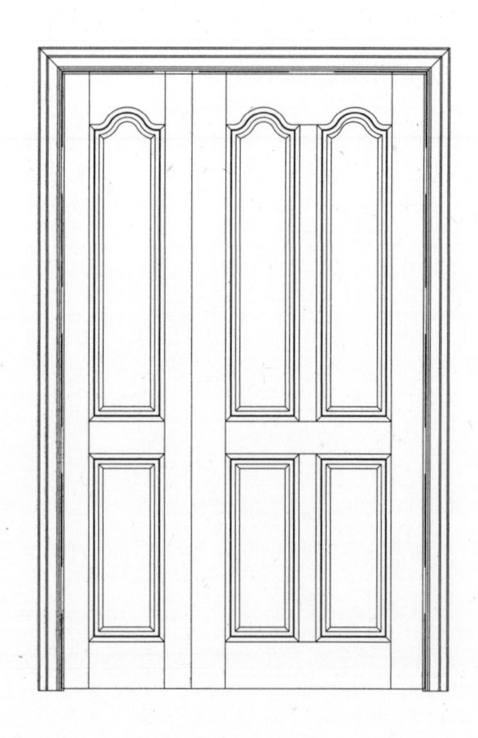

门扇规格参数(单位：mm)	
款式型号	ZMM-002
工艺编号	
门边刀型	**R
芯板刀型	X**
扣线型号	K**
雕花型号	
锣槽规格	槽宽15;槽深5
卡头进槽	20×2
芯板进槽	16×2
门边规格参数	
宽度600~700	门边120mm
宽度701~880	门边130mm
宽度881~990	门边140mm

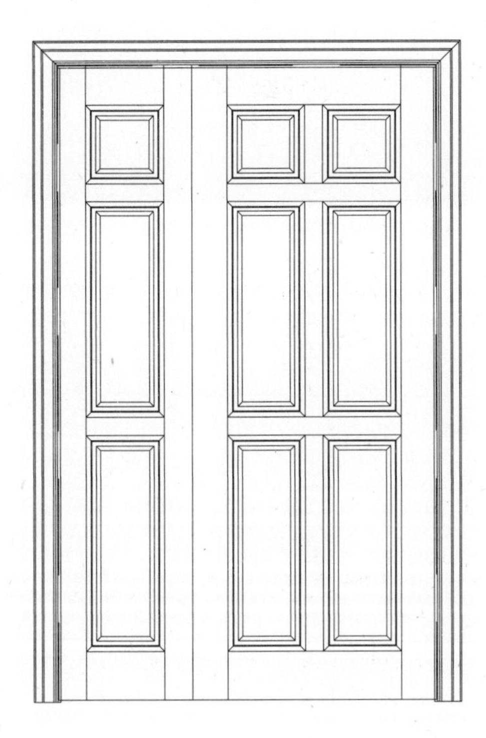

门扇规格参数(单位：mm)	
款式型号	ZMM-003
工艺编号	
门边刀型	**R
芯板刀型	X**
扣线型号	K**
雕花型号	
锣槽规格	槽宽15;槽深5
卡头进槽	20×2
芯板进槽	16×2
门边规格参数	
宽度600~700	门边120mm
宽度701~880	门边130mm
宽度881~990	门边140mm

门扇规格参数(单位：mm)	
款式型号	ZMM-004
工艺编号	
门边刀型	**R
芯板刀型	X**
扣线型号	K**
雕花型号	H-174/175
锣槽规格	槽宽15;槽深5
卡头进槽	20×2
芯板进槽	16×2
门边规格参数	
宽度600~700	门边120mm
宽度701~880	门边130mm
宽度881~990	门边140mm

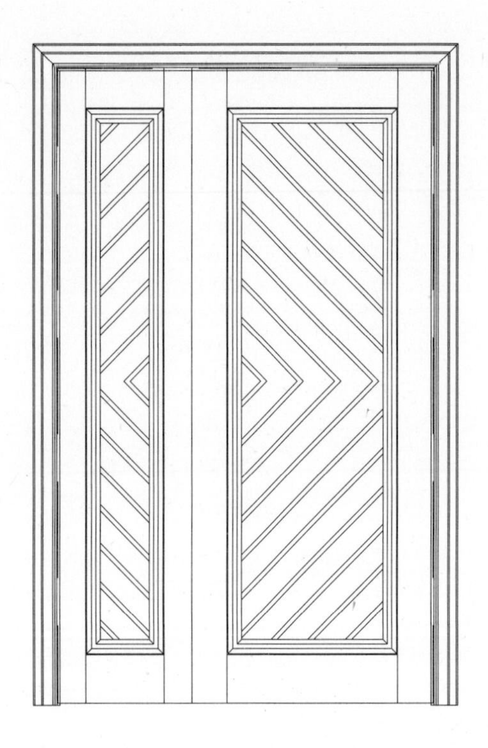

门扇规格参数(单位：mm)	
款式型号	ZMM-005
工艺编号	
门边刀型	**R
芯板刀型	X**
扣线型号	K**
雕花型号	
锣槽规格	槽宽15;槽深5
卡头进槽	20×2
芯板进槽	16×2
门边规格参数	
宽度600~700	门边120mm
宽度701~880	门边130mm
宽度881~990	门边140mm

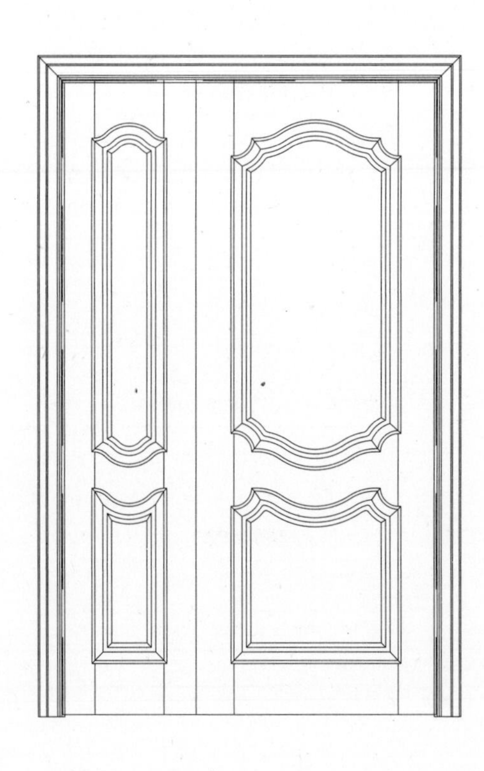

门扇规格参数(单位：mm)	
款式型号	ZMM-006
工艺编号	
门边刀型	**R
芯板刀型	X**
扣线型号	K**
雕花型号	
锣槽规格	槽宽15;槽深5
卡头进槽	20×2
芯板进槽	16×2
门边规格参数	
宽度600~700	门边120mm
宽度701~880	门边130mm
宽度881~990	门边140mm

门扇规格参数(单位：mm)	
款式型号	ZMM-007
工艺编号	
门边刀型	**R
芯板刀型	X**
扣线型号	K**
雕花型号	H-174
锣槽规格	槽宽15;槽深5
卡头进槽	20×2
芯板进槽	16×2
门边规格参数	
宽度600~700	门边120mm
宽度701~880	门边130mm
宽度881~990	门边140mm

门扇规格参数(单位：mm)	
款式型号	ZMM-008
工艺编号	
门边刀型	**R
芯板刀型	X**
扣线型号	K**
雕花型号	
锣槽规格	槽宽15;槽深5
卡头进槽	20×2
芯板进槽	16×2
门边规格参数	
宽度600~700	门边120mm
宽度701~880	门边130mm
宽度881~990	门边140mm

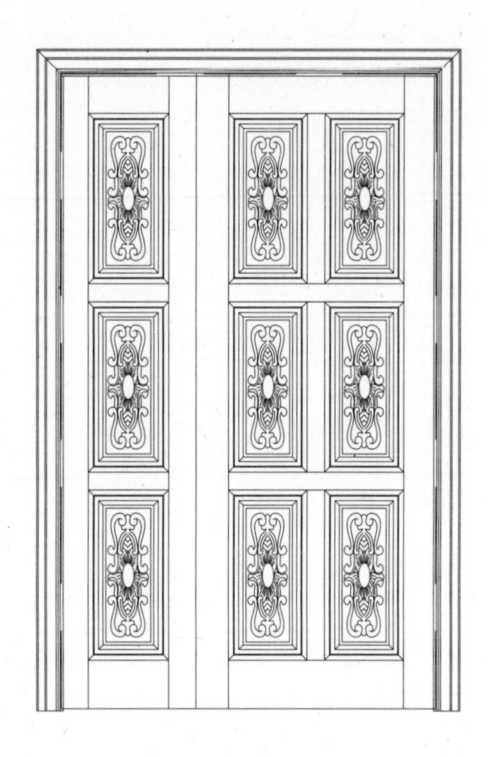

门扇规格参数(单位：mm)	
款式型号	ZMM-009
工艺编号	
门边刀型	**R
芯板刀型	X**
扣线型号	K**
雕花型号	H-176
锣槽规格	槽宽15;槽深5
卡头进槽	20×2
芯板进槽	16×2
门边规格参数	
宽度600~700	门边120mm
宽度701~880	门边130mm
宽度881~990	门边140mm

门扇规格参数(单位：mm)	
款式型号	ZMM-010
工艺编号	
门边刀型	**R
芯板刀型	X**
扣线型号	K**
雕花型号	
锣槽规格	槽宽15;槽深5
卡头进槽	20×2
芯板进槽	16×2
门边规格参数	
宽度600~700	门边120mm
宽度701~880	门边130mm
宽度881~990	门边140mm

门扇规格参数(单位：mm)	
款式型号	ZMM-011
工艺编号	
门边刀型	**R
芯板刀型	X**
扣线型号	K**
雕花型号	
锣槽规格	槽宽15；槽深5
卡头进槽	20×2
芯板进槽	16×2
门边规格参数	
宽度600~700	门边120mm
宽度701~880	门边130mm
宽度881~990	门边140mm

门扇规格参数(单位：mm)	
款式型号	ZMM-012
工艺编号	
门边刀型	**R
芯板刀型	X**
扣线型号	K**
雕花型号	
锣槽规格	槽宽15；槽深5
卡头进槽	20×2
芯板进槽	16×2
门边规格参数	
宽度600~700	门边120mm
宽度701~880	门边130mm
宽度881~990	门边140mm

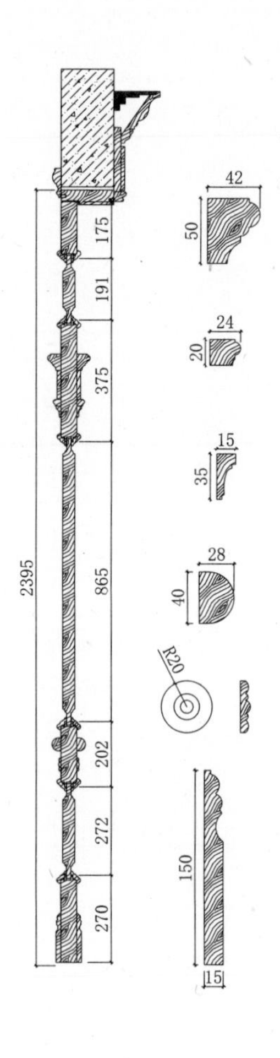

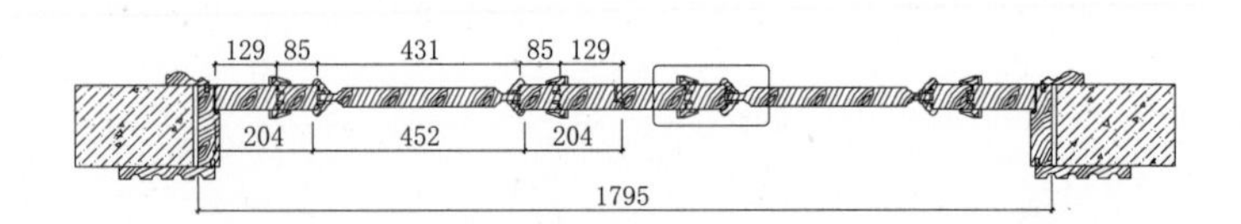

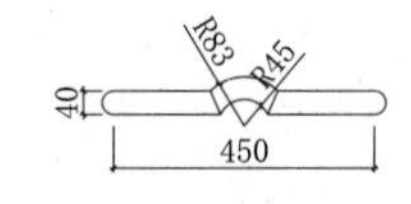

门扇规格参数(单位：mm)	
款式型号	SKM-001
工艺编号	
门边刀型	**R
芯板刀型	X**
扣线型号	K**

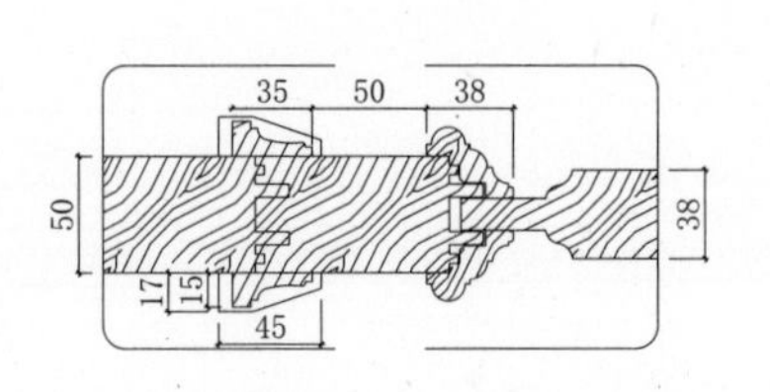

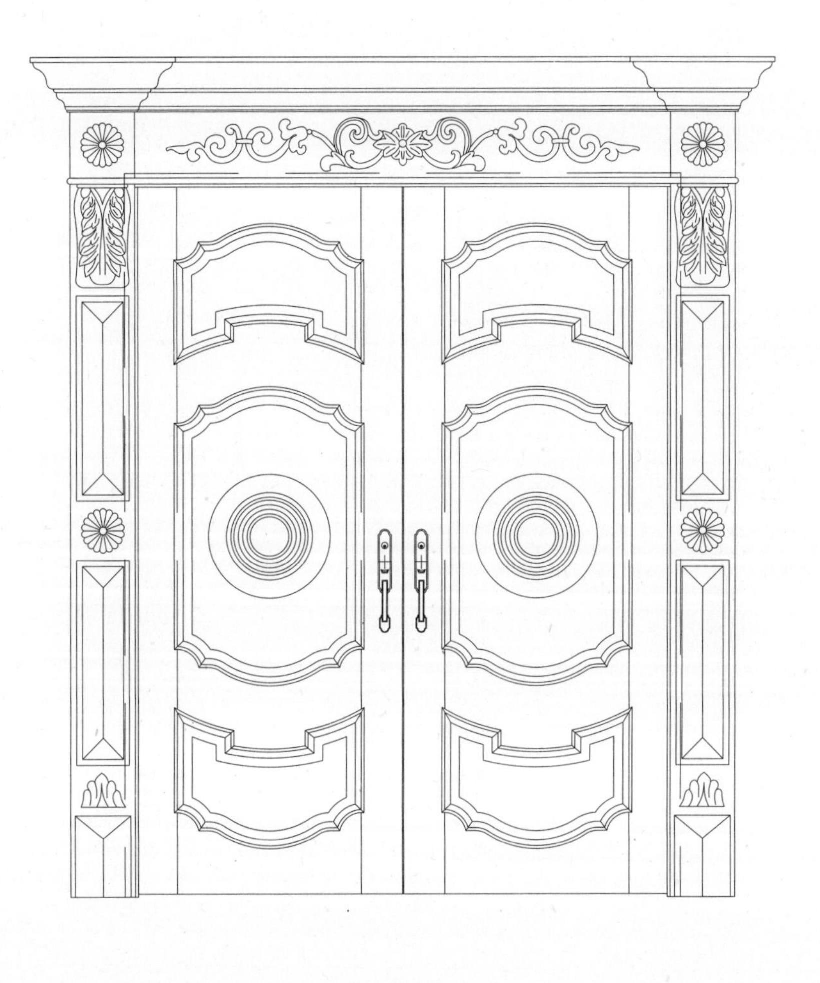

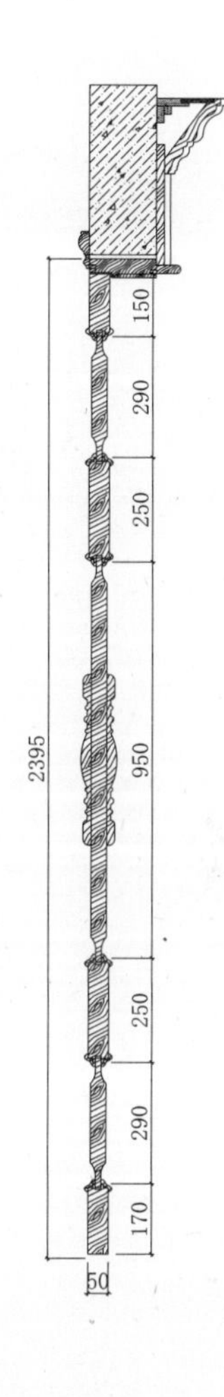

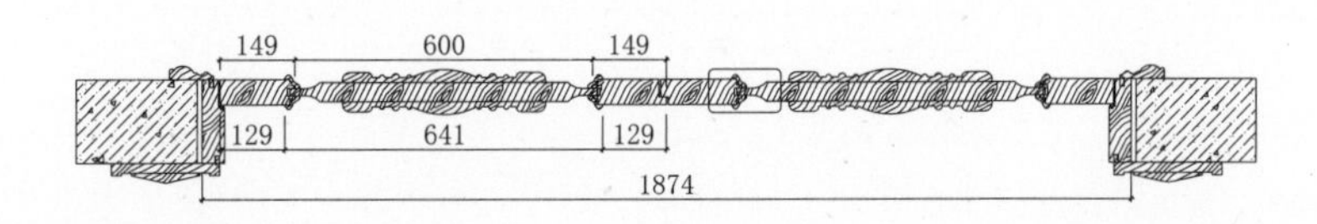

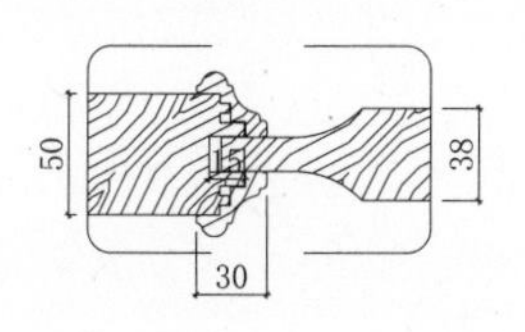

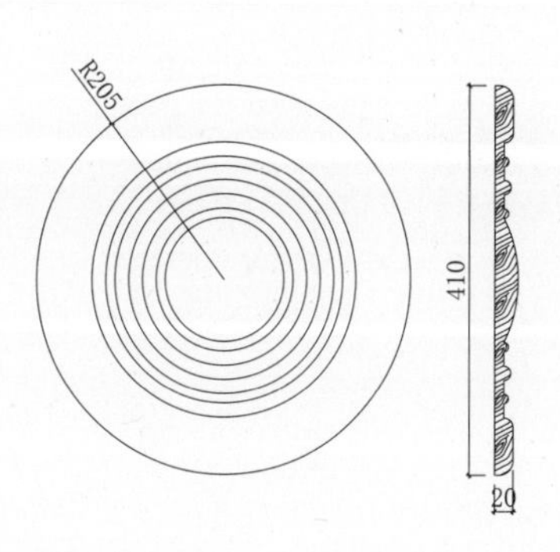

门扇规格参数(单位：mm)	
款式型号	SKM-002
工艺编号	
门边刀型	**R
芯板刀型	X**
扣线型号	K**

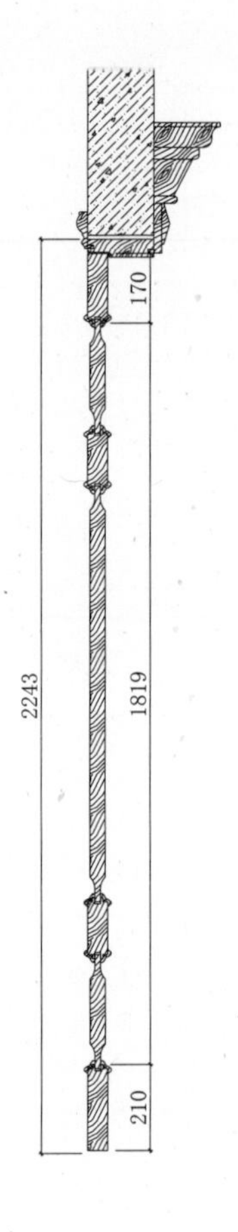

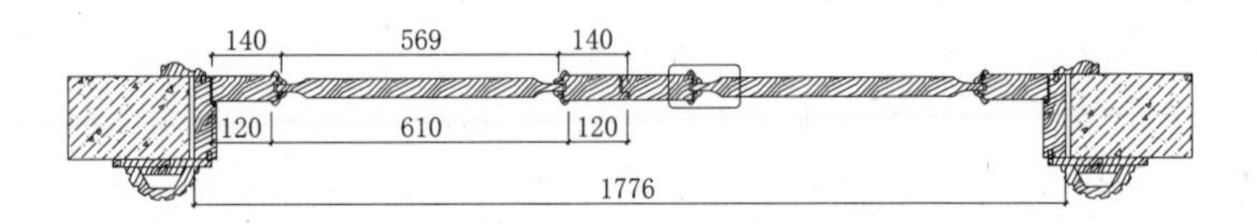

门扇规格参数(单位：mm)	
款式型号	SKM-005
工艺编号	
门边刀型	**R
芯板刀型	X**
扣线型号	K**

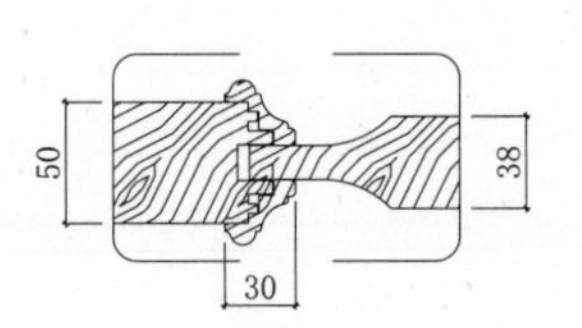

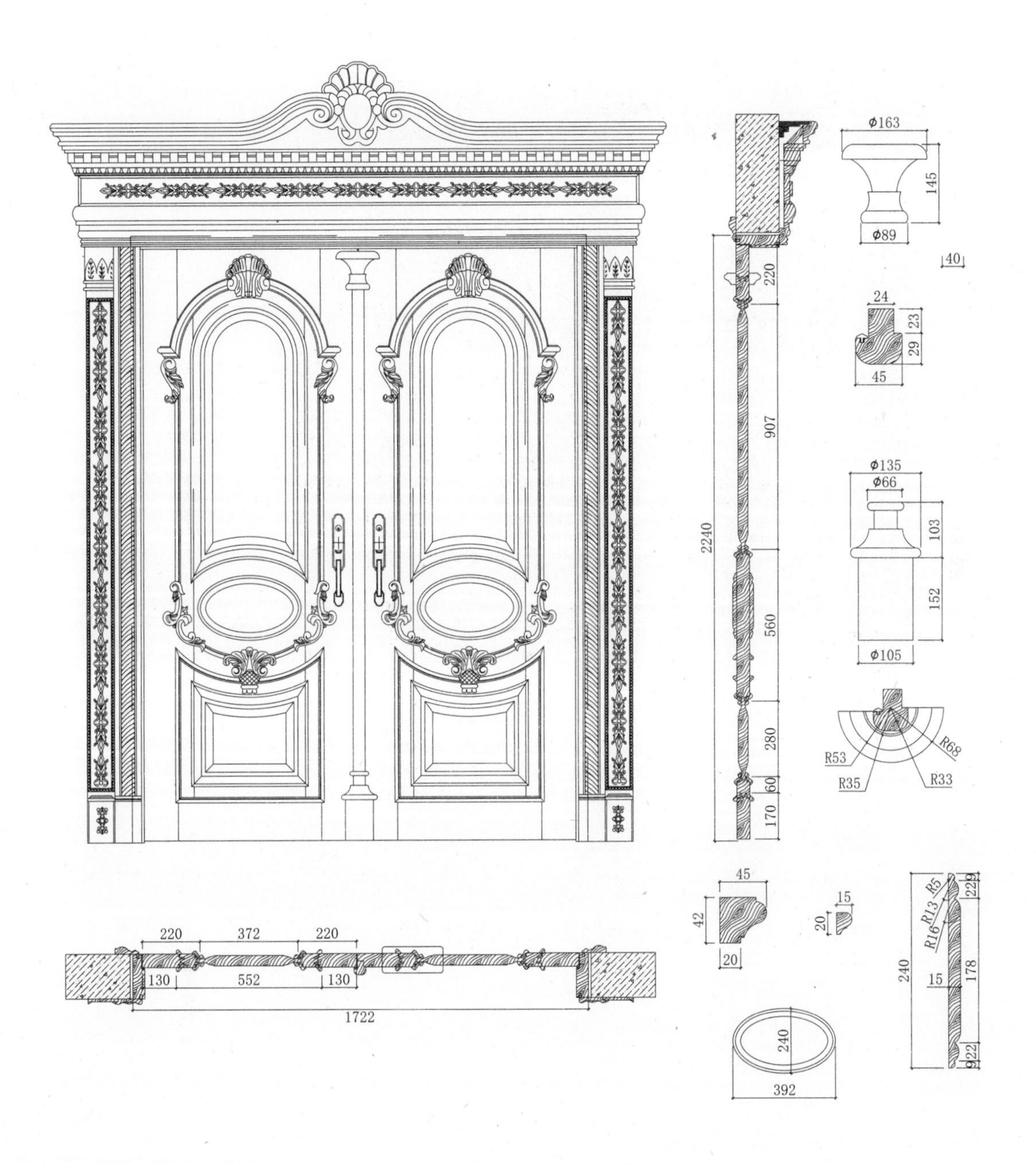

门扇规格参数(单位：mm)	
款式型号	SKM-003
工艺编号	
门边刀型	**R
芯板刀型	X**
扣线型号	K**

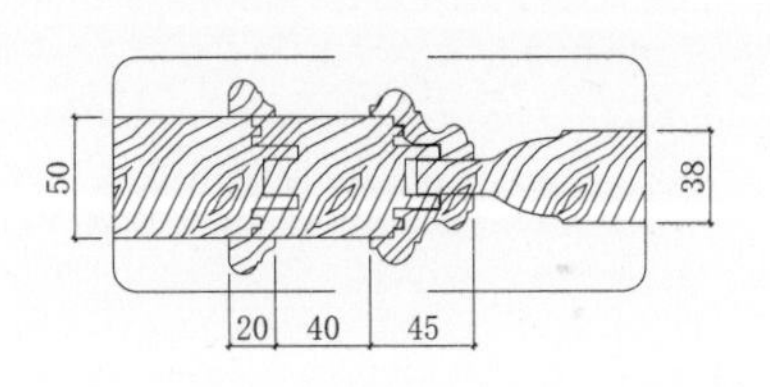

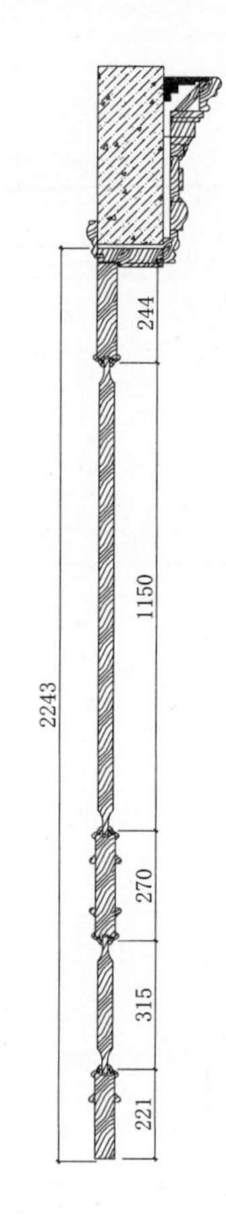

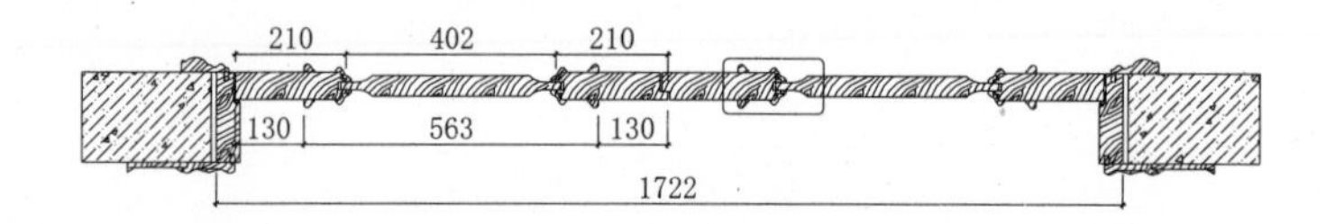

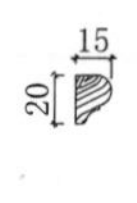

门扇规格参数(单位：mm)	
款式型号	SKM-004
工艺编号	
门边刀型	**R
芯板刀型	X**
扣线型号	K**

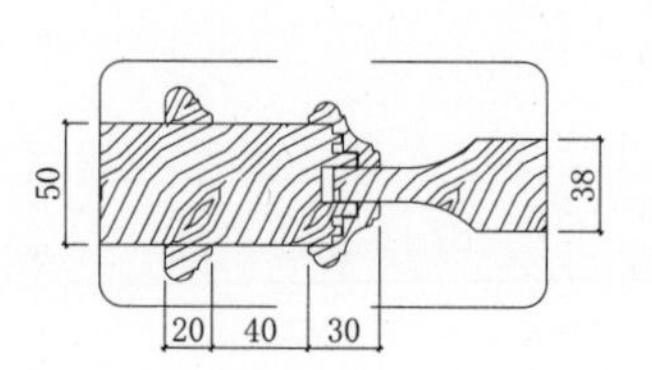

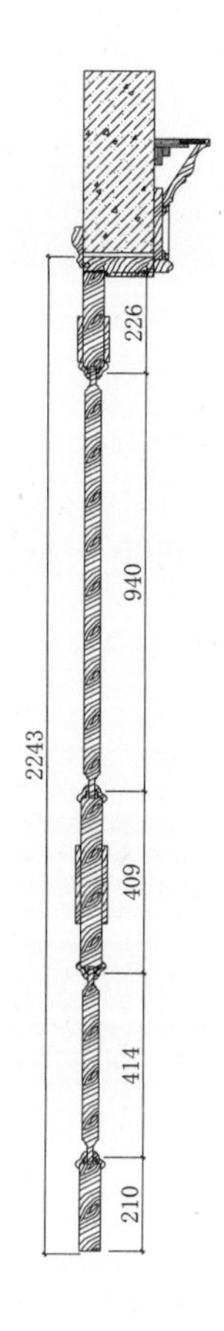

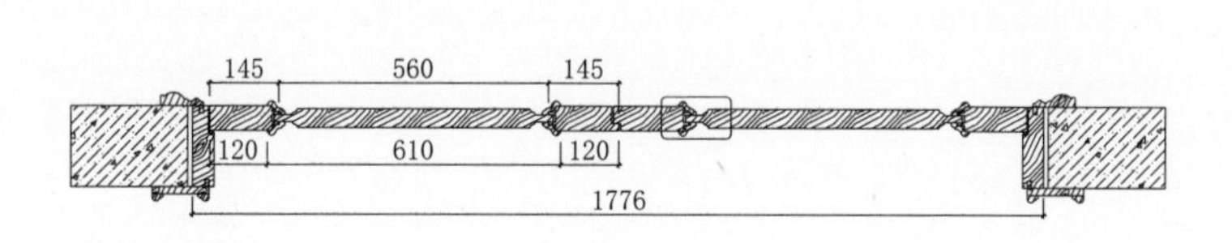

门扇规格参数(单位：mm)	
款式型号	SKM-006
工艺编号	
门边刀型	**R
芯板刀型	X**
扣线型号	K**

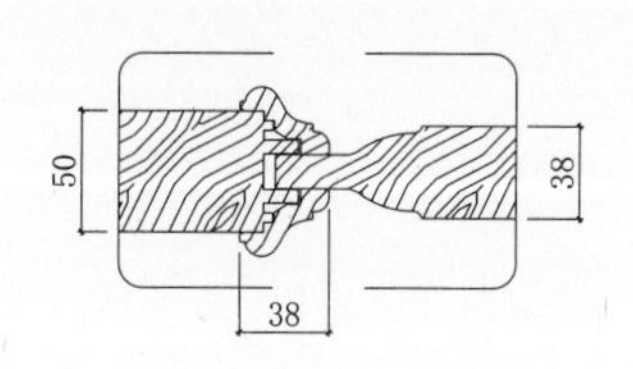

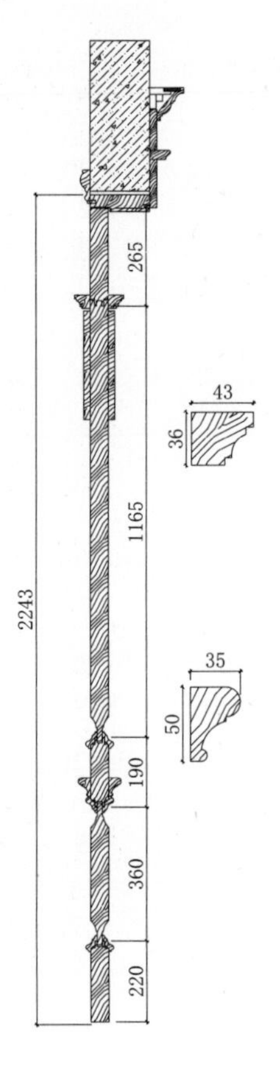

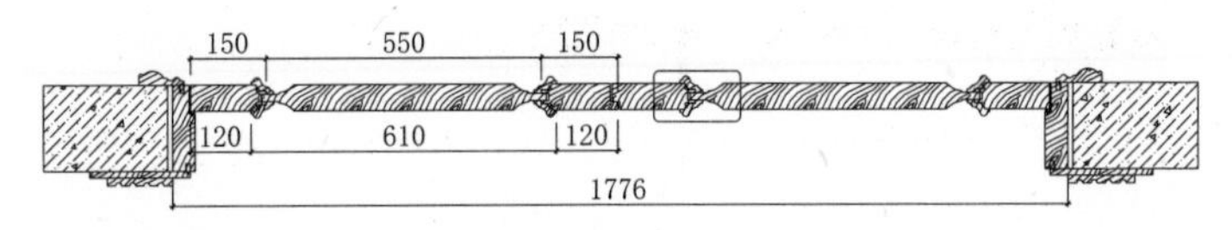

门扇规格参数(单位：mm)	
款式型号	SKM-007
工艺编号	
门边刀型	**R
芯板刀型	X**
扣线型号	K**

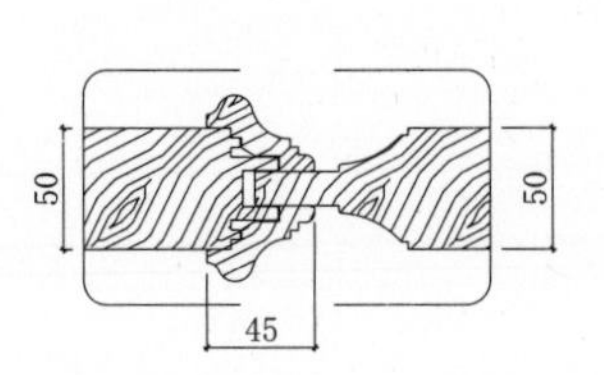

门扇规格参数(单位：mm)	
款式型号	SKM-008
工艺编号	
门边刀型	**R
芯板刀型	X**
扣线型号	K**

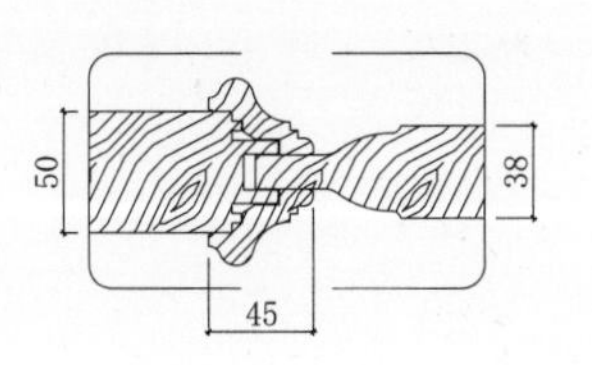

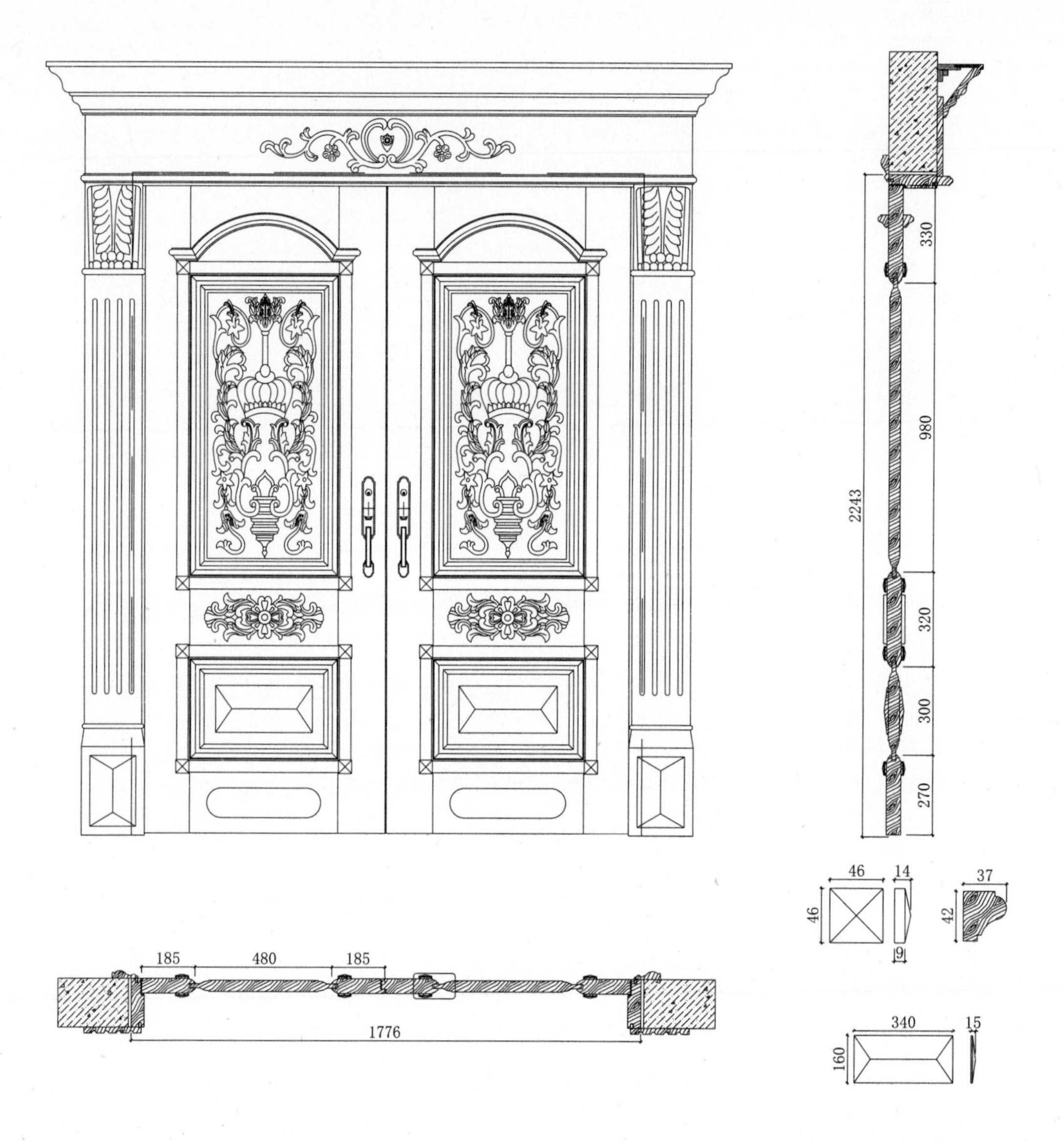

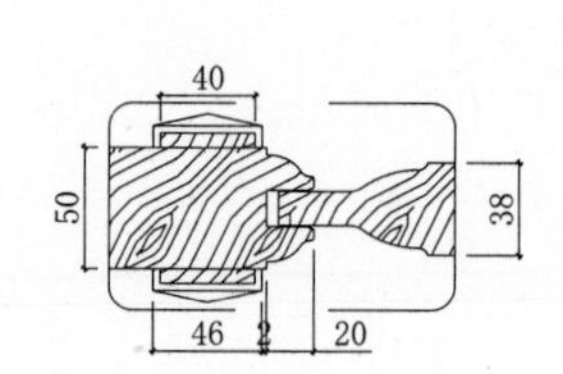

门扇规格参数(单位：mm)	
款式型号	SKM-009
工艺编号	
门边刀型	**R
芯板刀型	X**
扣线型号	K**

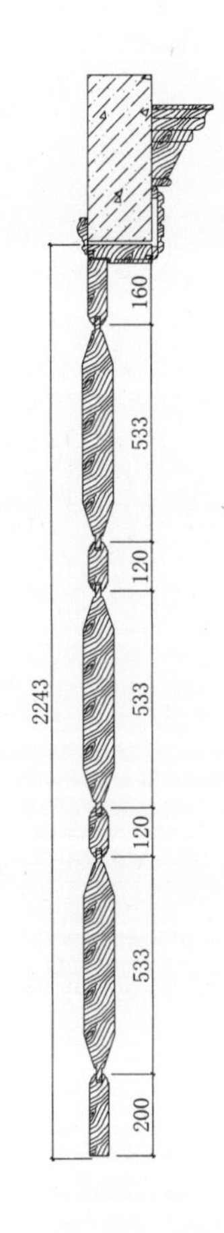

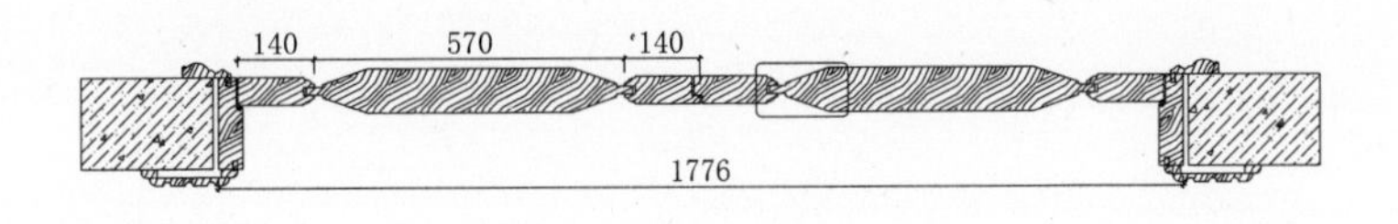

门扇规格参数(单位：mm)	
款式型号	SKM-010
工艺编号	
门边刀型	**R
芯板刀型	X**
扣线型号	K**

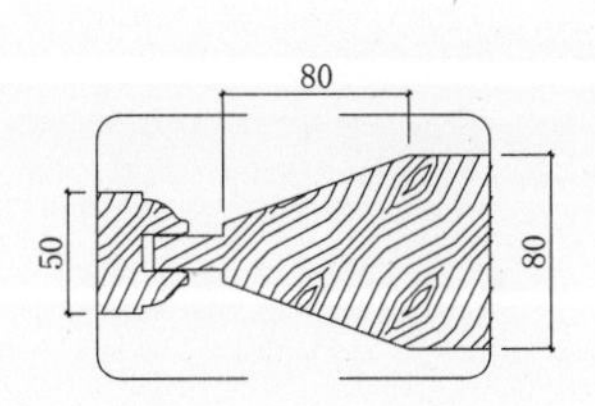

木门

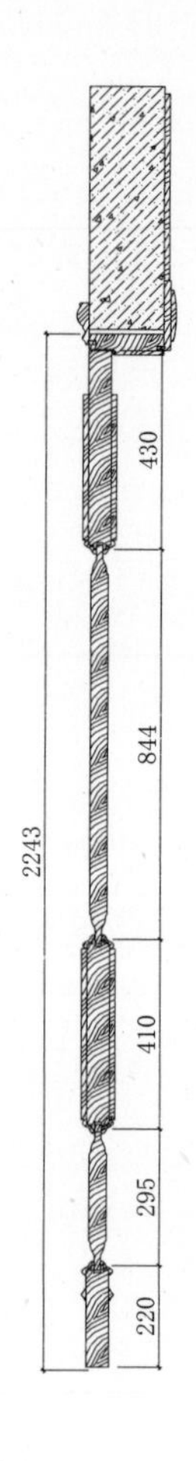

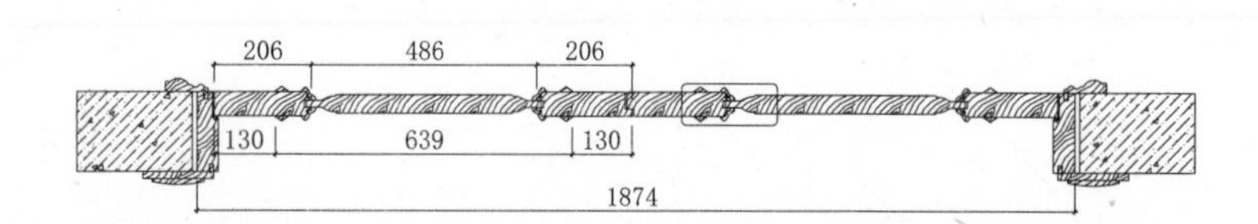

门扇规格参数(单位：mm)	
款式型号	SKM-011
工艺编号	
门边刀型	**R
芯板刀型	X**
扣线型号	K**

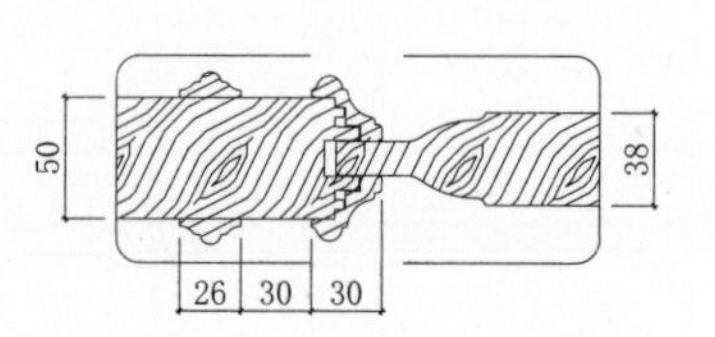

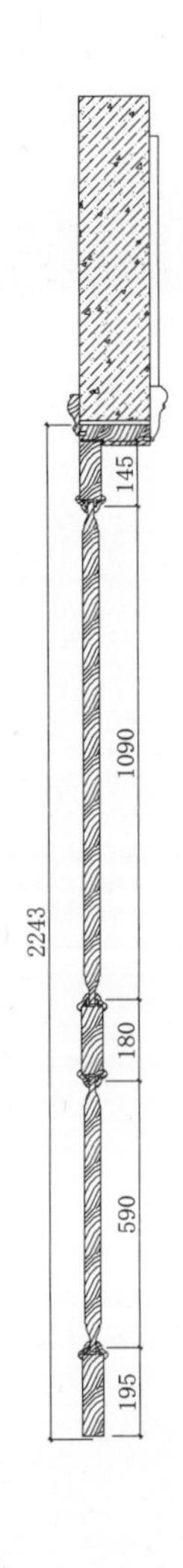

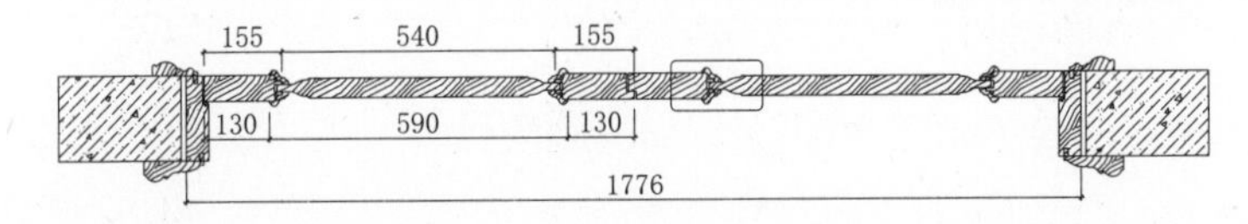

门扇规格参数(单位：mm)	
款式型号	SKM-012
工艺编号	
门边刀型	**R
芯板刀型	X**
扣线型号	K**

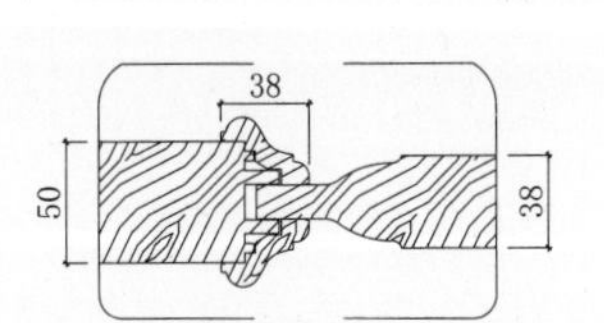

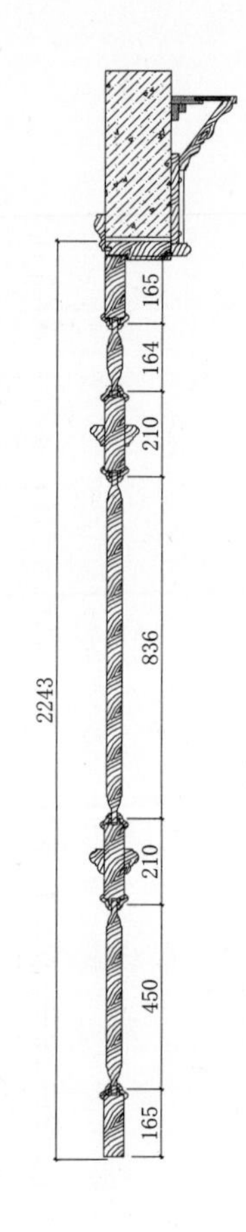

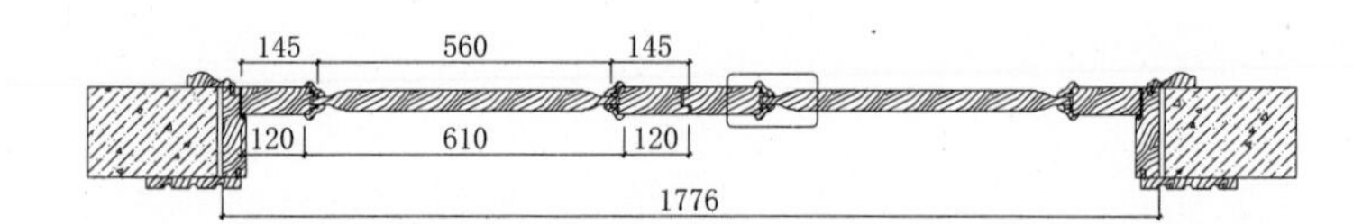

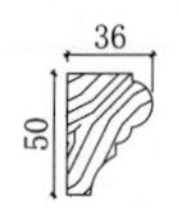

门扇规格参数(单位：mm)	
款式型号	SKM-013
工艺编号	
门边刀型	**R
芯板刀型	X**
扣线型号	K**

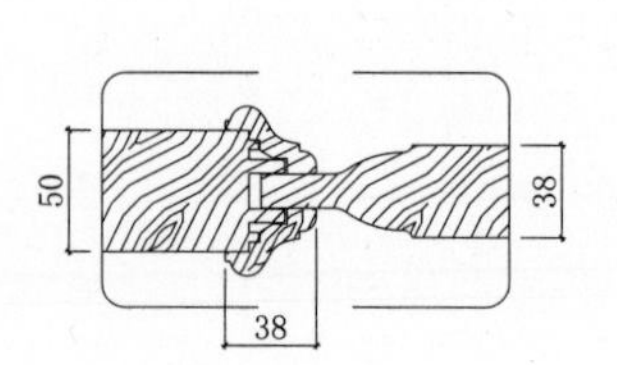

门扇规格参数(单位：mm)	
款式型号	SKM-014
工艺编号	
门边刀型	**R
芯板刀型	X**
扣线型号	K**

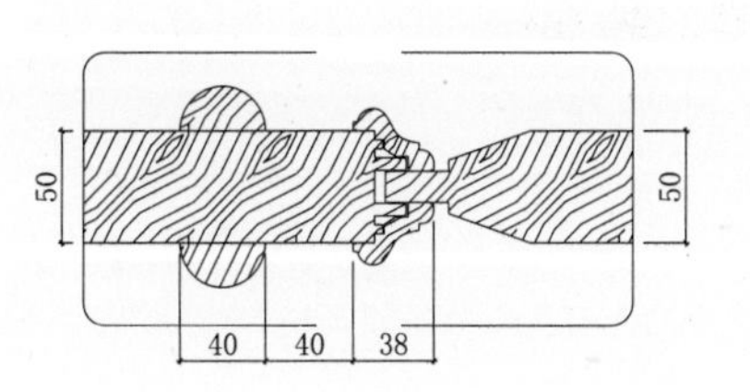

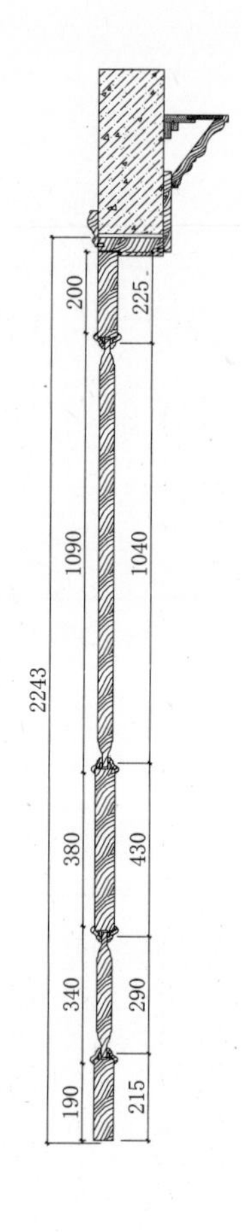

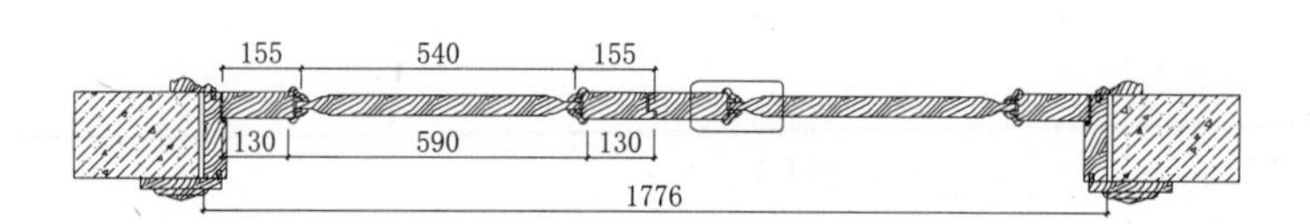

门扇规格参数(单位：mm)	
款式型号	SKM-015
工艺编号	
门边刀型	**R
芯板刀型	X**
扣线型号	K**

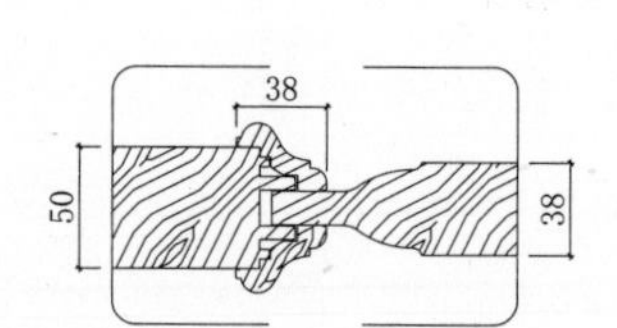

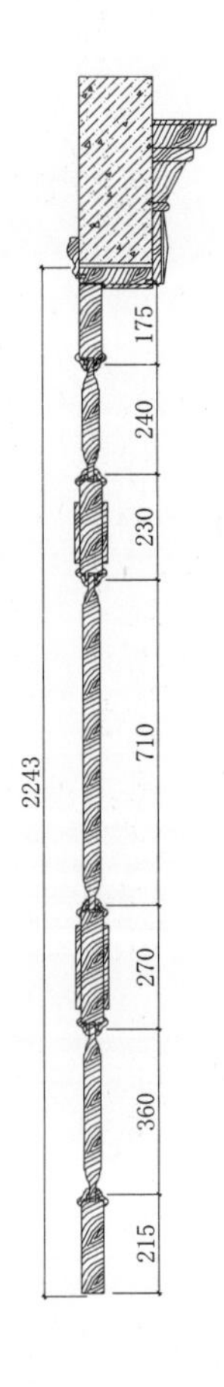

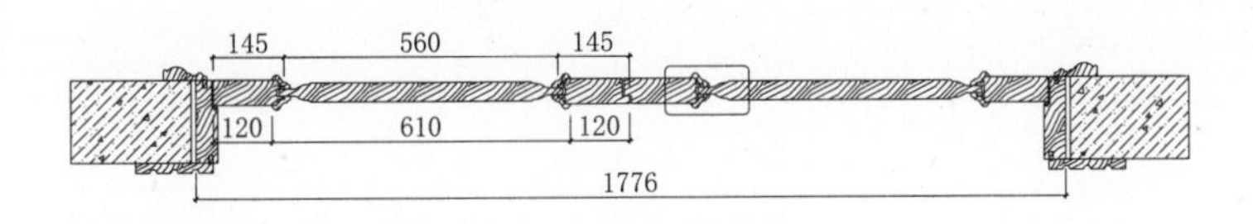

门扇规格参数(单位：mm)	
款式型号	SKM-016
工艺编号	
门边刀型	**R
芯板刀型	X**
扣线型号	K**

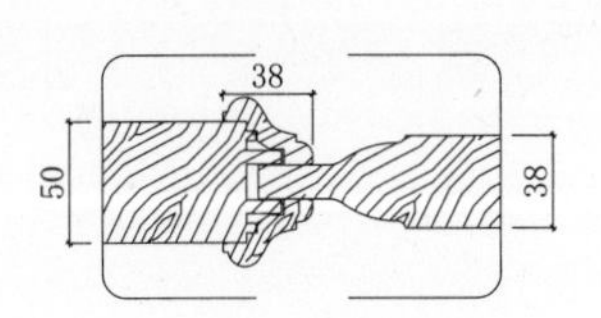

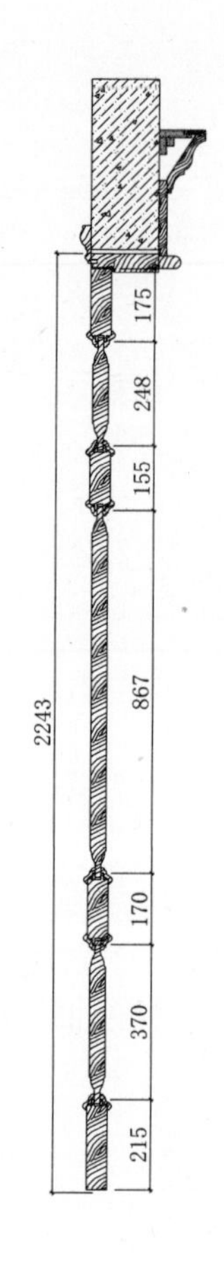

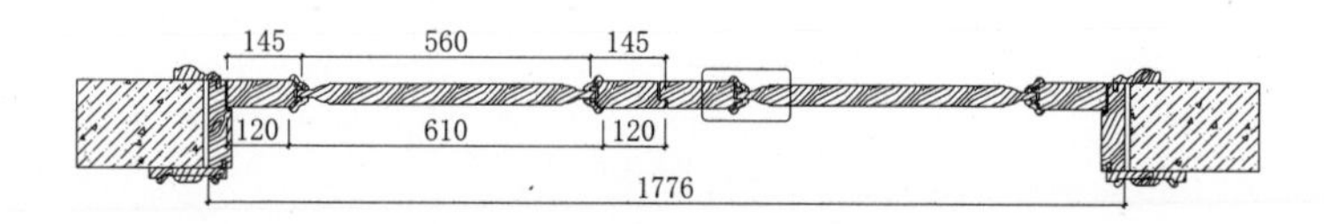

门扇规格参数(单位：mm)	
款式型号	SKM-017
工艺编号	
门边刀型	**R
芯板刀型	X**
扣线型号	K**

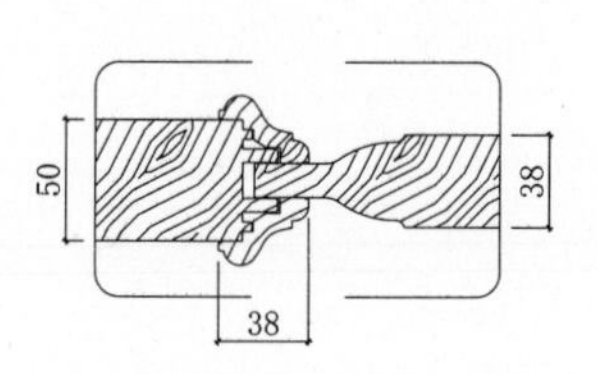

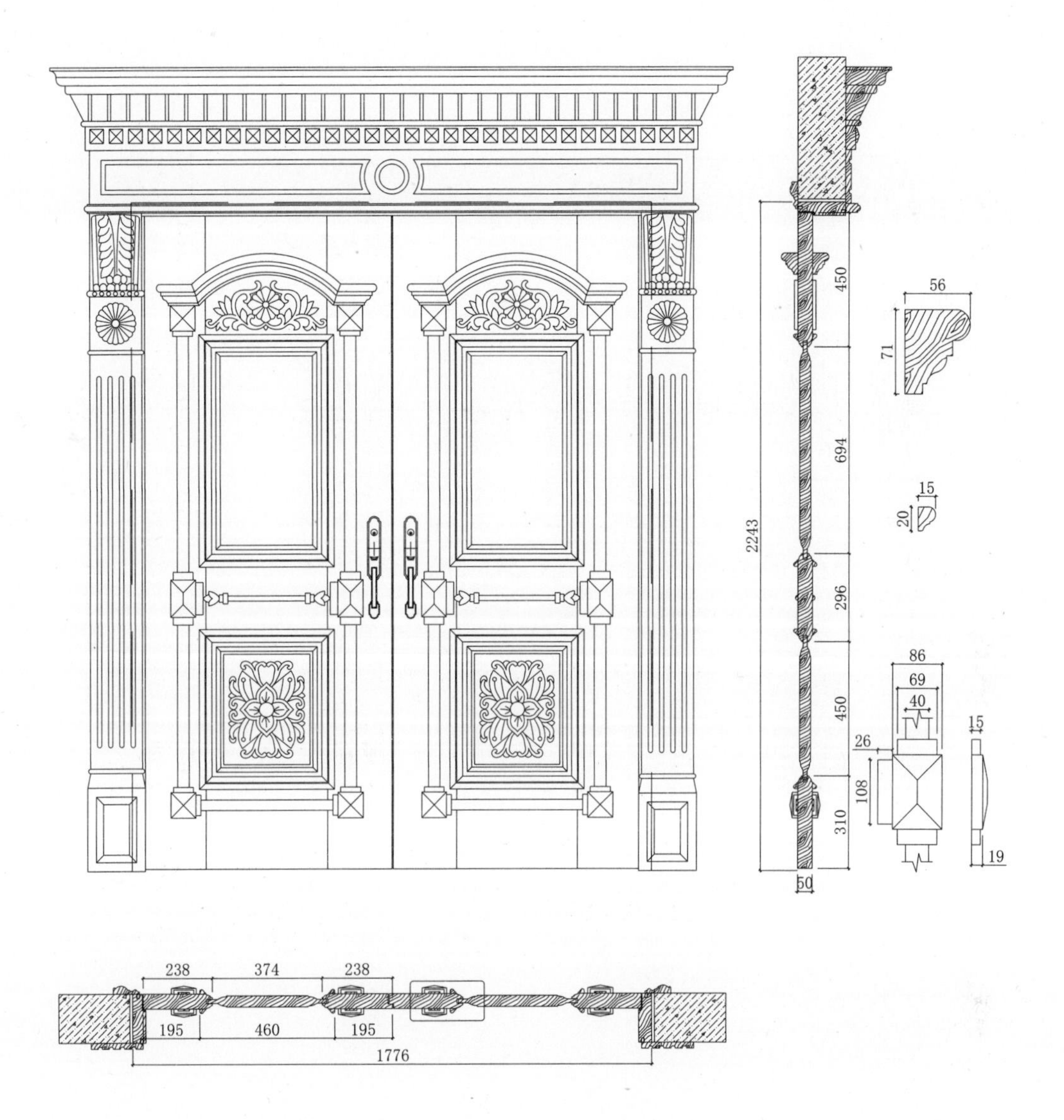

门扇规格参数(单位：mm)	
款式型号	SKM-018
工艺编号	
门边刀型	**R
芯板刀型	X**
扣线型号	K**

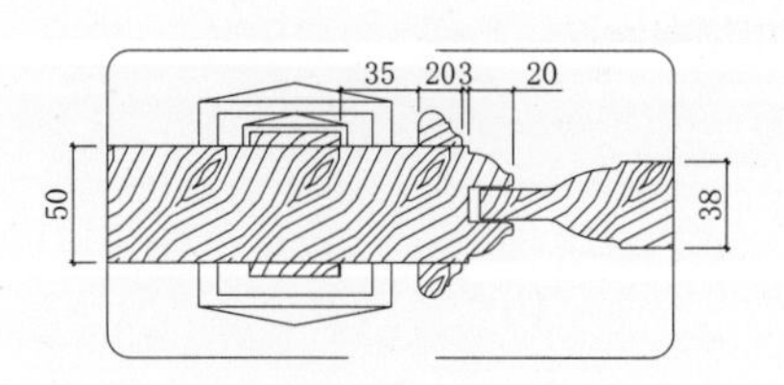

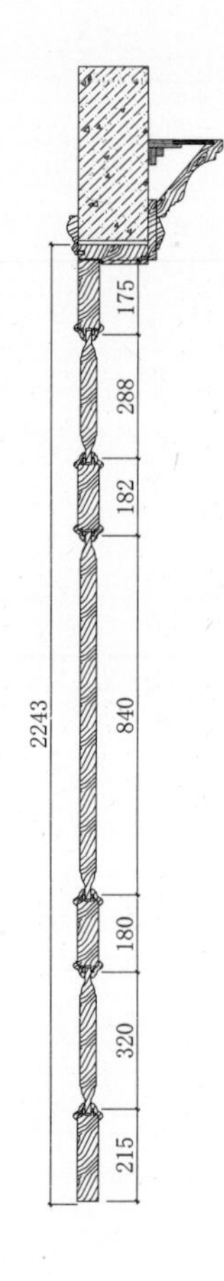

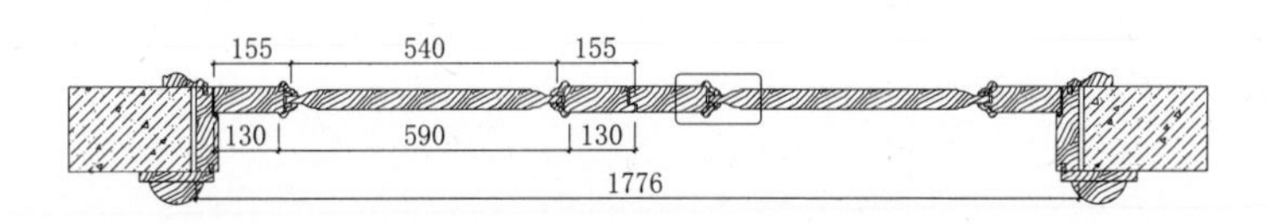

门扇规格参数(单位：mm)	
款式型号	SKM-019
工艺编号	
门边刀型	**R
芯板刀型	X**
扣线型号	K**

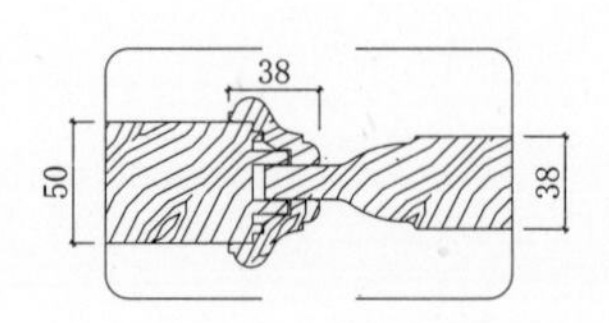

门扇规格参数(单位：mm)	
款式型号	SKM-020
工艺编号	
门边刀型	**R
芯板刀型	X**
扣线型号	K**

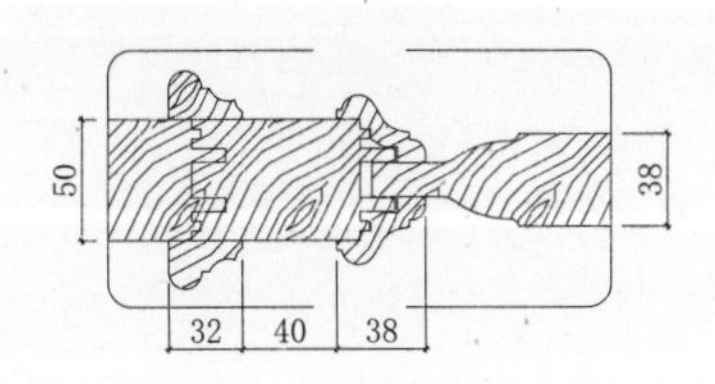

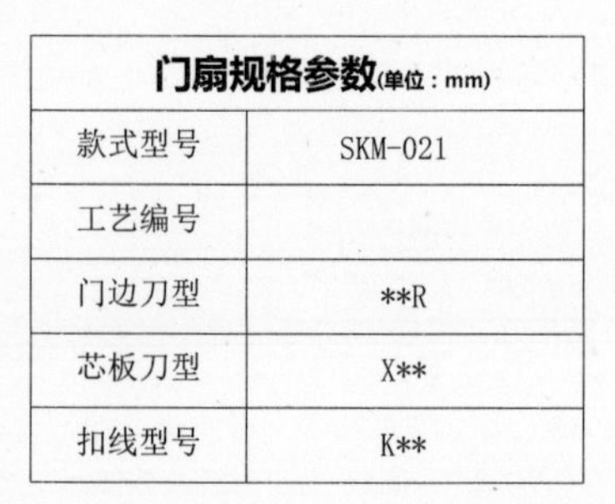

门扇规格参数(单位：mm)	
款式型号	SKM-021
工艺编号	
门边刀型	**R
芯板刀型	X**
扣线型号	K**

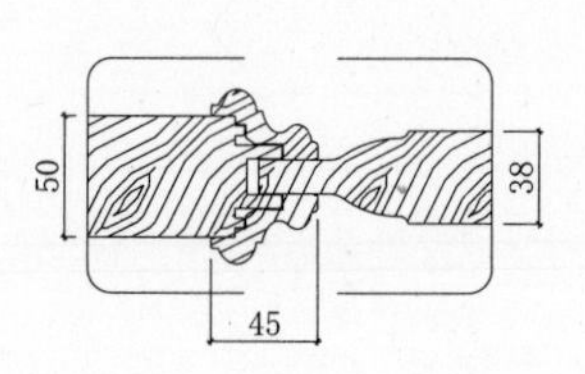

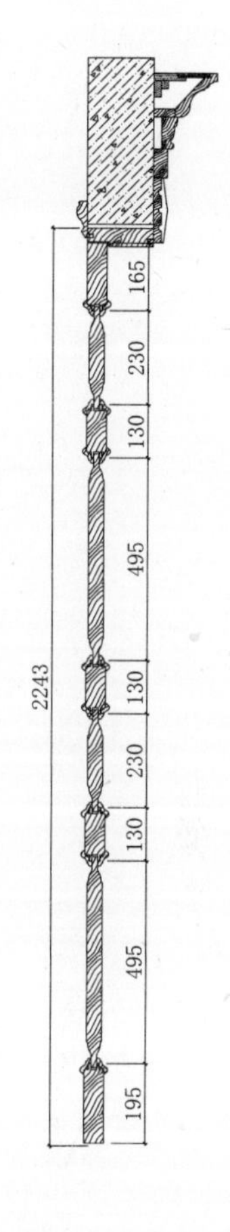

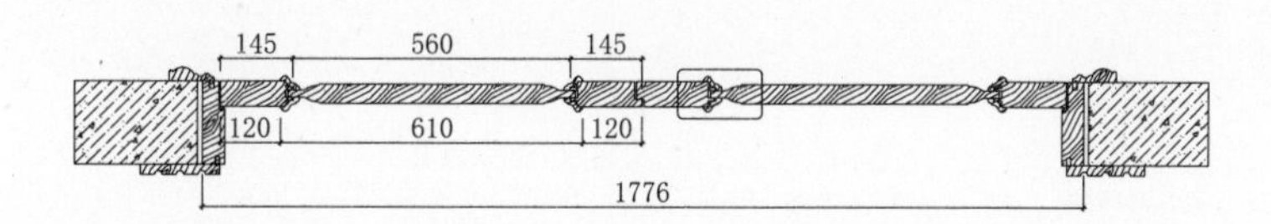

门扇规格参数(单位：mm)	
款式型号	SKM-022
工艺编号	
门边刀型	**R
芯板刀型	X**
扣线型号	K**

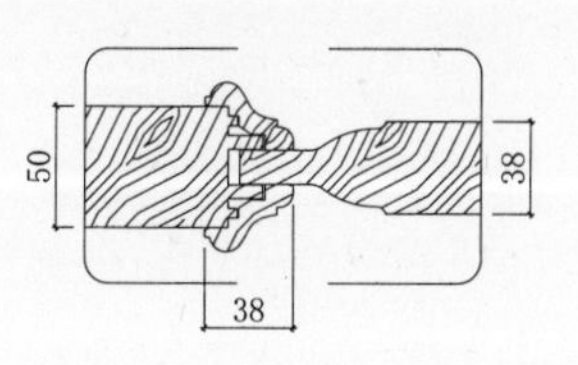

木门

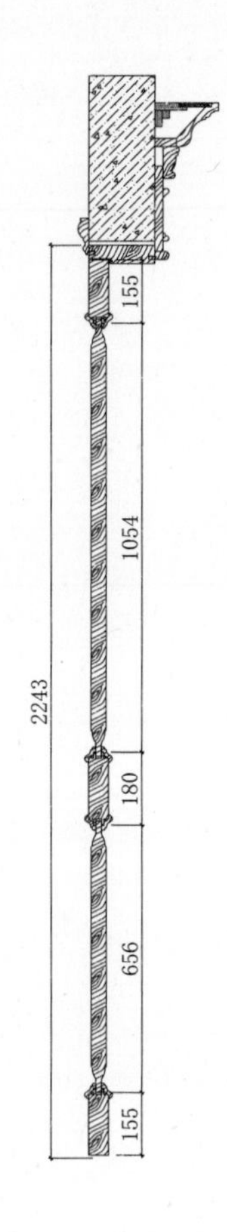

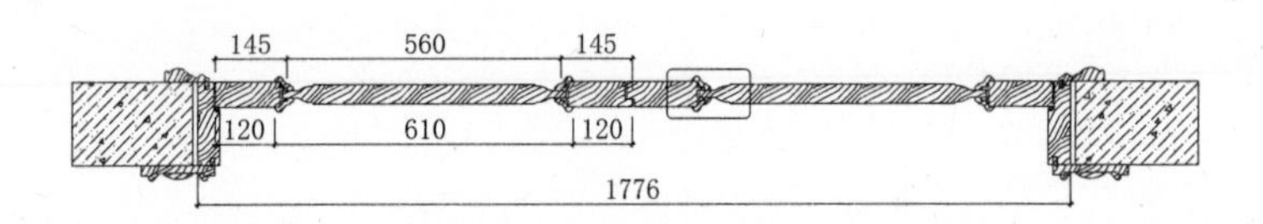

门扇规格参数(单位：mm)	
款式型号	SKM-023
工艺编号	
门边刀型	**R
芯板刀型	X**
扣线型号	K**

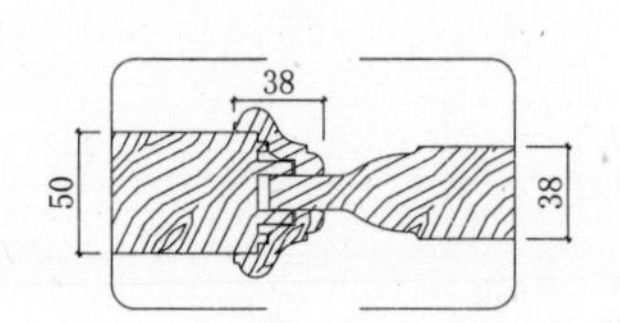

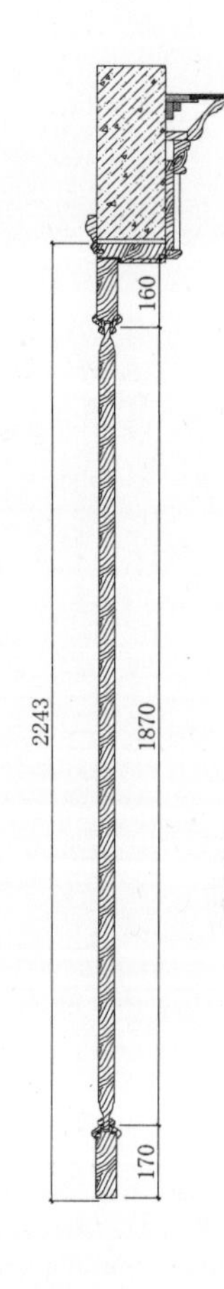

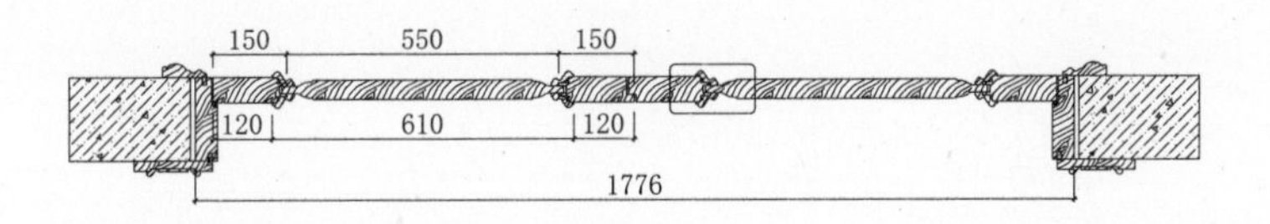

门扇规格参数(单位：mm)	
款式型号	SKM-024
工艺编号	
门边刀型	**R
芯板刀型	X**
扣线型号	K**

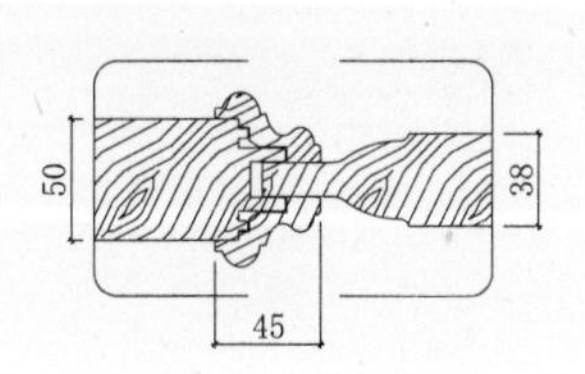

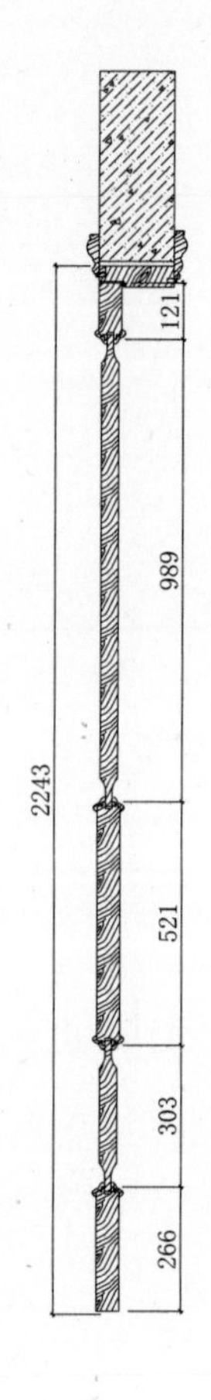

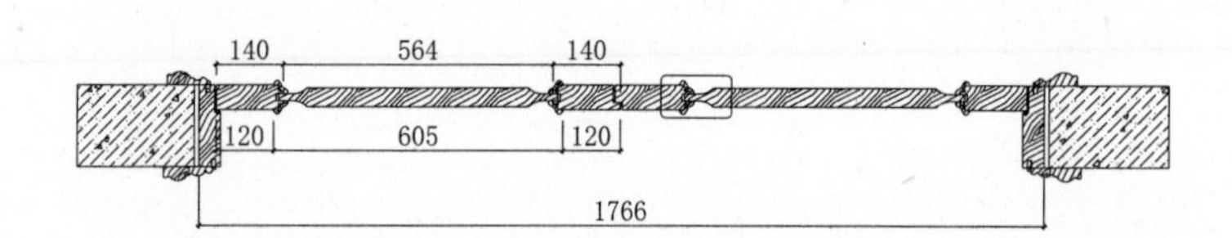

门扇规格参数(单位：mm)	
款式型号	SKM-025
工艺编号	
门边刀型	**R
芯板刀型	X**
扣线型号	K**

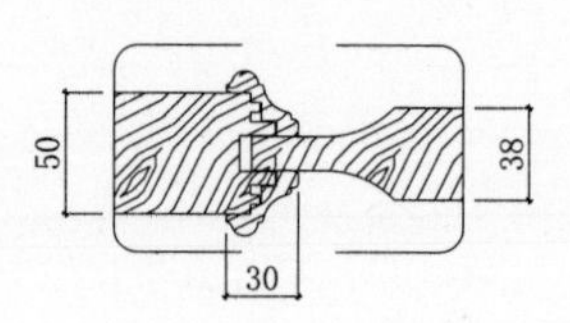

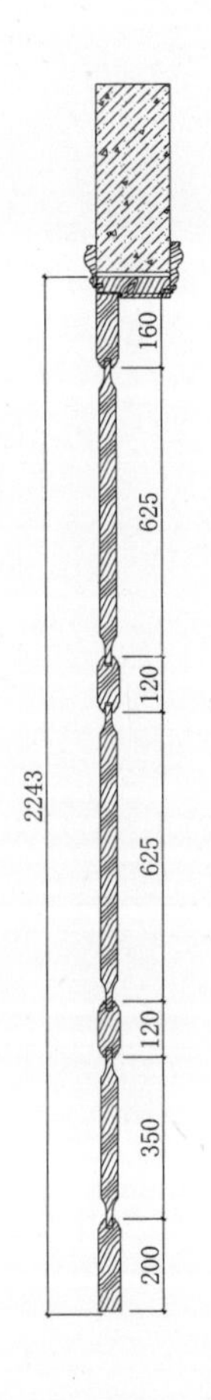

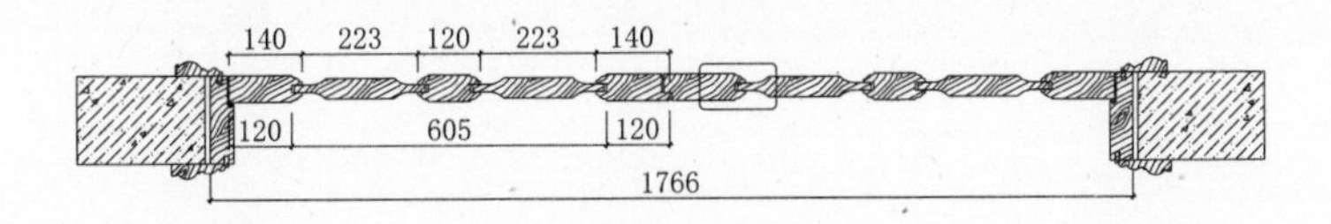

门扇规格参数(单位：mm)	
款式型号	SKM-026
工艺编号	
门边刀型	**R
芯板刀型	X**
扣线型号	K**

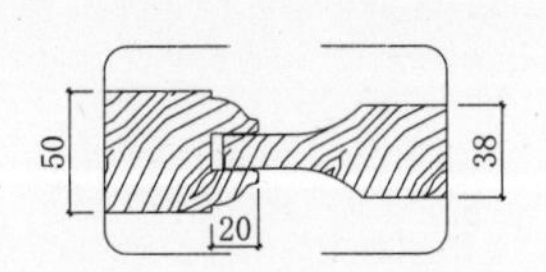

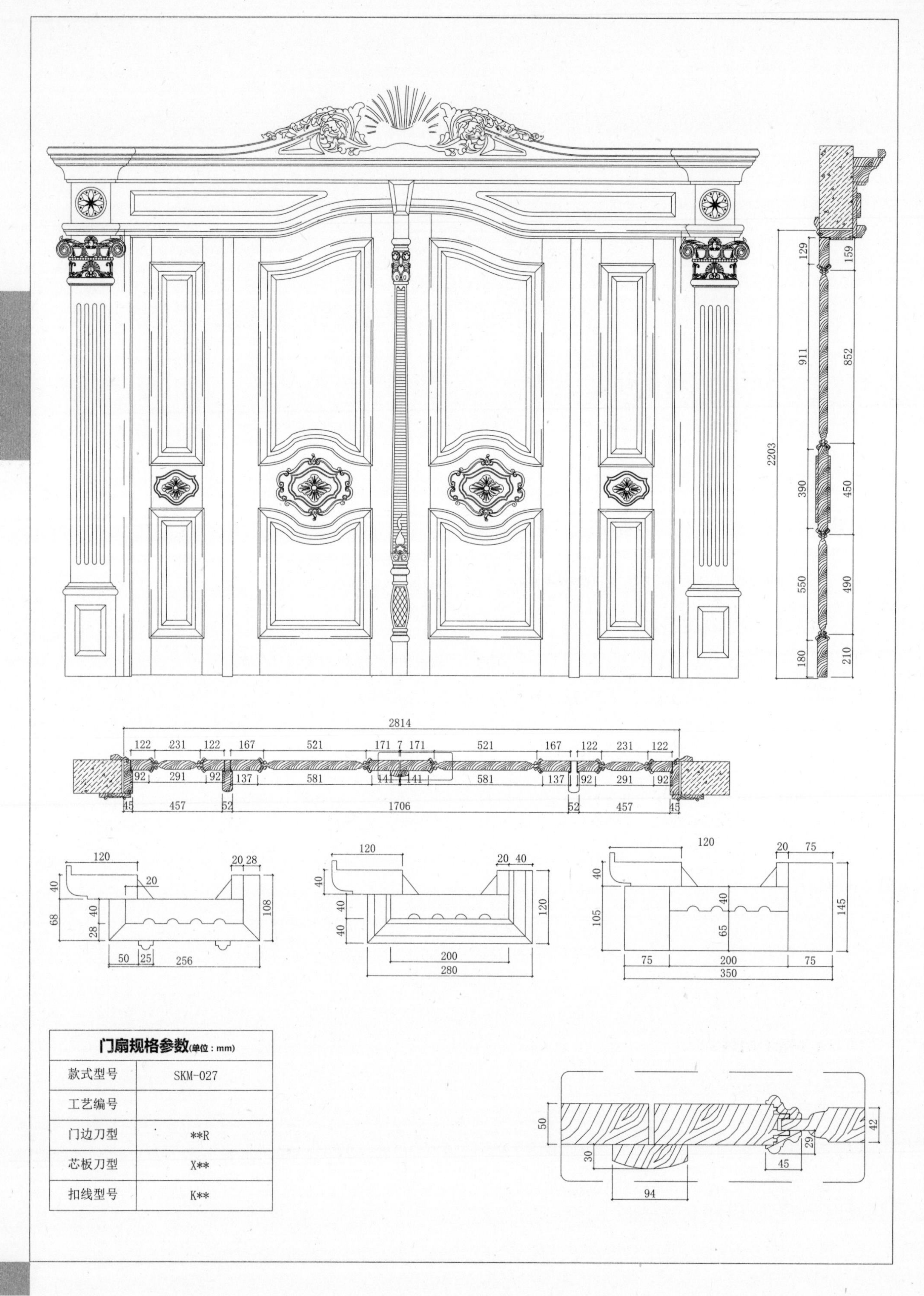

门扇规格参数(单位：mm)	
款式型号	SKM-027
工艺编号	
门边刀型	**R
芯板刀型	X**
扣线型号	K**

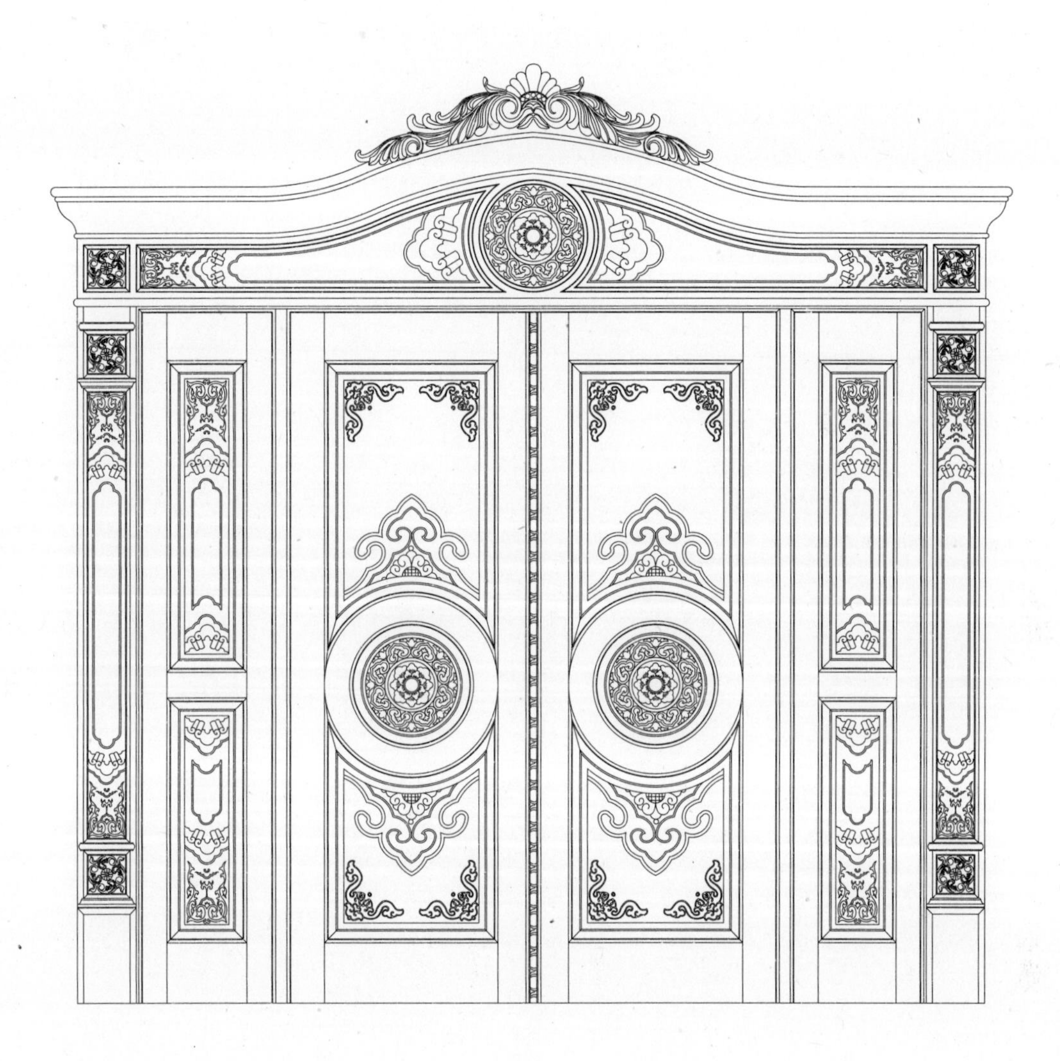

门扇规格参数(单位：mm)	
款式型号	SKM-028
工艺编号	
门边刀型	**R
芯板刀型	X**
扣线型号	K**

门扇规格参数(单位：mm)	
款式型号	SKM-029
工艺编号	
门边刀型	**R
芯板刀型	X**
扣线型号	K**

门扇规格参数(单位：mm)	
款式型号	SKM-030
工艺编号	
门边刀型	**R
芯板刀型	X**
扣线型号	K**
款式型号	
工艺编号	
门边刀型	
芯板刀型	
扣线型号	

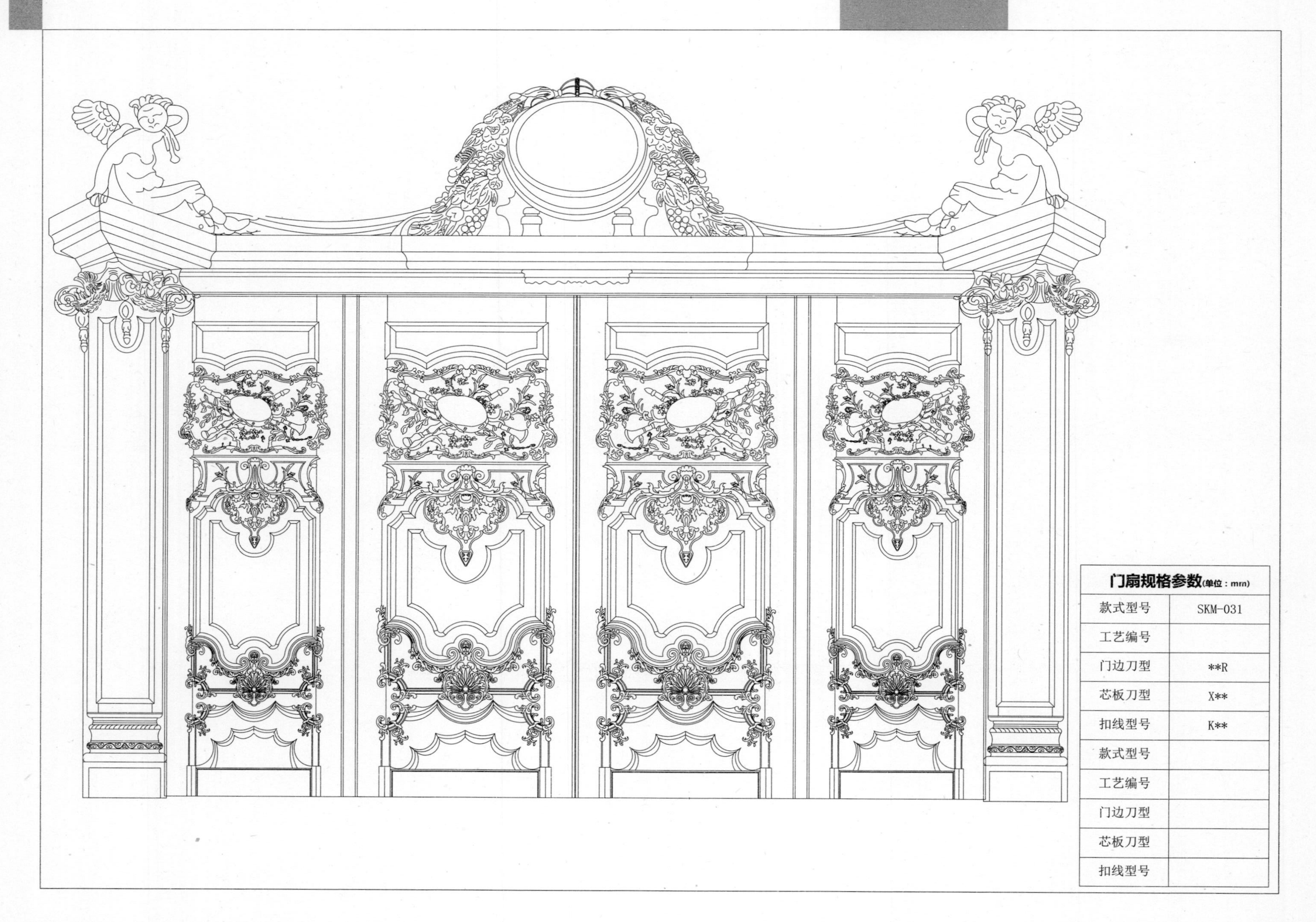

门扇规格参数(单位：mm)

款式型号	SKM-031
工艺编号	
门边刀型	**R
芯板刀型	X**
扣线型号	K**
款式型号	
工艺编号	
门边刀型	
芯板刀型	
扣线型号	

第七节 门框知识

门框：围着门道两旁与顶上的边框和上槛，镶在墙上，通常支承着门扇，外露的门的框架，简称为门框。门框分为普通框（适用于单开门、对开门、子母门）、推拉框、折叠框、隐形框、中开框、双门框。

1. 普通框中的启口尺寸是由门扇尺寸加胶条位 4~6mm，普通框的标准厚度为 4cm，门扇尺寸的计算方式为：门扇高 =（门框高－内框板厚－上 3 －下 7 缝隙），门扇宽 =（门框宽－内框板厚 ×2 － 3.5×2 缝）。

2. 推拉框中的轨道槽是由门扇厚度乘以门扇重叠数量加上缝隙，如（42×2+5×3），档板高度为 6cm，低于 5cm 无法盖住五金，门扇计算方式为：门扇高 =（门框高－框板厚－ 50 五金位－ 10 底缝），门扇宽 =（门框宽－内框板厚 ×2 ＋门扇重叠尺寸 ×1 重叠数量）/ 门扇数量。

3. 折叠框中的轨道槽是门扇厚度加上 5mm×2 的缝隙，档板高度为 5cm，折叠门扇的尺寸计算方式为：门扇高 =（门框高 - 框板厚度 -50 五金位 -10 底缝 -10 上缝），门扇宽 =（门框宽 - 内框板厚 *2-5 缝隙 *5 缝隙数量）/ 门扇数量；

4. 隐形框多用于背景墙左右对称，如左为假门，右为隐形门，也用于整体护墙板中。在隐形门的设计中，需要考虑现场及效果的实际因素，门框工艺也会有所改变，在后篇章中会有详细讲解隐形框的设计及图例。

5. 中开框与普通门框有所不同，普通门框中的门扇是安装在墙的一面，与一面墙平齐，而中开框中的门扇是安装在门框中间，也就是门扇最大开启为 90°。

6. 双门框主要是用于样品门，在展厅内设计时，同一门框安装二扇门，开启方式都是分别从外拉。

7. 哑口套：围着墙体两旁与顶上的边框和上槛或下槛，镶在墙上，不安装门扇，简称为套；套分别为：哑口套、三面窗套、四面窗套、弧形套、飘窗套等。

第八节 单开门框款式

比例： 1：8

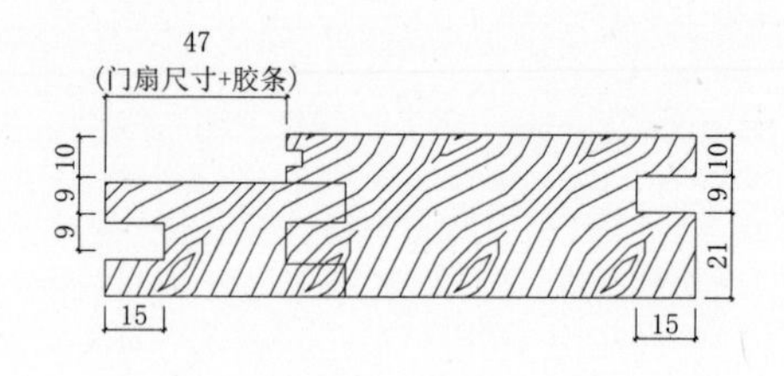

型号： MK-01

比例： 1：8

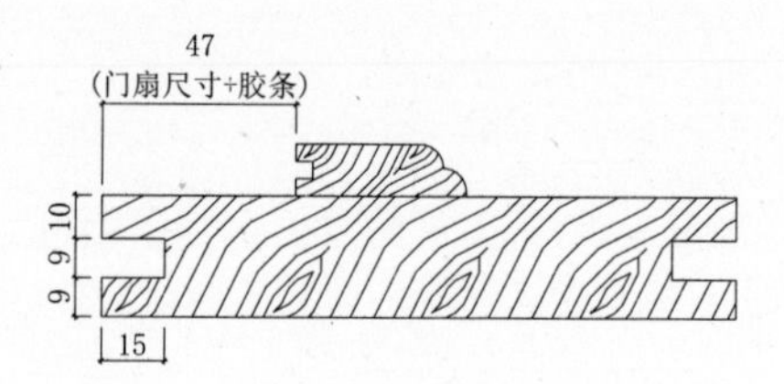

型号： MK-02

比例： 1：8

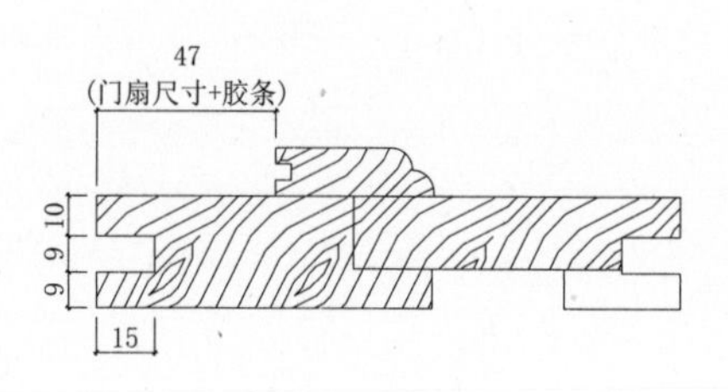

型号： MK-03

比例： 1：8

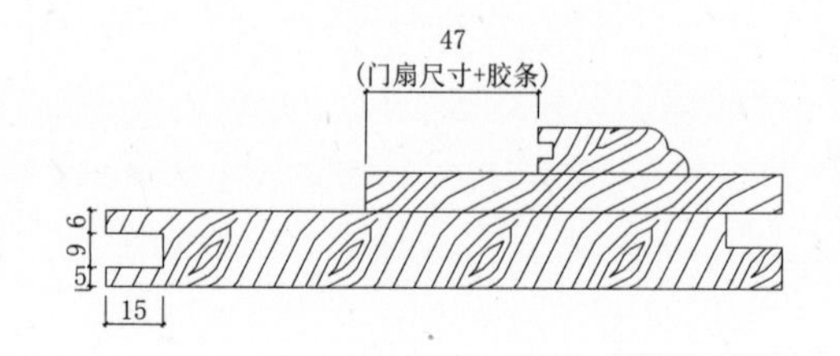

型号： MK-04

比例： 1：8

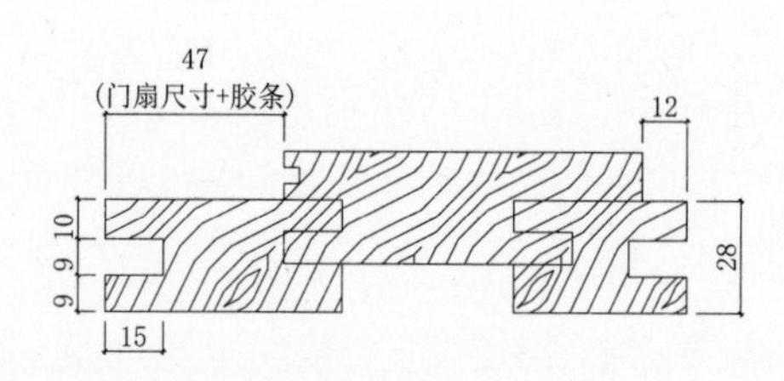

型号： MK-05

比例： 1：8

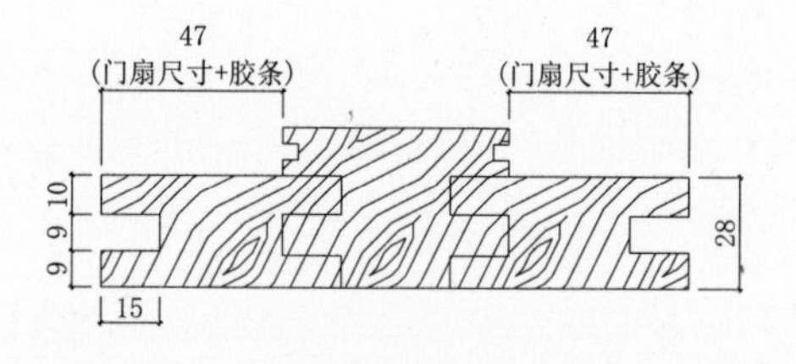

型号： MK-06

比例： 1:5

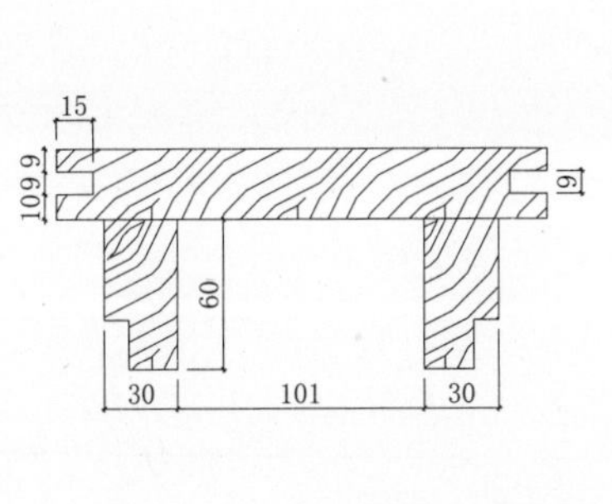

型号： MK-07

1. 推拉门框双面开槽墙体厚度不低于180mm，160~180mm不能开槽；130~160mm的墙体厚度，门框造型及工艺需改变。
2. 推拉框轨道槽的计算方式为：门扇厚度×门扇重叠数量+(门扇重叠数量+1)×5，此图按标准门扇厚度43mm，双轨双扇推拉框。

比例： 1：5

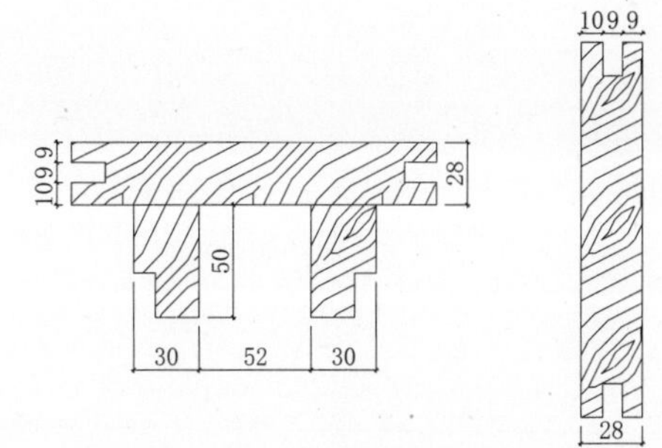

型号： MK-08

1. 推拉门框双面开槽墙体厚度不低于180mm，160~180mm不能开槽；130~160mm的墙体厚度，门框造型及工艺需改变。
2. 推拉框轨道槽的计算方式为：门扇厚度×门扇重叠数量+(门扇重叠数量+1)×5，此图按标准门扇厚度43mm，双轨双扇推拉框。

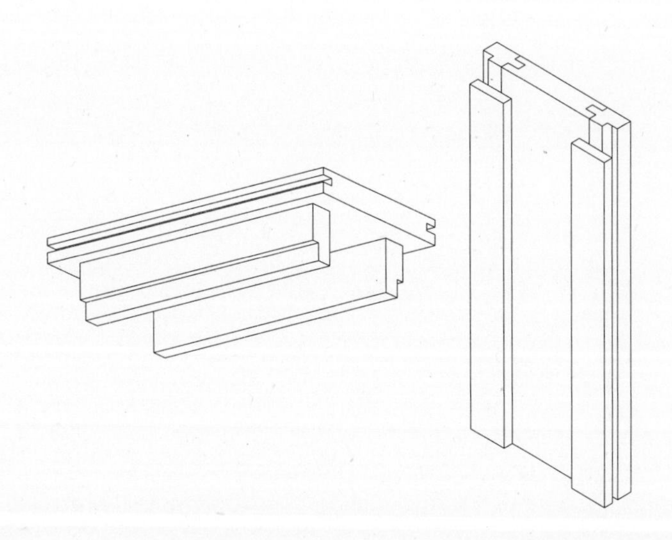

推拉框、折叠框：横框与竖框连接方式

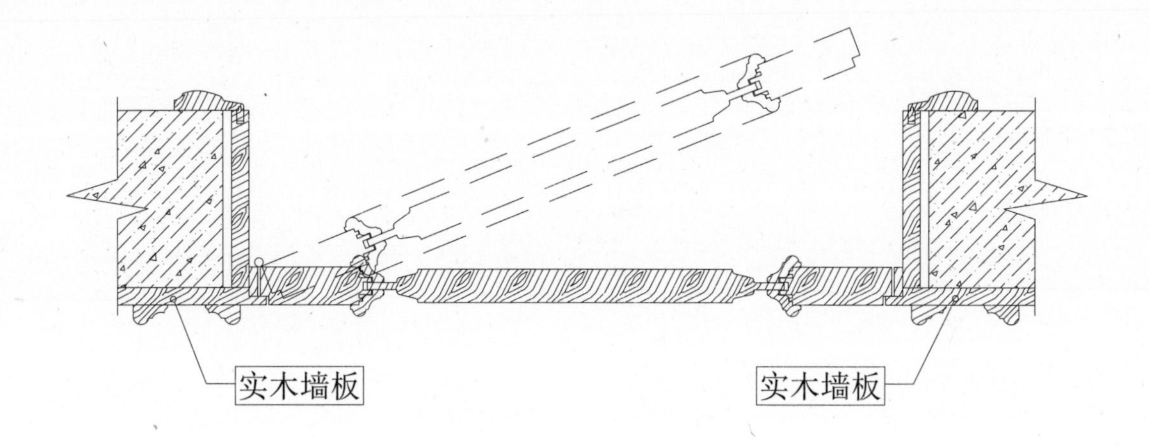

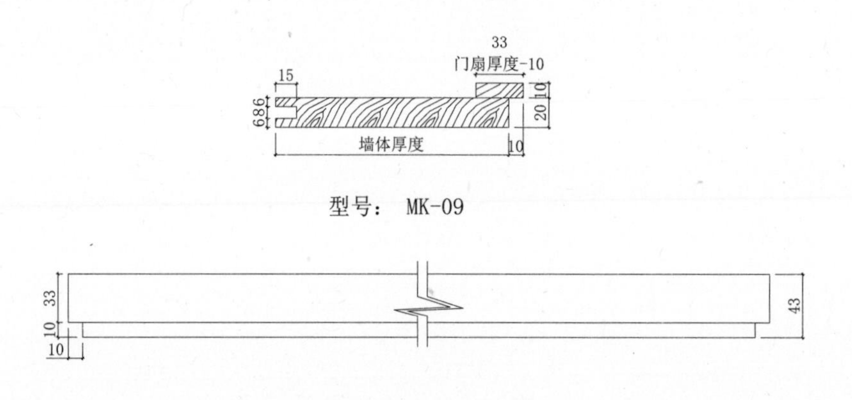

门扇外边三周开10mm×10mm的缺口

隐形框常用于左右对称背景墙、全屋护墙板，配用此款隐形框的门扇是需要三周开10mm×10mm的槽，门扇向里推，门扇最大开启为90°。门框上的档板是门扇厚度减掉1cm，而护墙板需要在背面20mm×10mm槽口，并需要做油漆，在安装时需要注意缝隙。

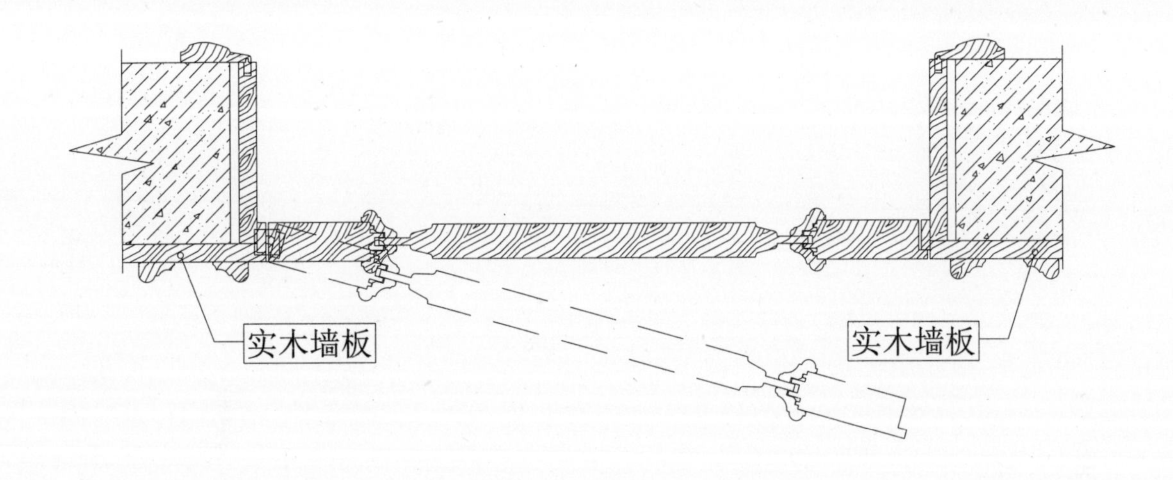

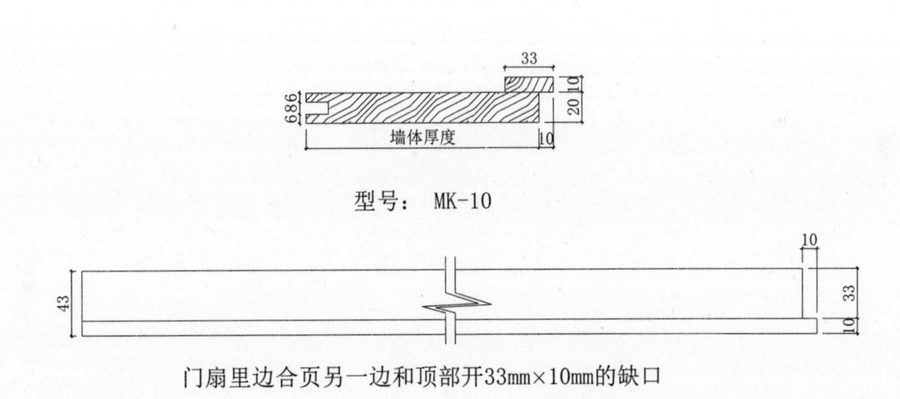

门扇里边合页另一边和顶部开33mm×10mm的缺口

此款隐形框门扇向外拉工艺，需要隐形合页五金配件，门扇需在顶部和不装合页的边开33mm×10mm的缺口，此款隐形框用的相对少些，多数是用在软包墙板、背景墙和房内空间少时采用，需注意墙板的见光面油漆及安装时的固定。

第十节 哑口窗套

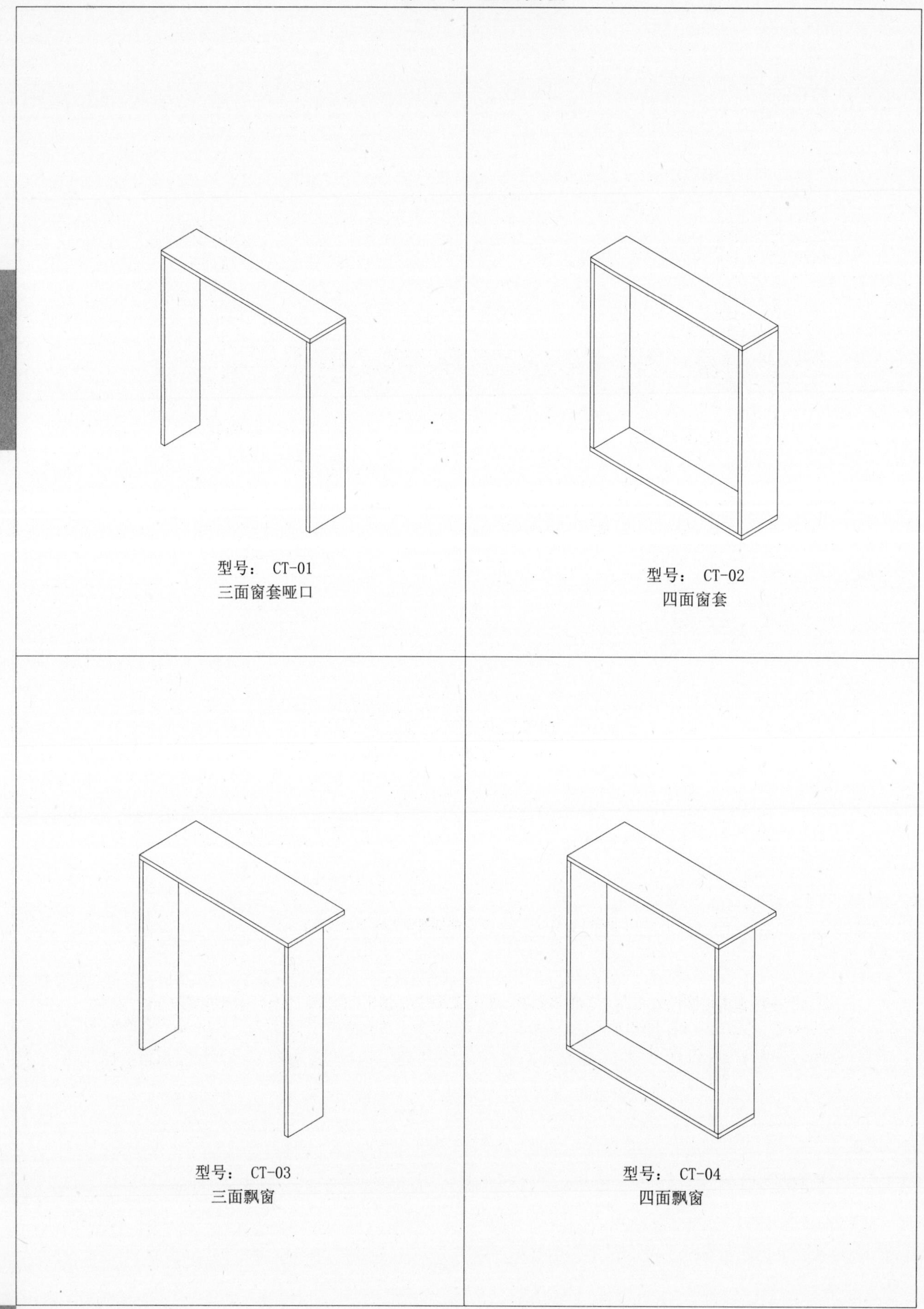

型号： CT-01
三面窗套哑口

型号： CT-02
四面窗套

型号： CT-03
三面飘窗

型号： CT-04
四面飘窗

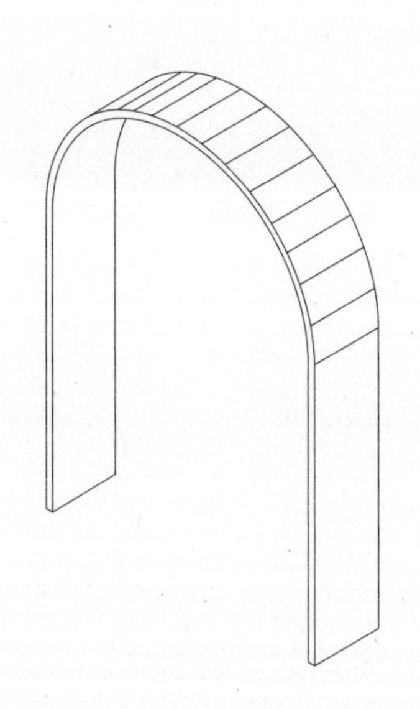

型号： CT-06
弧形窗套哑口

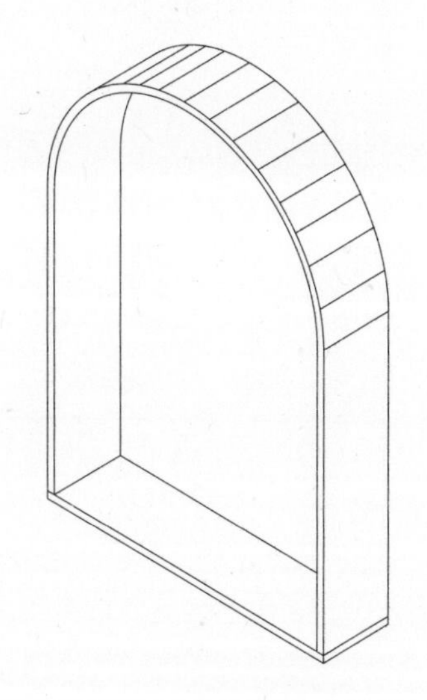

型号： CT-07
四面弧形窗套

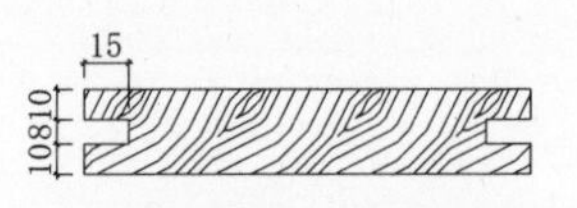

原木厚30mm，多层板28mm
（适用于过哑口套）

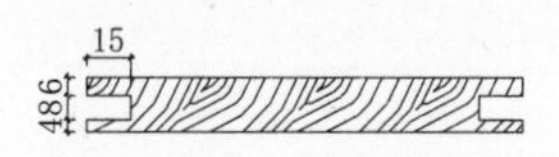

原木厚20mm，多层板18mm
（适用于过窗套）

哑口套是指不需要配门扇仅用于装饰洞口的门套（又叫空门套 / 平口框），有半套及全套之分。

窗套是指在窗洞口的两个立边垂直面，可凸出外墙形成边框，也可与外墙平齐，既要立边垂直平整，又要满足与墙面平整，故此质量要求很高。这好比在窗外罩上一个正规的套子。人们习惯称之窗套，窗套多数为半套，窗套通常分为三面及四面之分。

飘窗就是凸出的窗子。一般的飘窗可以呈矩形或梯形，从室内向室外凸起。飘窗的三面都装有玻璃，这样的设计既有利于进行大面积的玻璃采光，又保留了宽敞的窗台，使得室内空间在视觉上得以延伸，本飘窗分为三面和四面，通常顶板的宽度比竖板的宽度要宽。

第十一节 单推拉框

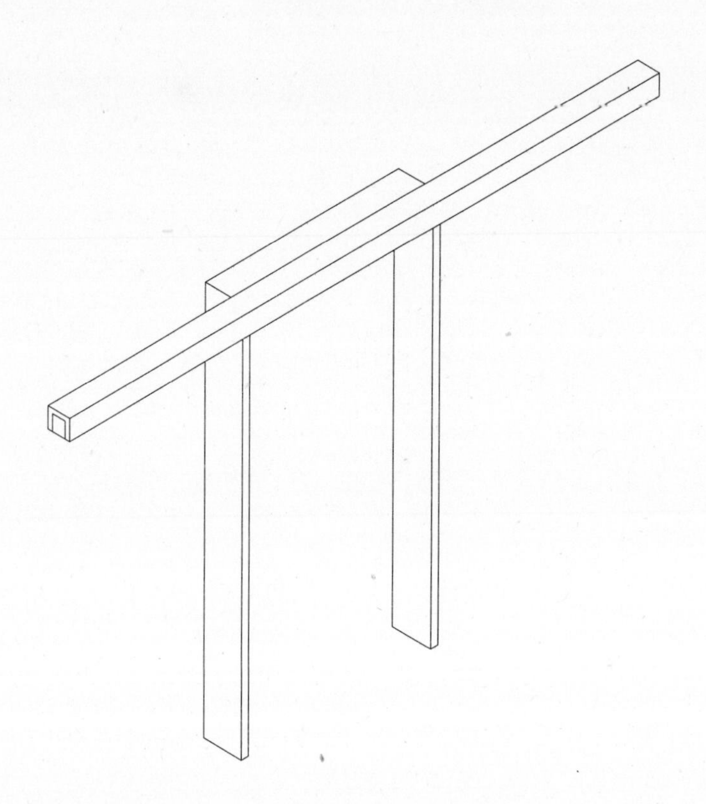

此框为墙体外挂式单墙厚单推拉框，门扇高度尺寸为：框外高-18mm；门扇宽为：框外宽-20mm；推拉盒总长度为：框外宽×2+50mm。此框为拆装式，顶部需要有50mm高的固定条位置。

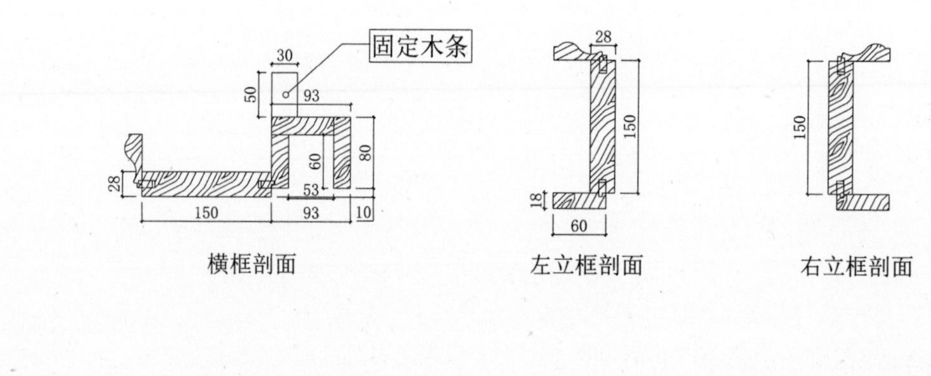

横框剖面　　左立框剖面　　右立框剖面

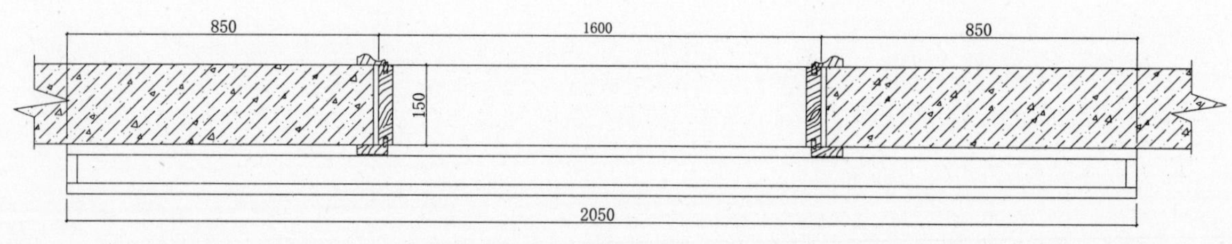

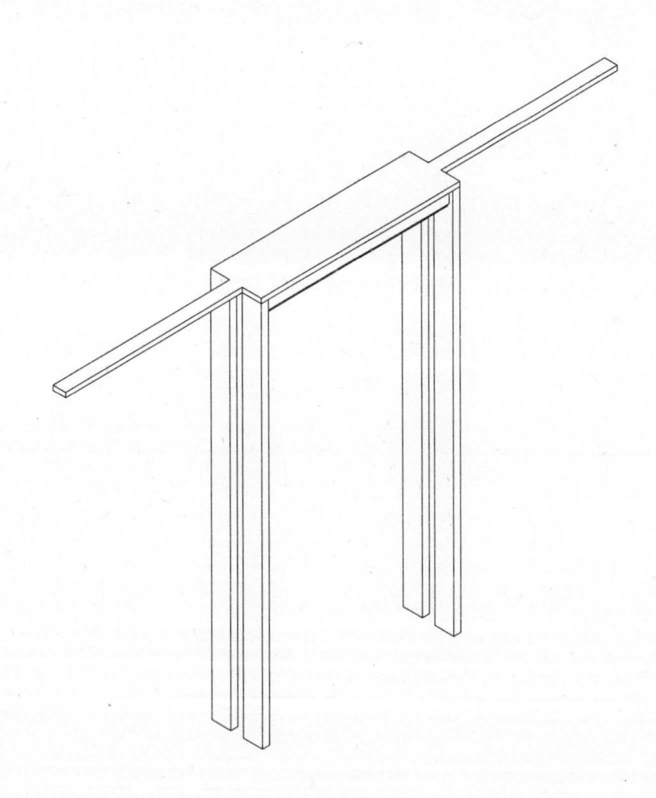

此框为墙体外挂式单墙厚单推拉框，门扇高度尺寸为：框外高-18mm；门扇宽为：框外宽-20mm；推拉盒总长度为：框外宽×2+50mm。此框为拆装式，顶部需要有50mm高的固定条位置。

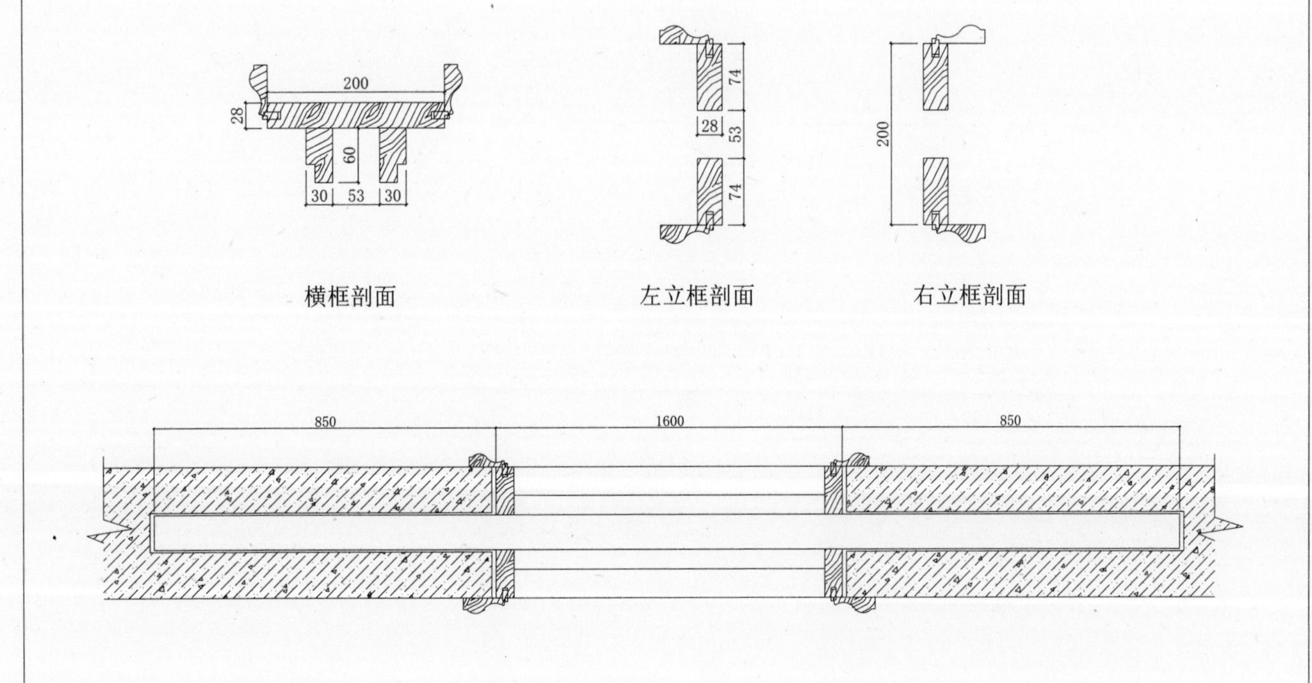

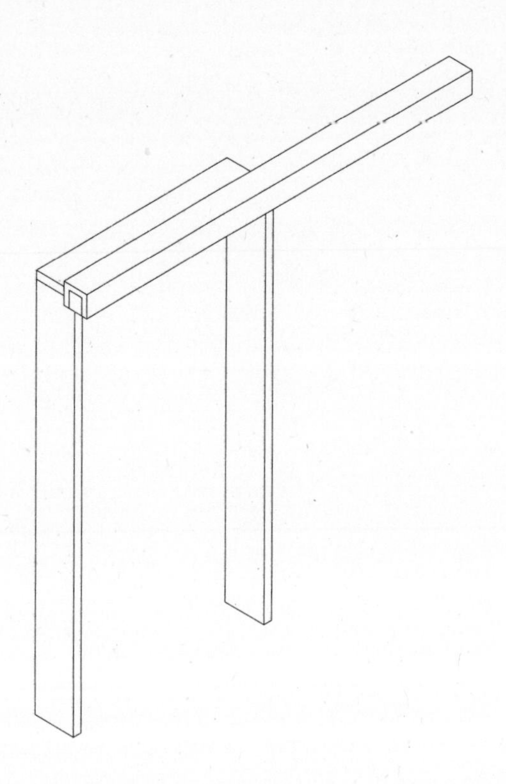

此框为墙体外挂式单墙厚单推拉框，门扇高度尺寸为：框外高-18mm；门扇宽为：框外宽-20mm；推拉盒总长度为：框外宽×2+50mm。此框为拆装式，顶部需要有50mm高的固定条位置。

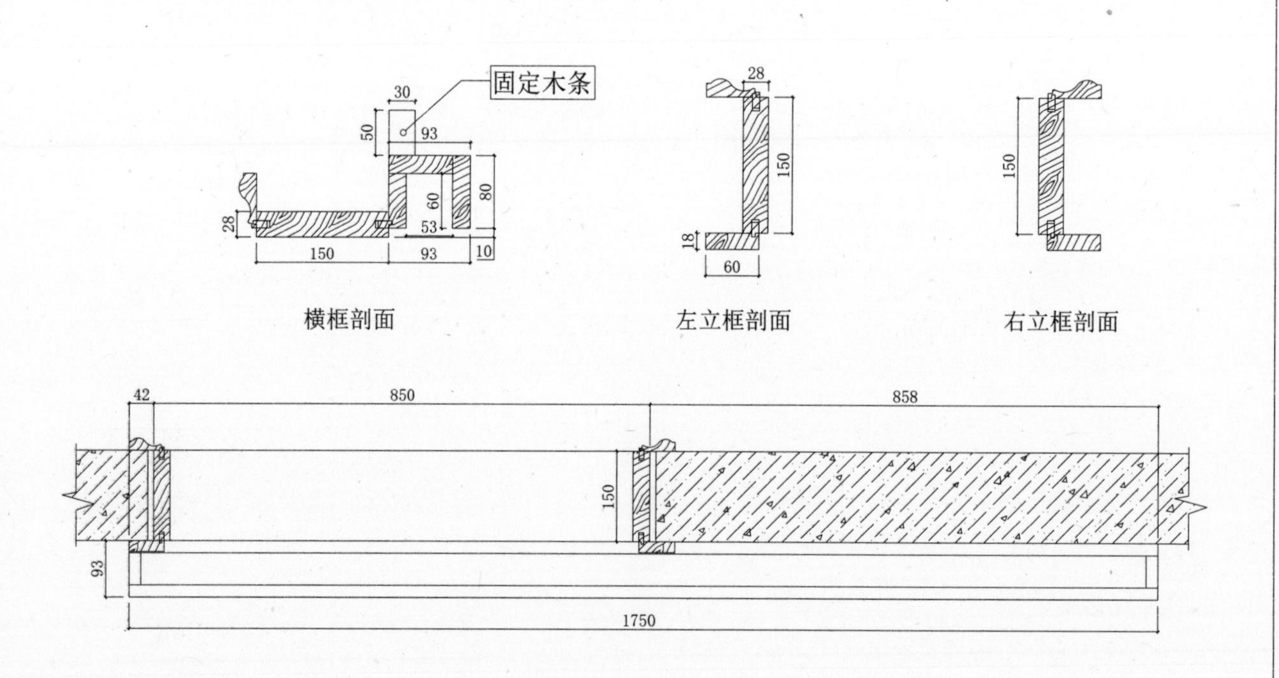

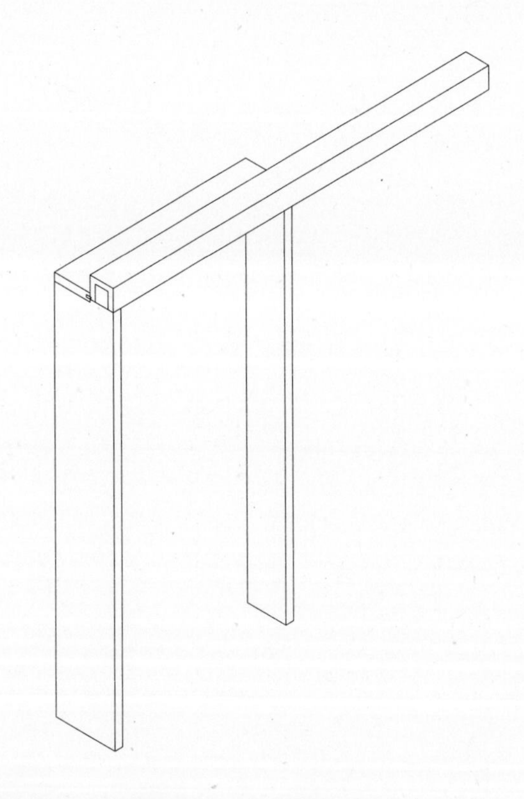

此框为墙体外挂式单墙厚单推拉框，门扇高度尺寸为：框外高-18mm；门扇宽为：框外宽-20mm；推拉盒总长度为：框外宽×2+50mm。此框为拆装式，顶部需要有50mm高的固定条位置。

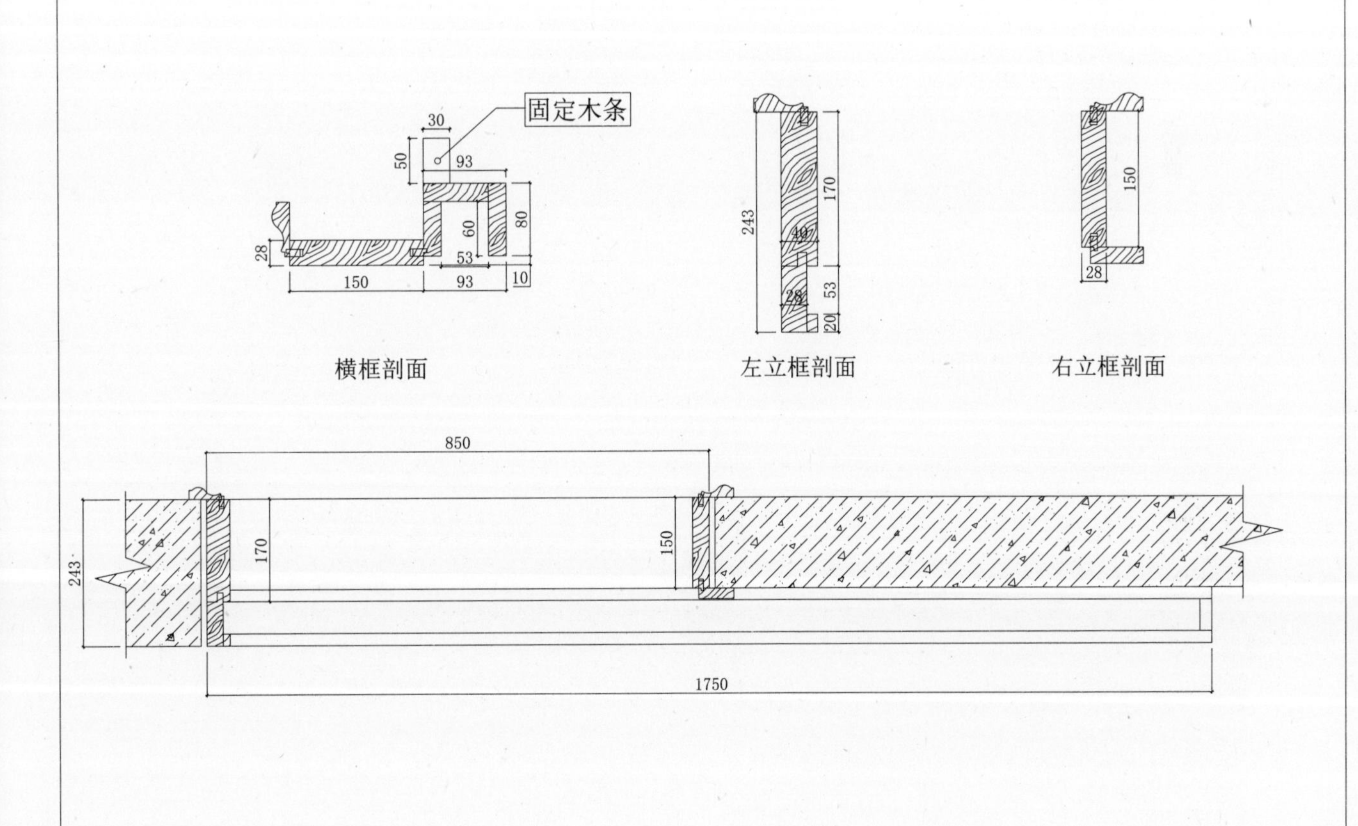

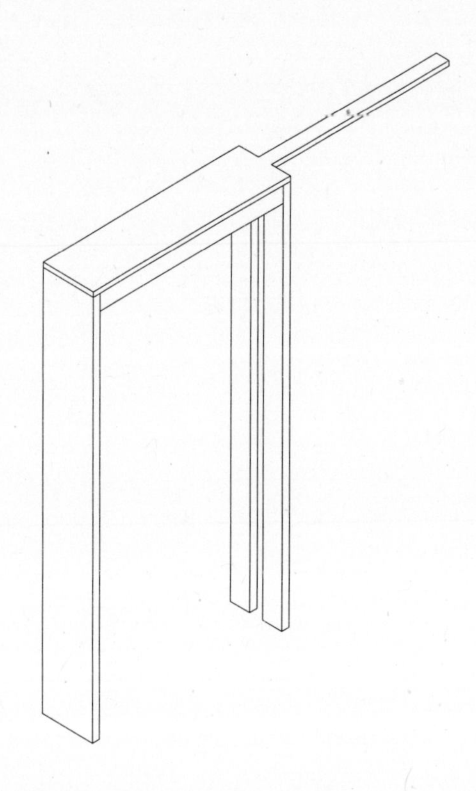

此框为墙体外挂式单墙厚单推拉框，门扇高度尺寸为：框外高-18mm；门扇宽为：框外宽-20mm；推拉盒总长度为：框外宽×2+50mm。此框为拆装式，顶部需要有50mm高的固定条位置。

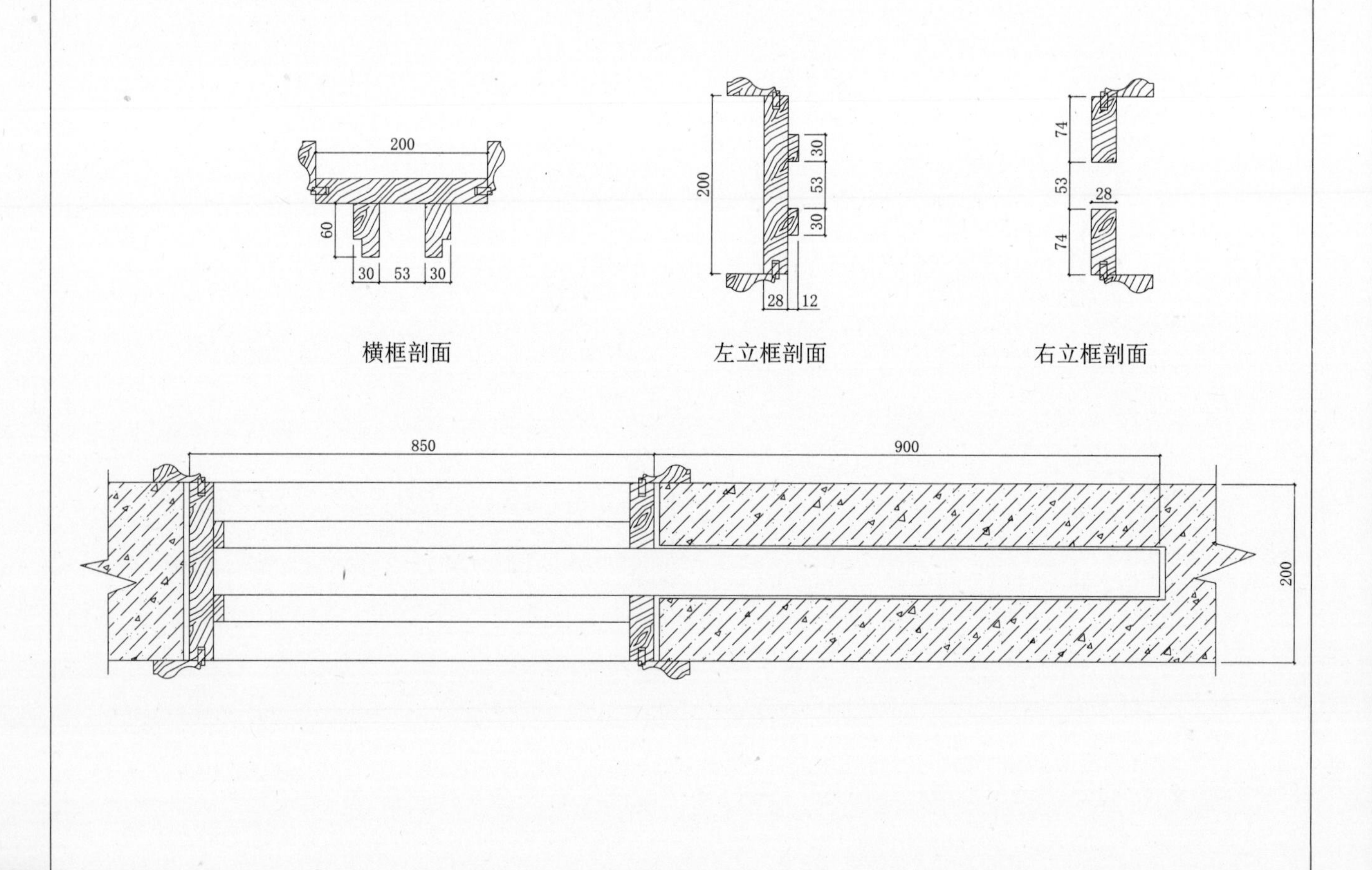

横框剖面　左立框剖面　右立框剖面

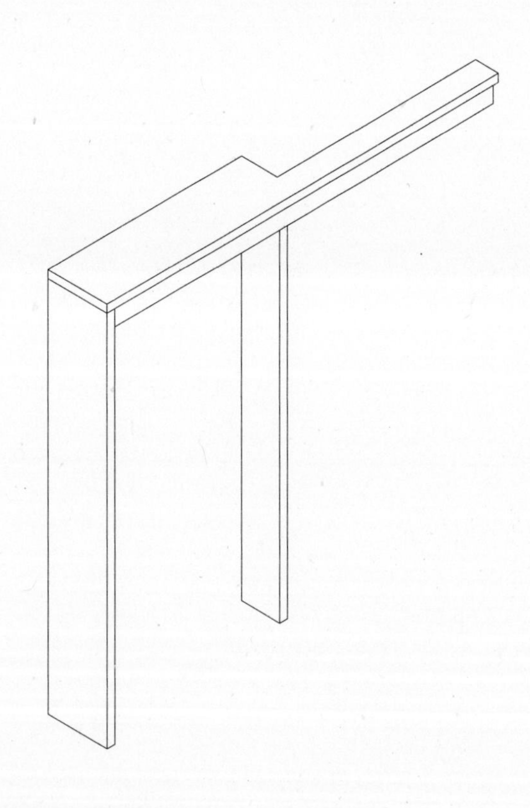

此框为墙体外挂式单墙厚单推拉框，门扇高度尺寸为：框外高-18mm；门扇宽为：框外宽-20mm；推拉盒总长度为：框外宽×2+50mm。此框为拆装式，顶部需要有50mm高的固定条位置。

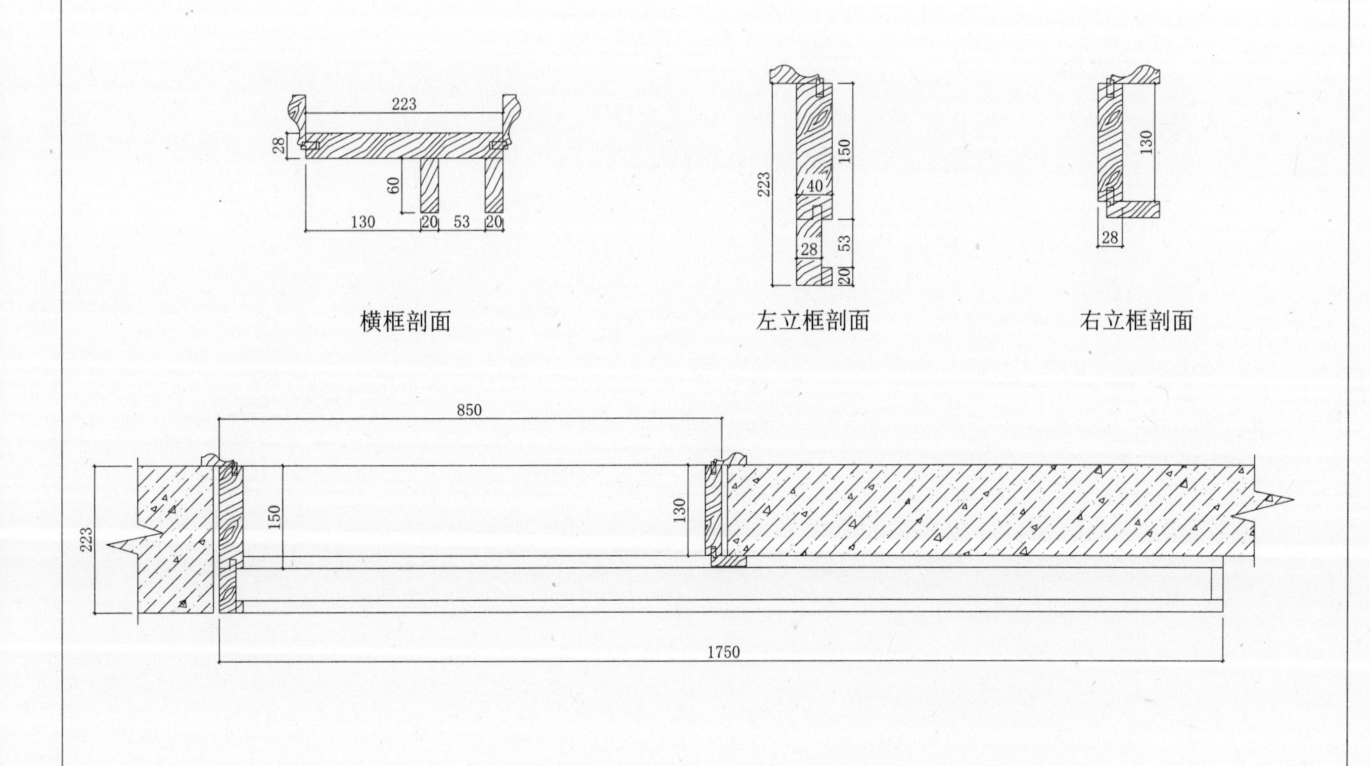

横框剖面　　左立框剖面　　右立框剖面

第十二节 推拉方式、对开子母开启方式

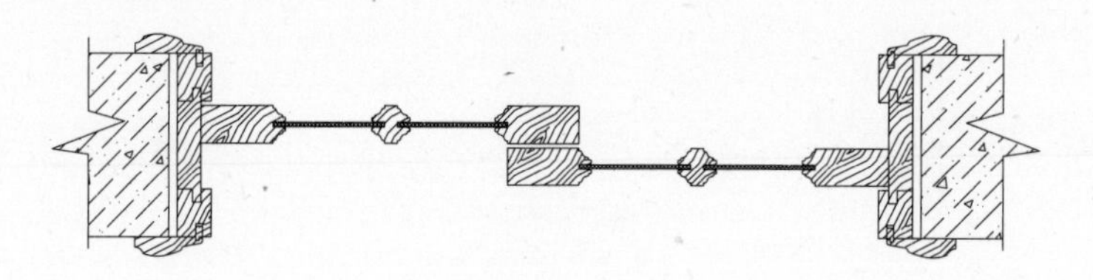

二扇推拉门重叠

二扇推拉门重叠一个边枋，门扇宽度尺寸的计算方式为：

(门框外宽-框板厚度+重叠边)/2

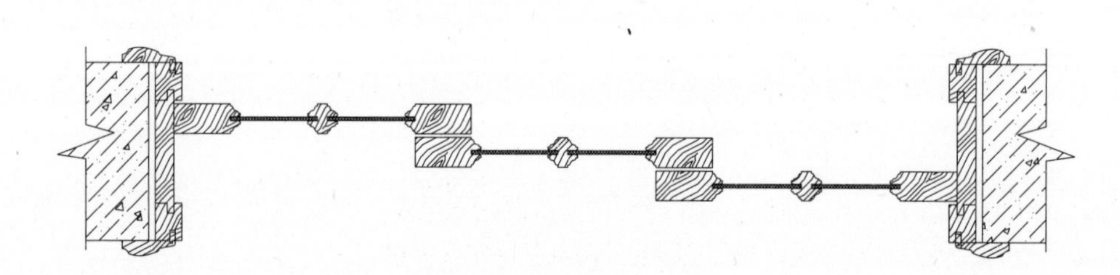

三扇推拉门重叠

三扇推拉门重叠二个边枋，门扇宽度尺寸的计算方式为：

(门框外宽-框板厚度+重叠边×2)/3

三扇推拉对墙厚要求在190mm以上，建议安装使用联体推拉轨道。

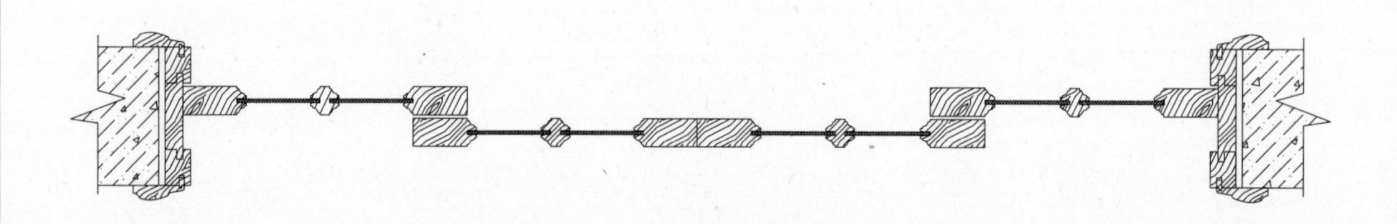

四扇推拉门重叠

四扇推拉门重叠二个边枋，门扇宽度尺寸的计算方式为：

(门框外宽-框板厚度+重叠边×2)/4

如果二扇固定，需要将门扇上卡头加高50mm。

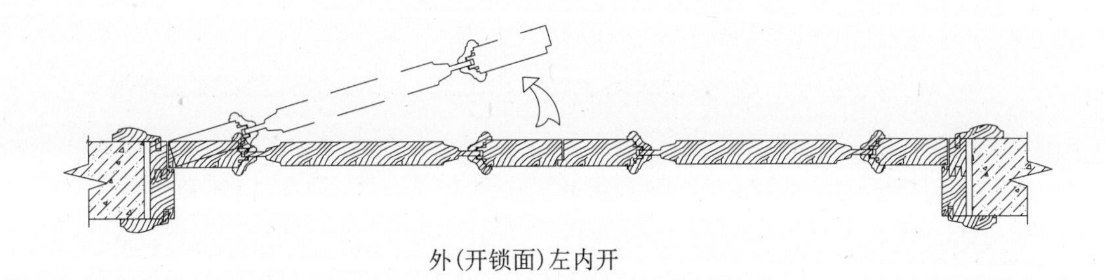

外(开锁面)左内开

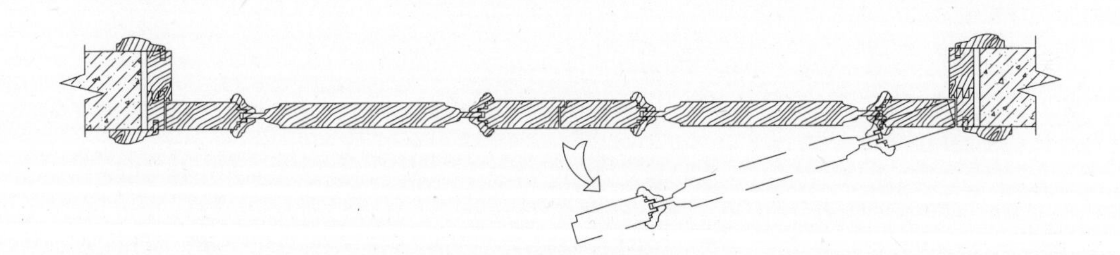

外(开锁面)右外开

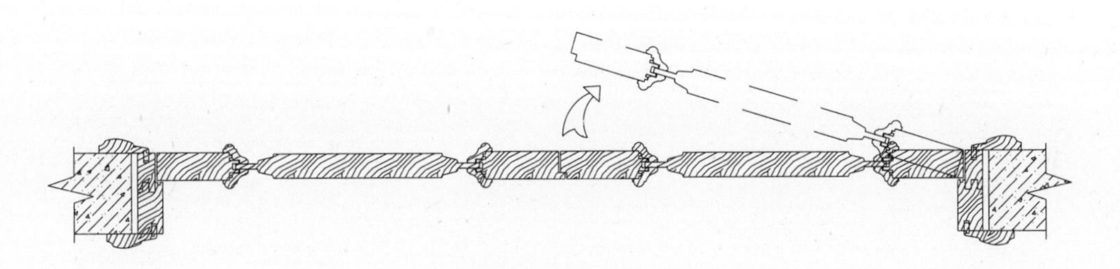

外(开锁面)右内开

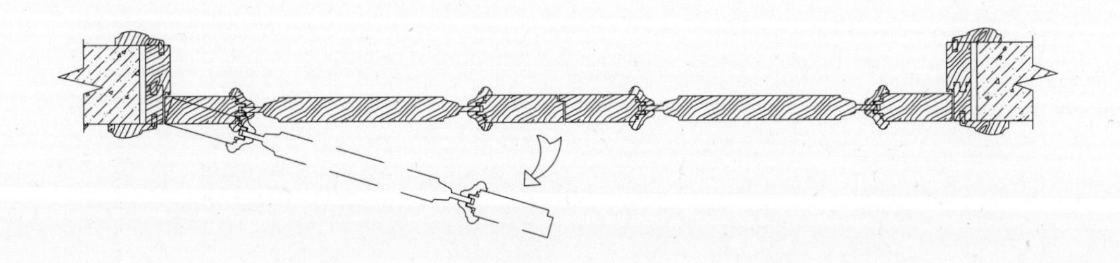

外(开锁面)左外开

对开门、子母门开启方式,共分为四种,分别是:左外开、左内开、右外开、右外开。

第十三节 亮窗（亮子）

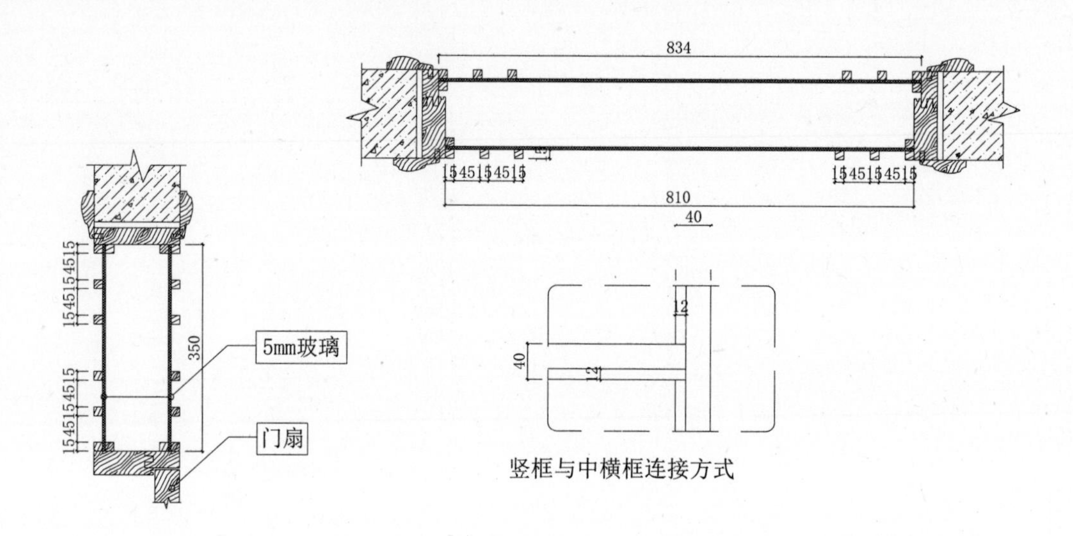

竖框与中横框连接方式

门窗亮子又俗称腰头窗，在门的上方，为辅助采光和通风之用。住宅建筑门上无亮子时，门洞的高度常用2100~2400mm之间；有亮子时门洞的高度常用2400~2700mm之间，亮子高度一般为300~600mm，门的高度则为门扇高加亮子高，再加门框高及门框与墙间的构造缝隙尺寸。公共建筑随门洞宽度变化适当加高，亮子主要有平开、固定及上、中、下悬之分。

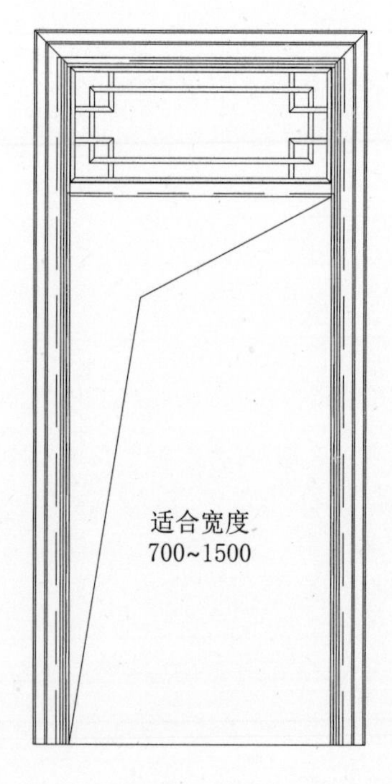

型号：LK-01

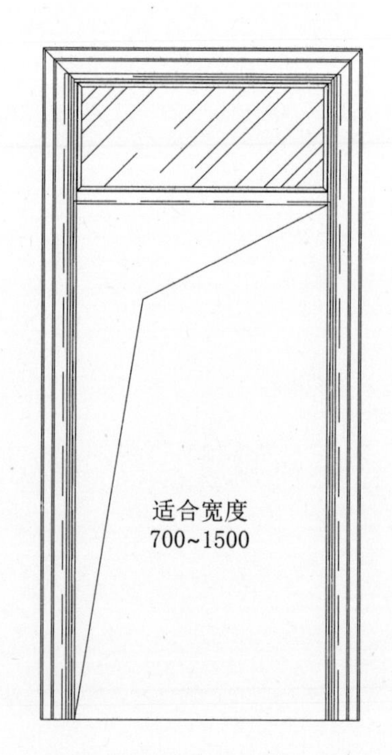

型号：LK-02

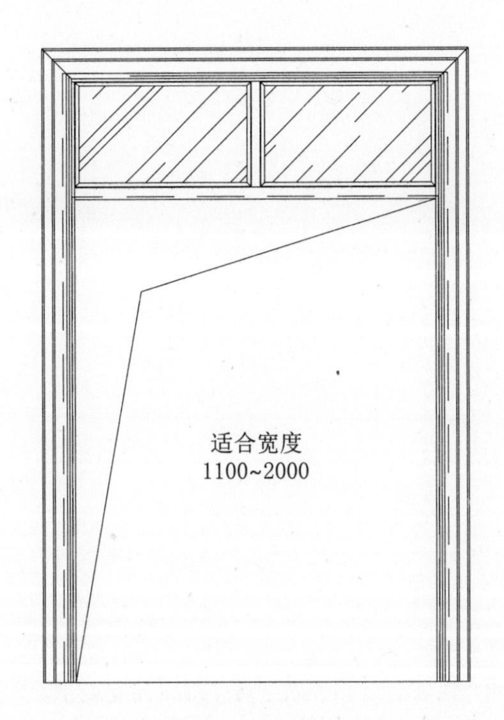

型号：LK-03

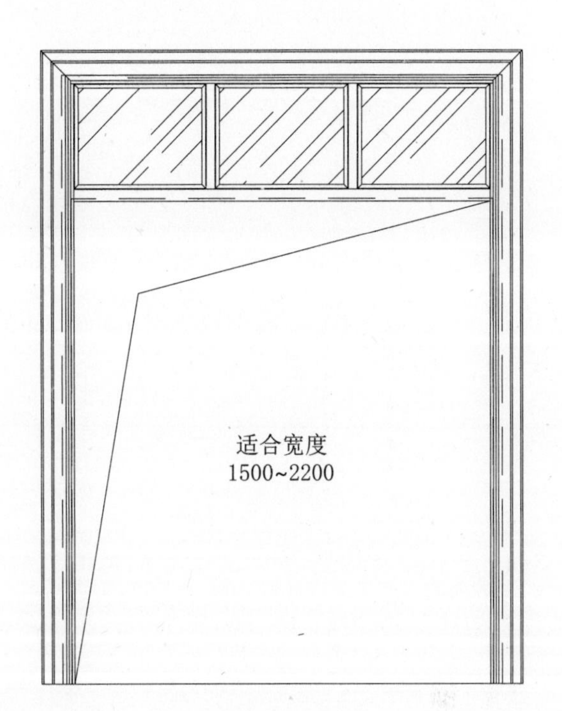

型号：LK-04

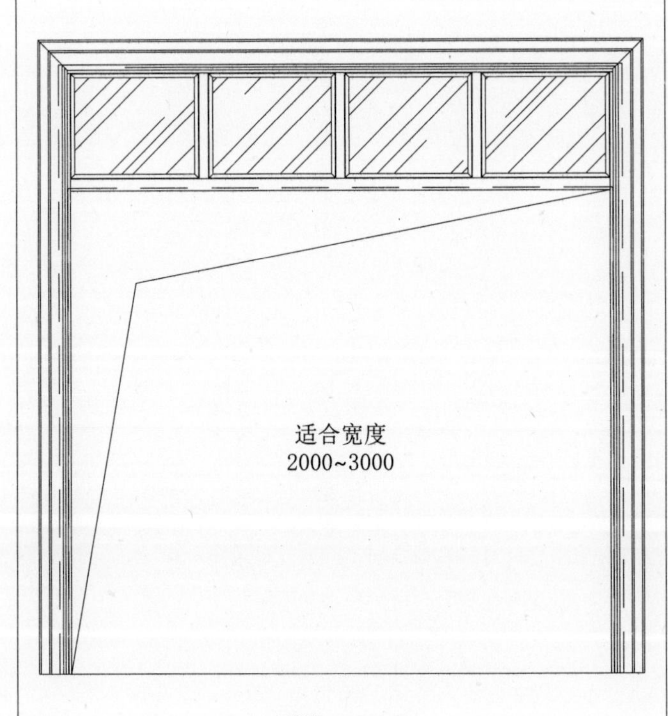

型号：LK-05

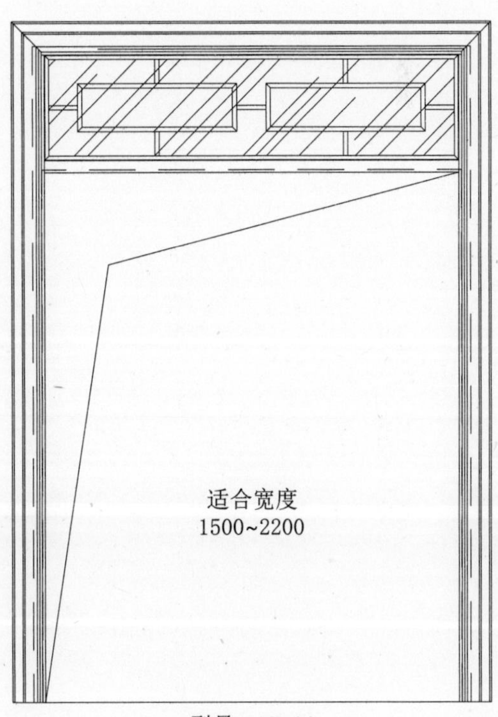

型号：LK-06

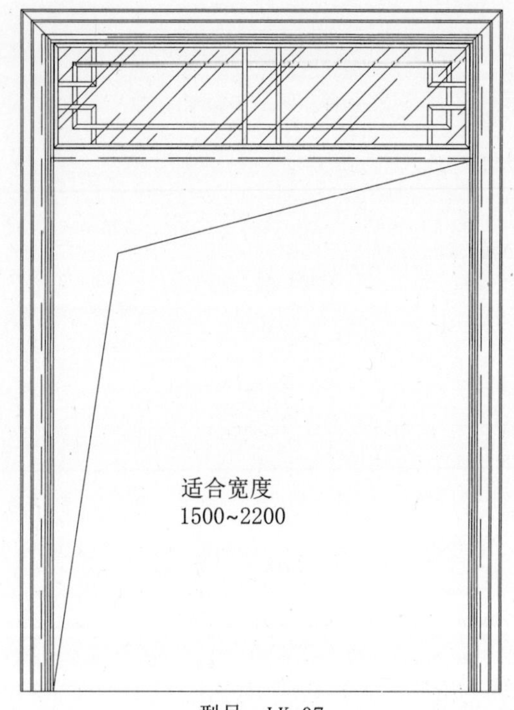

型号：LK-07

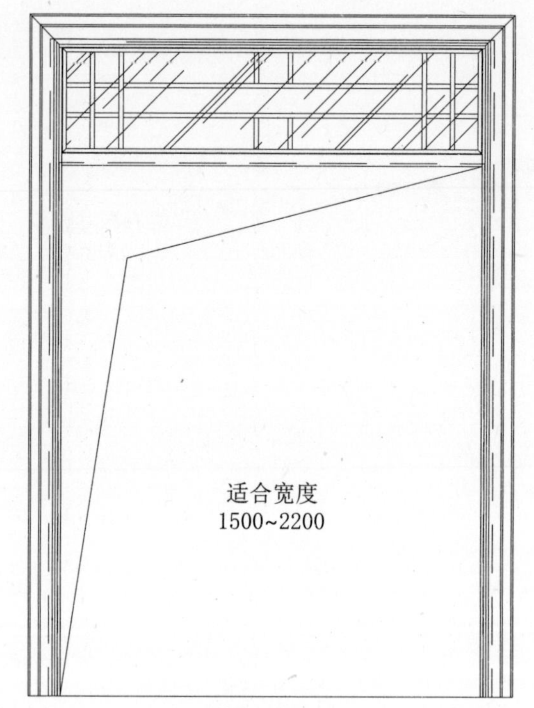

型号：LK-08

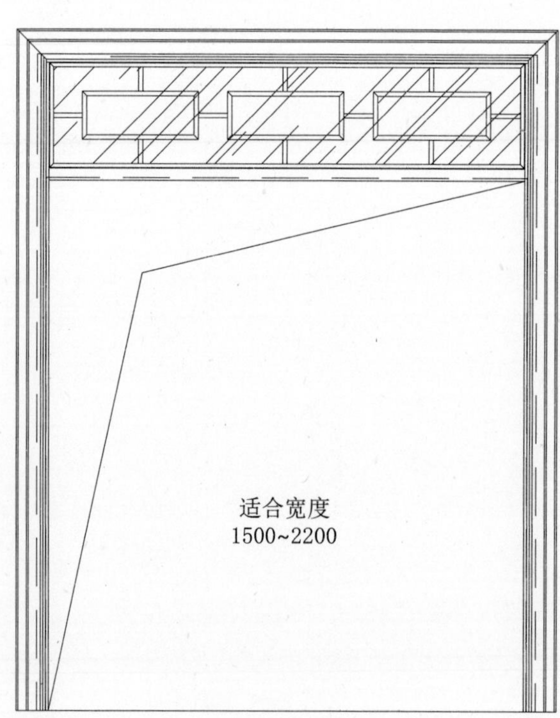

型号：LK-09

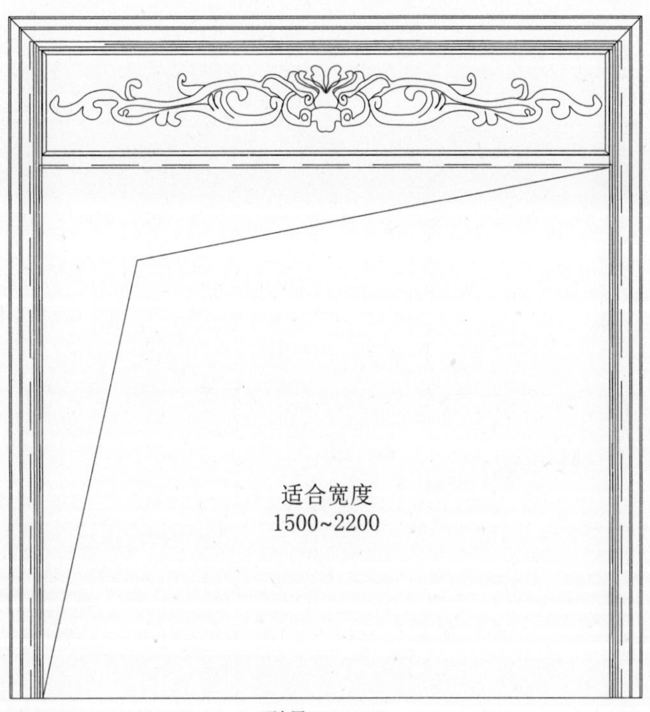

型号：LK-10

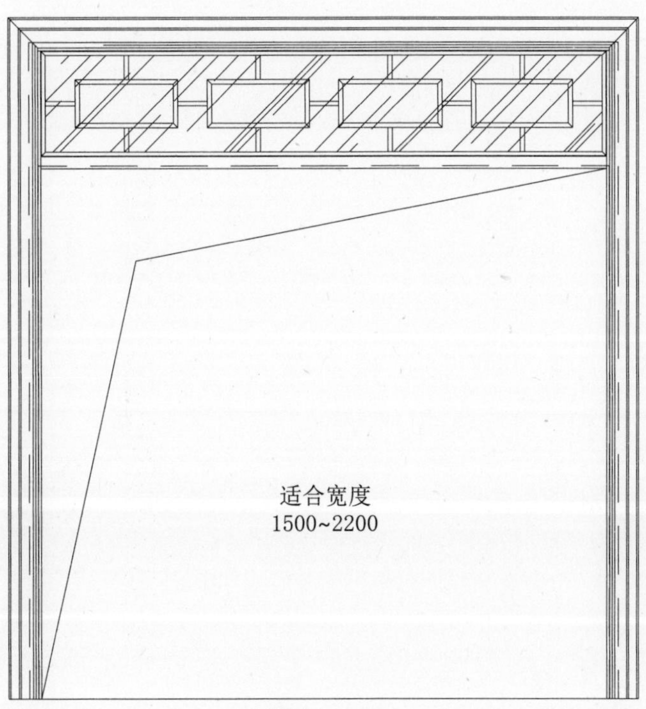

型号：LK-11

第十四节 帽头（门头）

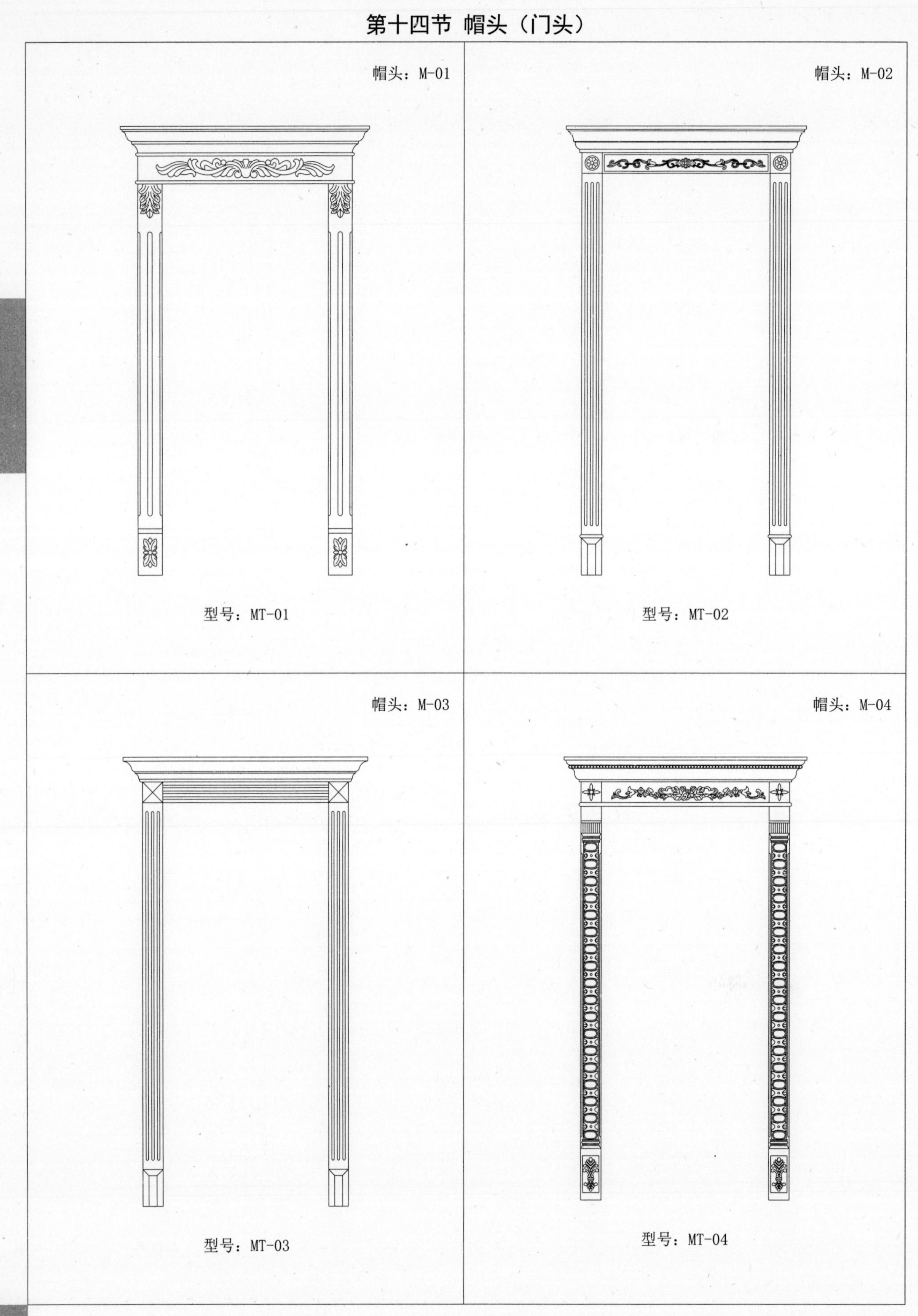

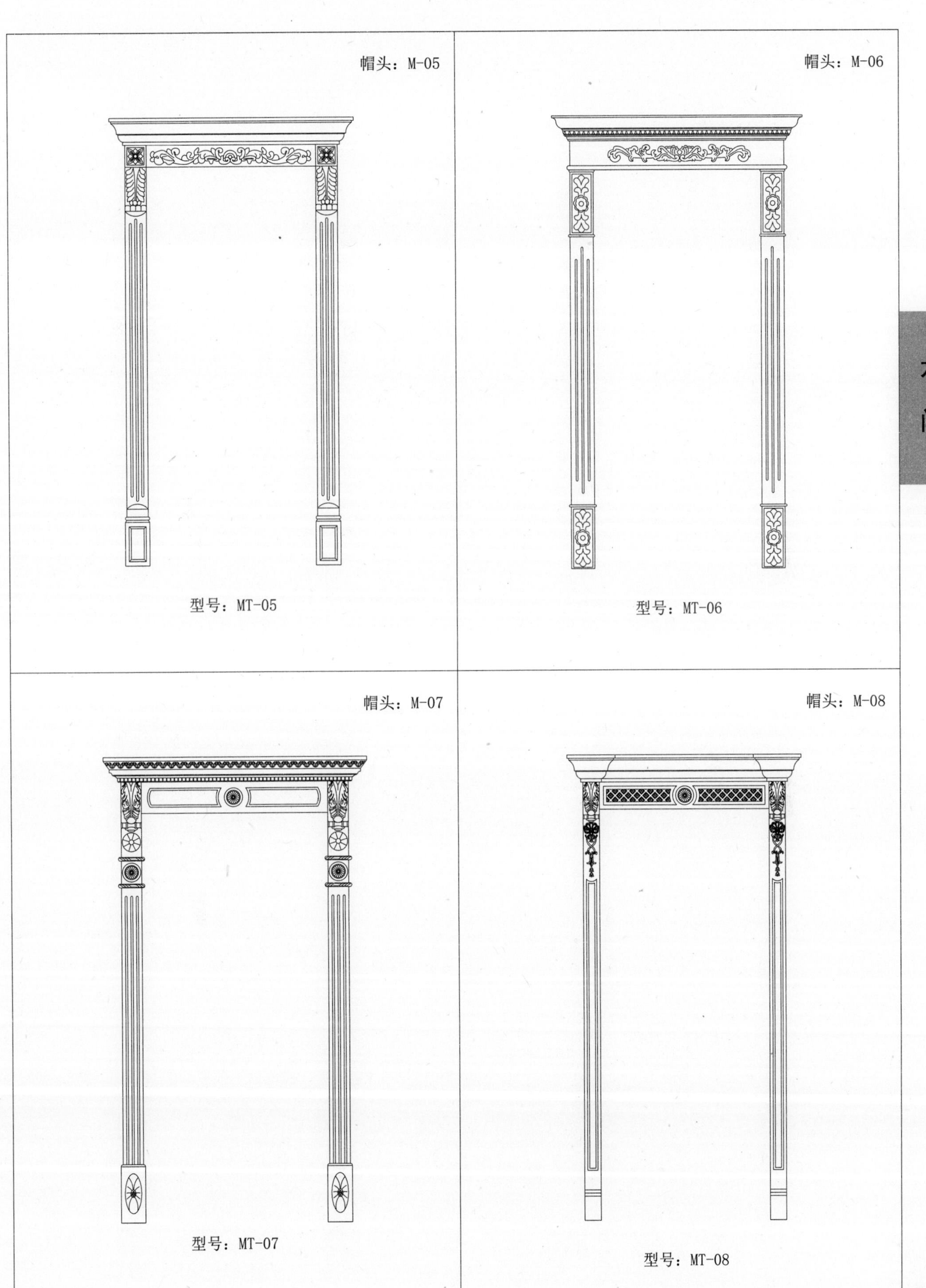
帽头：M-05
型号：MT-05
帽头：M-06
型号：MT-06
帽头：M-07
型号：MT-07
帽头：M-08
型号：MT-08

帽头：M-09
型号：MT-09
帽头：M-10
型号：MT-10
帽头：M-11
型号：MT-11
帽头：M-12
型号：MT-12

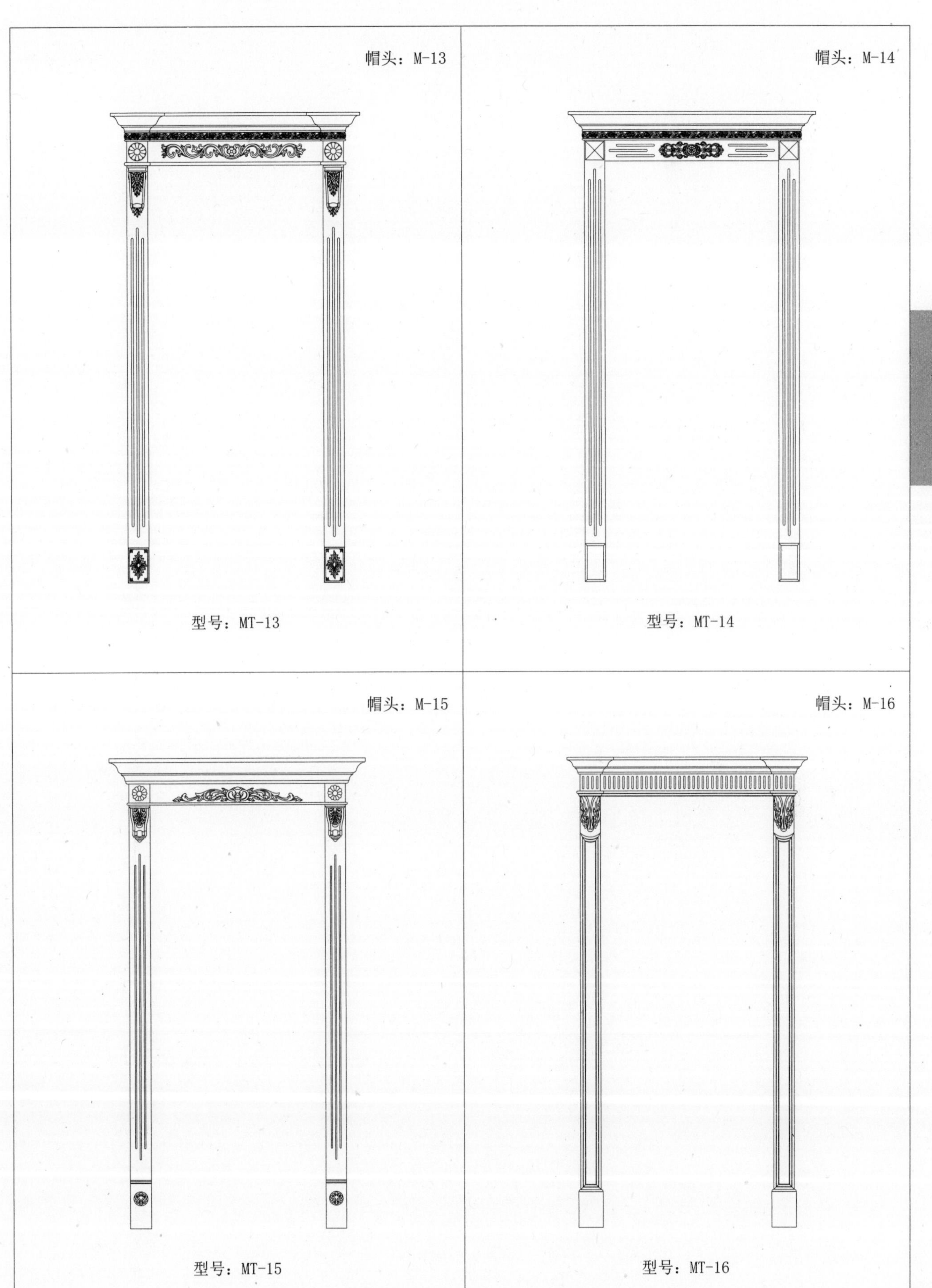
帽头：M-13
型号：MT-13
帽头：M-14
型号：MT-14
帽头：M-15
型号：MT-15
帽头：M-16
型号：MT-16

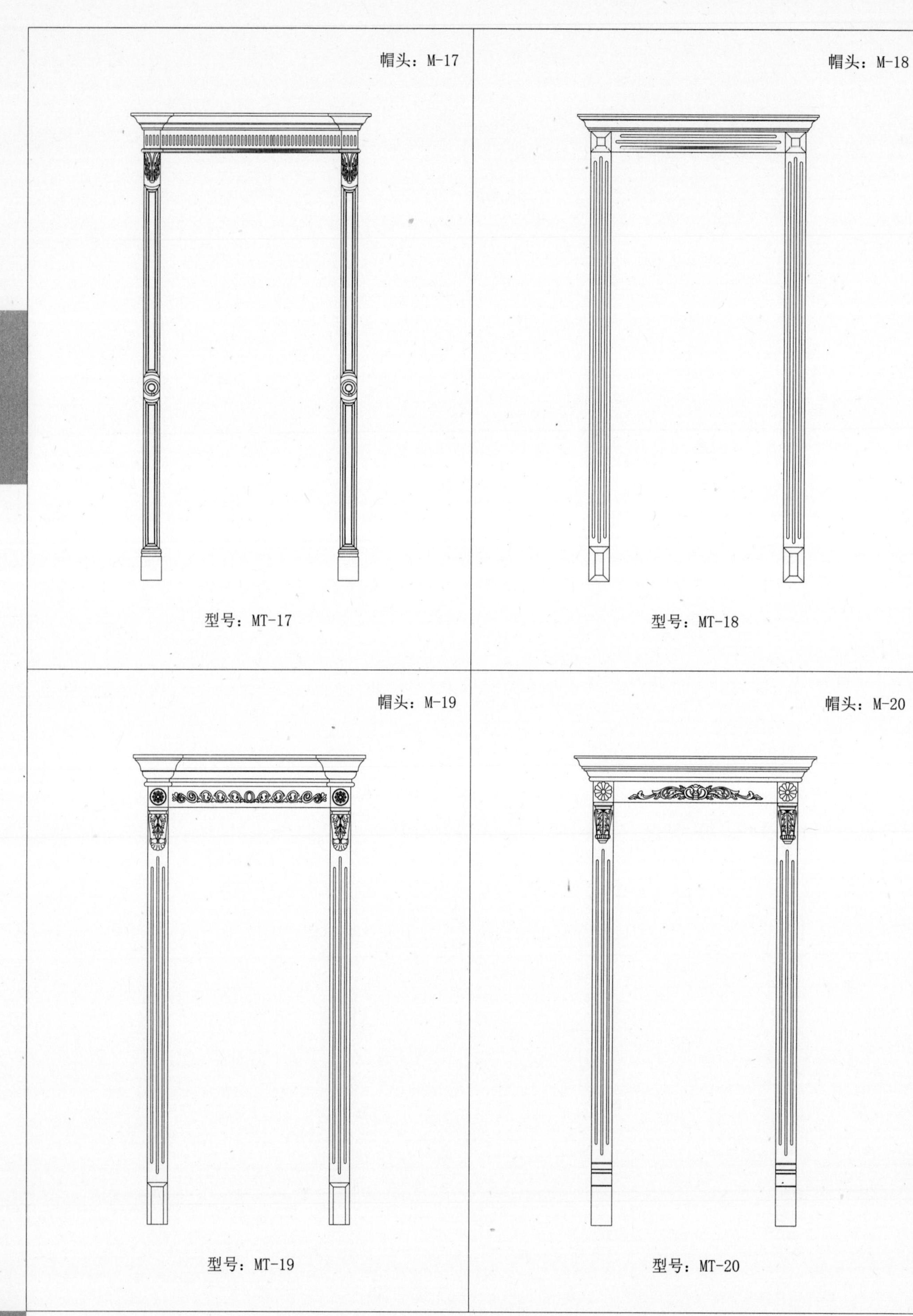
帽头：M-17
型号：MT-17
帽头：M-18
型号：MT-18
帽头：M-19
型号：MT-19
帽头：M-20
型号：MT-20

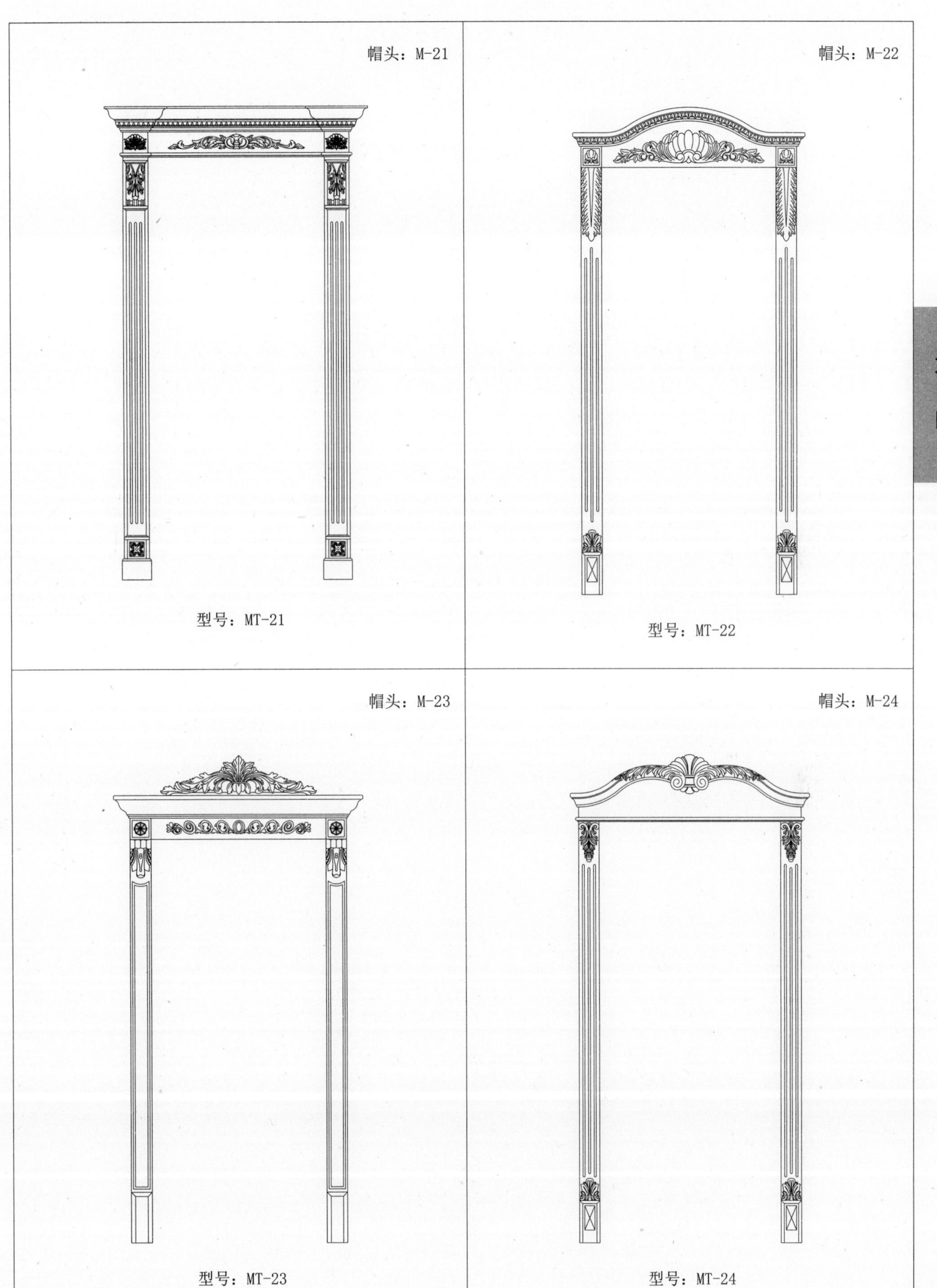
帽头：M-21
型号：MT-21
帽头：M-22
型号：MT-22
帽头：M-23
型号：MT-23
帽头：M-24
型号：MT-24

第十五节 对开帽头（门头）

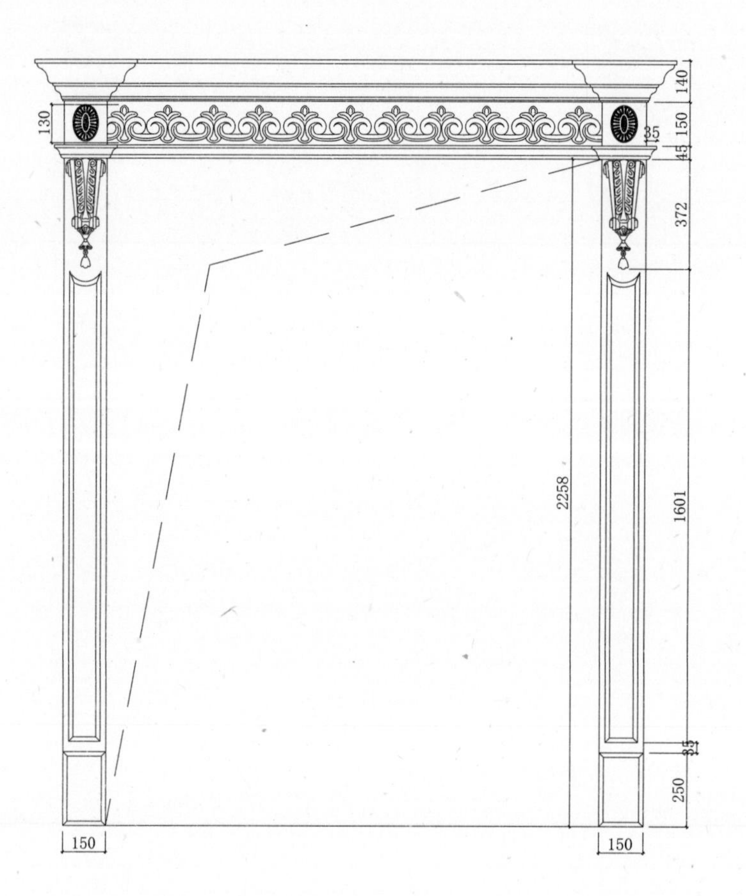

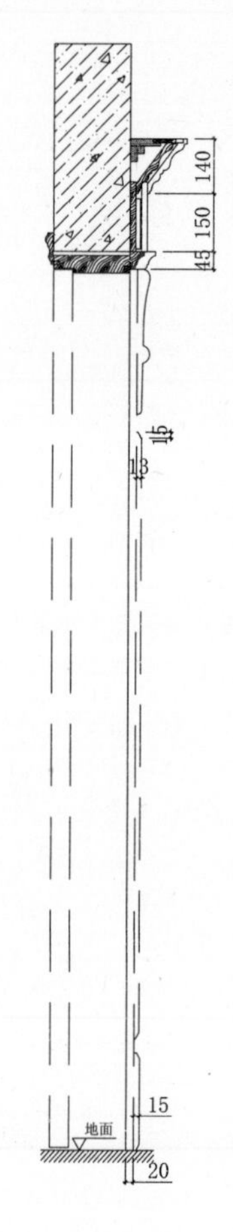

门头规格参数(单位：mm)			
产品型号	YKT-001	柱托花型号	---------
顶线型号		柱托规格	---------
罗马柱型号	**R	雕花板型号	---------
罗马柱规格	150×20	雕花板规格	---------
配件规格	--------	配件规格	---------

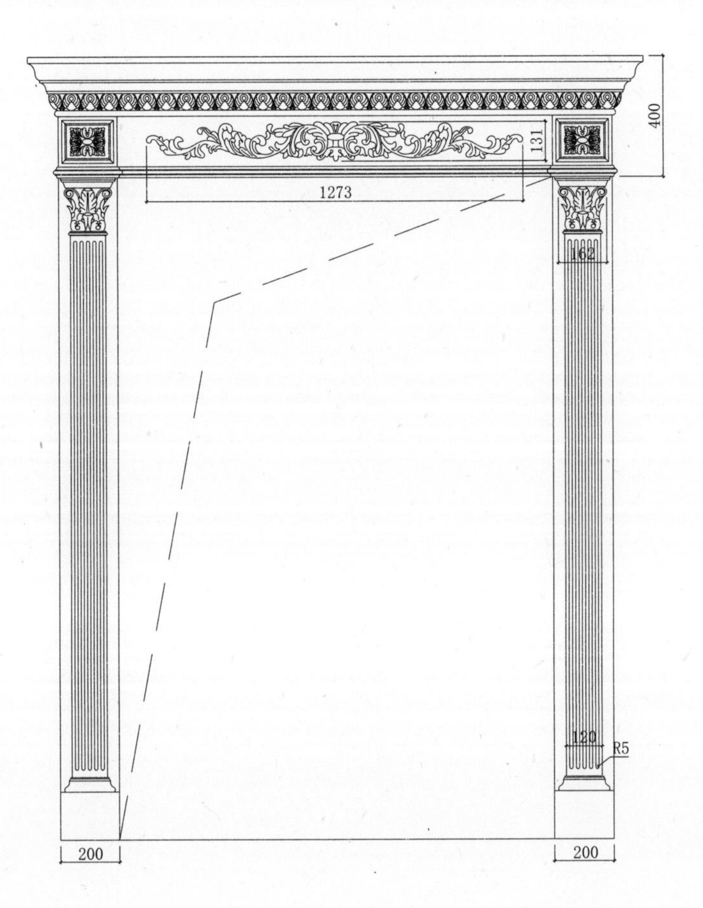

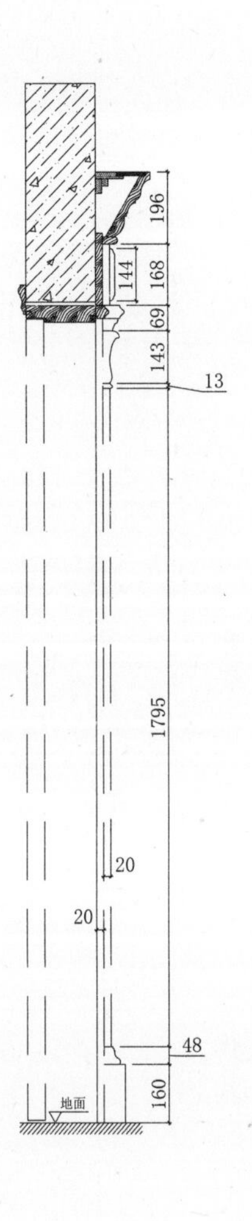

门头规格参数(单位：mm)			
产品型号	YKT-002	柱托花型号	---------
顶线型号		柱托规格	---------
罗马柱型号	**R	雕花板型号	---------
罗马柱规格	200×20	雕花板规格	---------
配件规格	--------	配件规格	---------

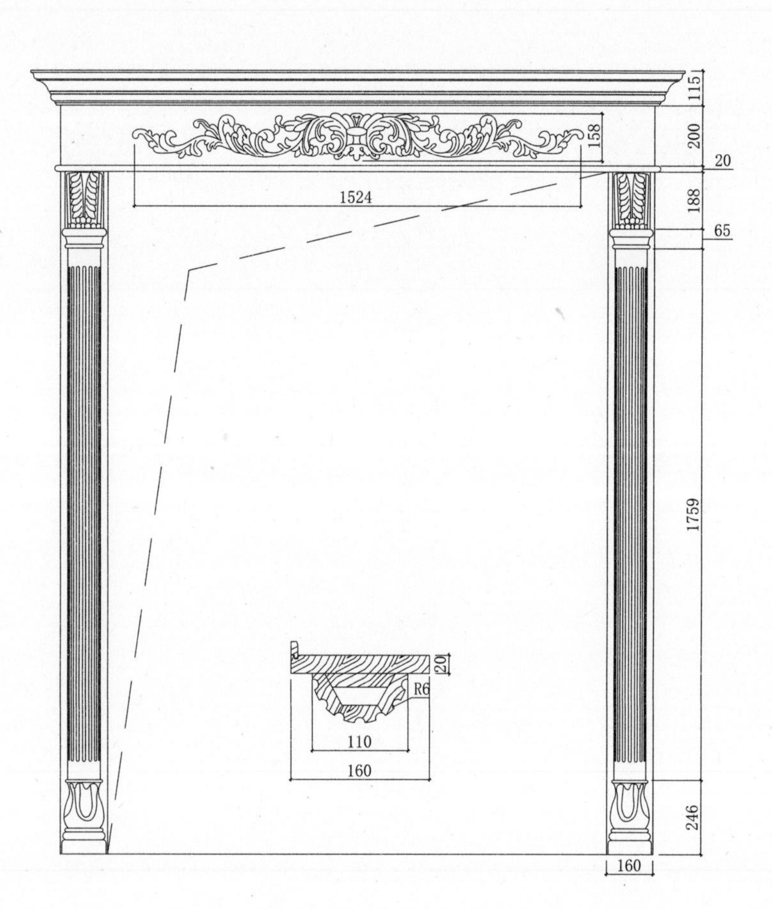

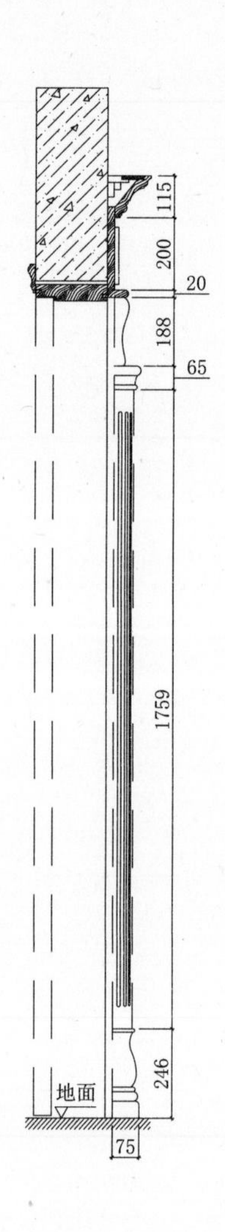

门头规格参数(单位：mm)			
产品型号	YKT-003	柱托花型号	--------
顶线型号		柱托规格	--------
罗马柱型号	**R	雕花板型号	--------
罗马柱规格	160×20	雕花板规格	--------
配件规格	--------	配件规格	--------

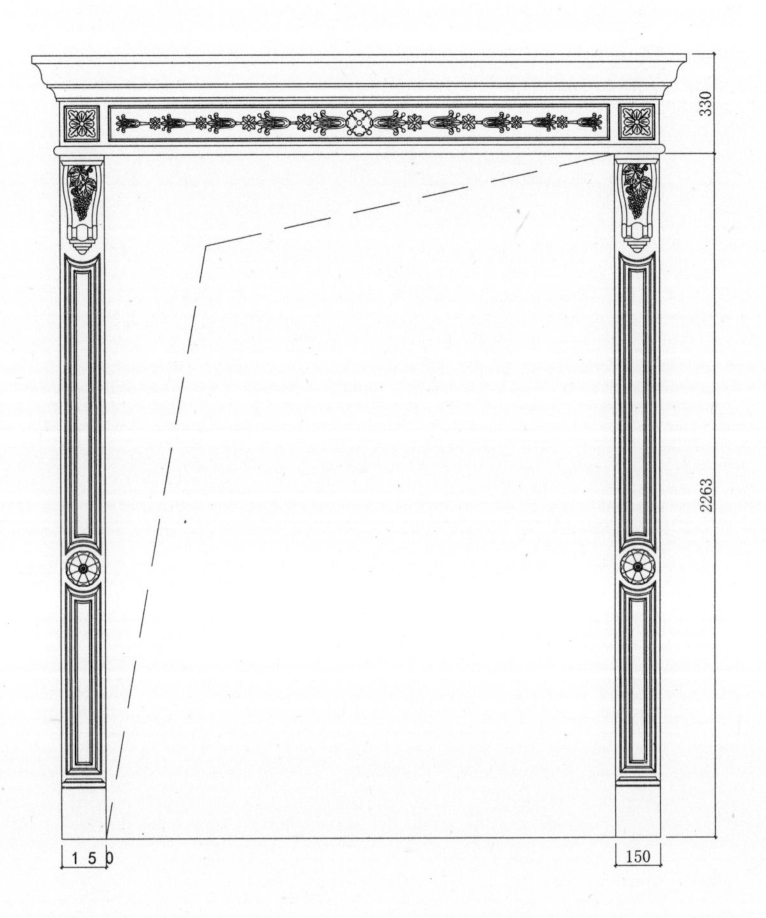

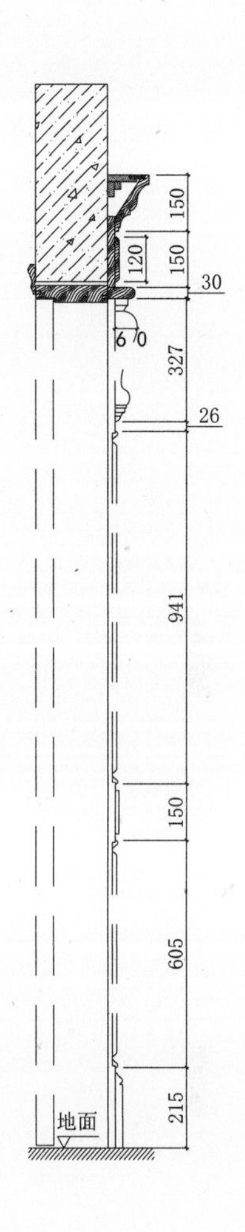

门头规格参数(单位：mm)			
产品型号	YKT-004	柱托花型号	--------
顶线型号		柱托规格	--------
罗马柱型号	**R	雕花板型号	--------
罗马柱规格	150×20	雕花板规格	--------
配件规格	--------	配件规格	--------

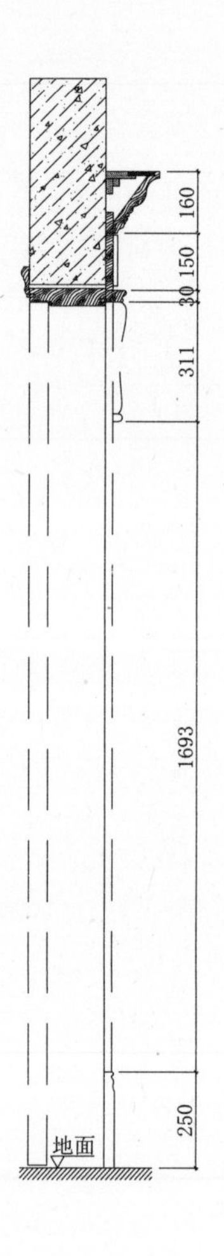

门头规格参数(单位：mm)			
产品型号	YKT-005	柱托花型号	--------
顶线型号		柱托规格	--------
罗马柱型号	**R	雕花板型号	--------
罗马柱规格	215×20	雕花板规格	--------
配件规格	--------	配件规格	--------

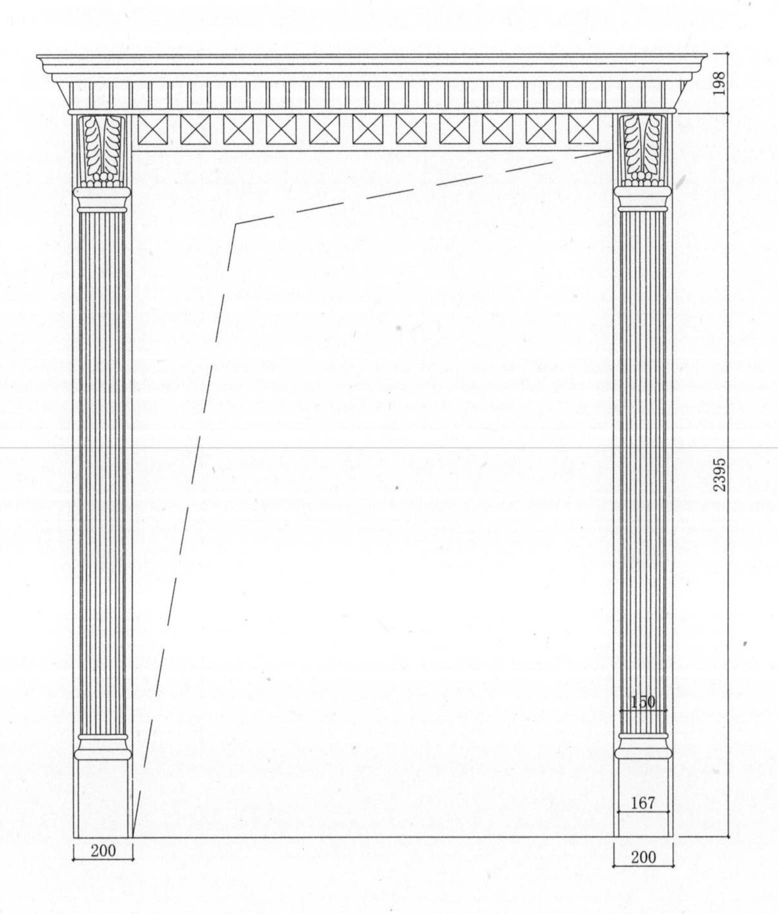

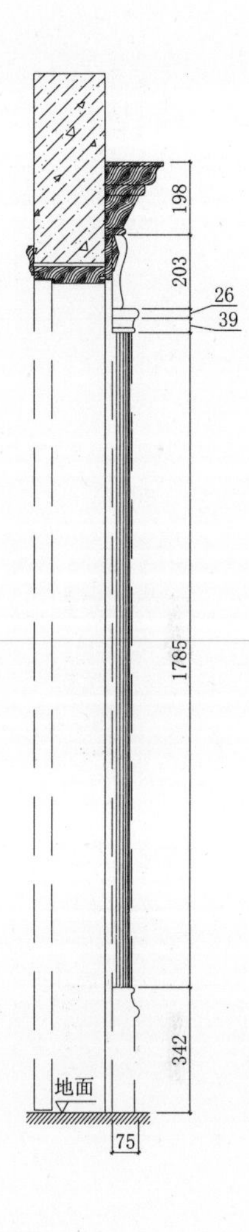

门头规格参数(单位：mm)			
产品型号	YKT-006	柱托花型号	--------
顶线型号		柱托规格	--------
罗马柱型号	**R	雕花板型号	--------
罗马柱规格	200×20	雕花板规格	--------
配件规格	--------	配件规格	--------

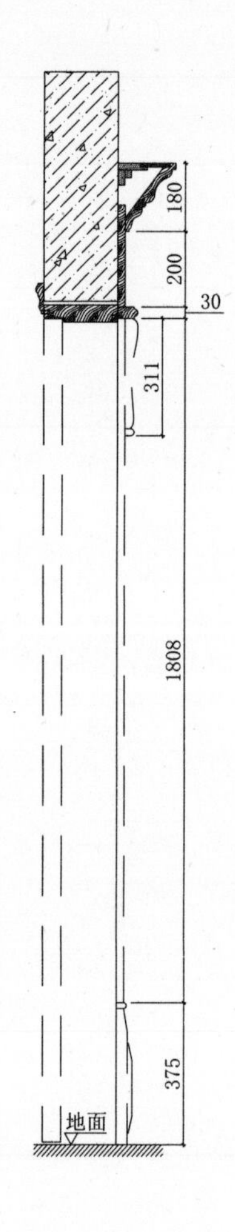

门头规格参数(单位：mm)			
产品型号	YKT-007	柱托花型号	--------
顶线型号		柱托规格	--------
罗马柱型号	**R	雕花板型号	--------
罗马柱规格	220×20	雕花板规格	--------
配件规格	--------	配件规格	--------

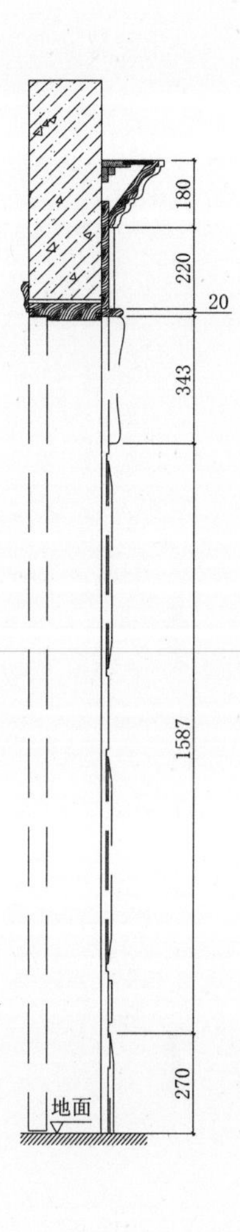

门头规格参数(单位：mm)			
产品型号	YKT-008	柱托花型号	--------
顶线型号		柱托规格	--------
罗马柱型号	**R	雕花板型号	--------
罗马柱规格	220×20	雕花板规格	--------
配件规格	--------	配件规格	--------

木门

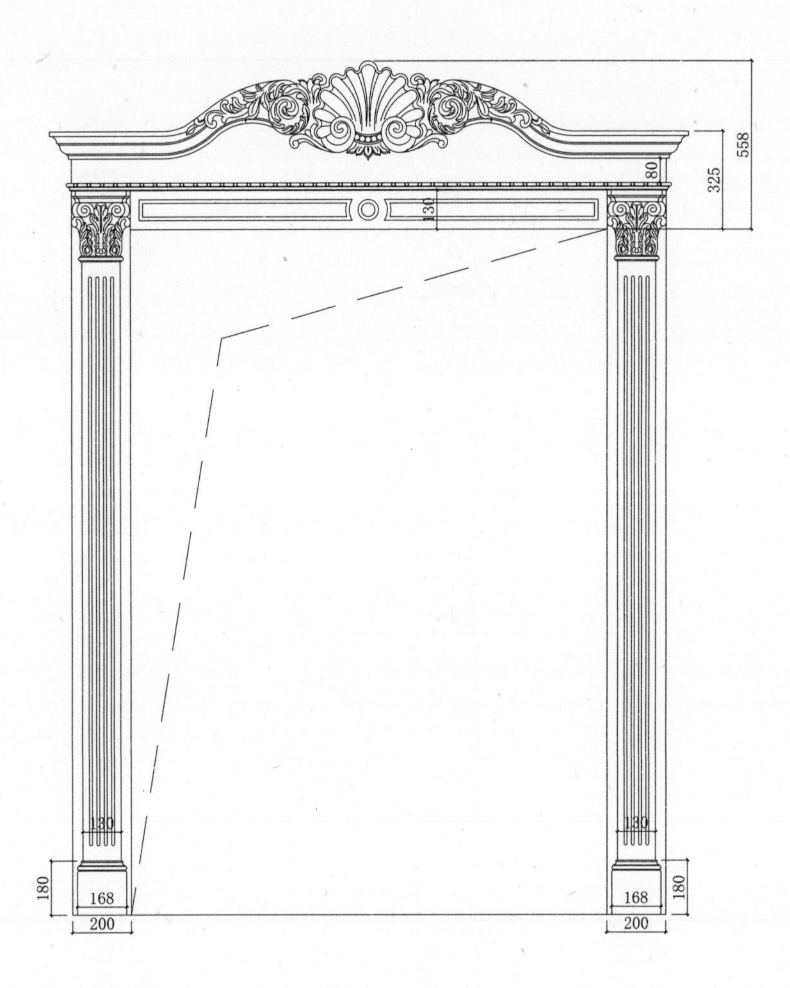

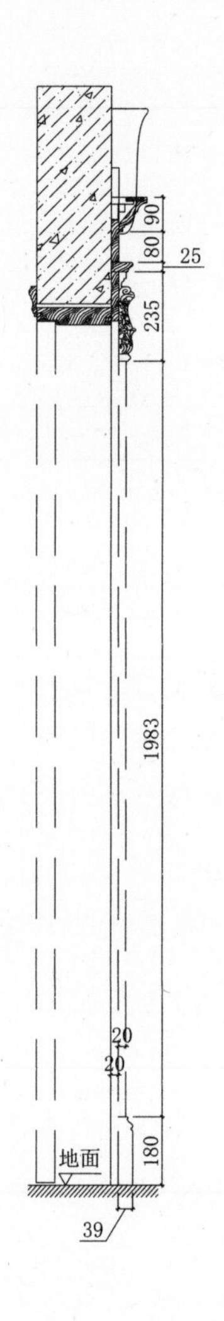

门头规格参数(单位：mm)			
产品型号	YKT-009	柱托花型号	--------
顶线型号		柱托规格	--------
罗马柱型号	**R	雕花板型号	--------
罗马柱规格	200×20	雕花板规格	--------
配件规格	--------	配件规格	--------

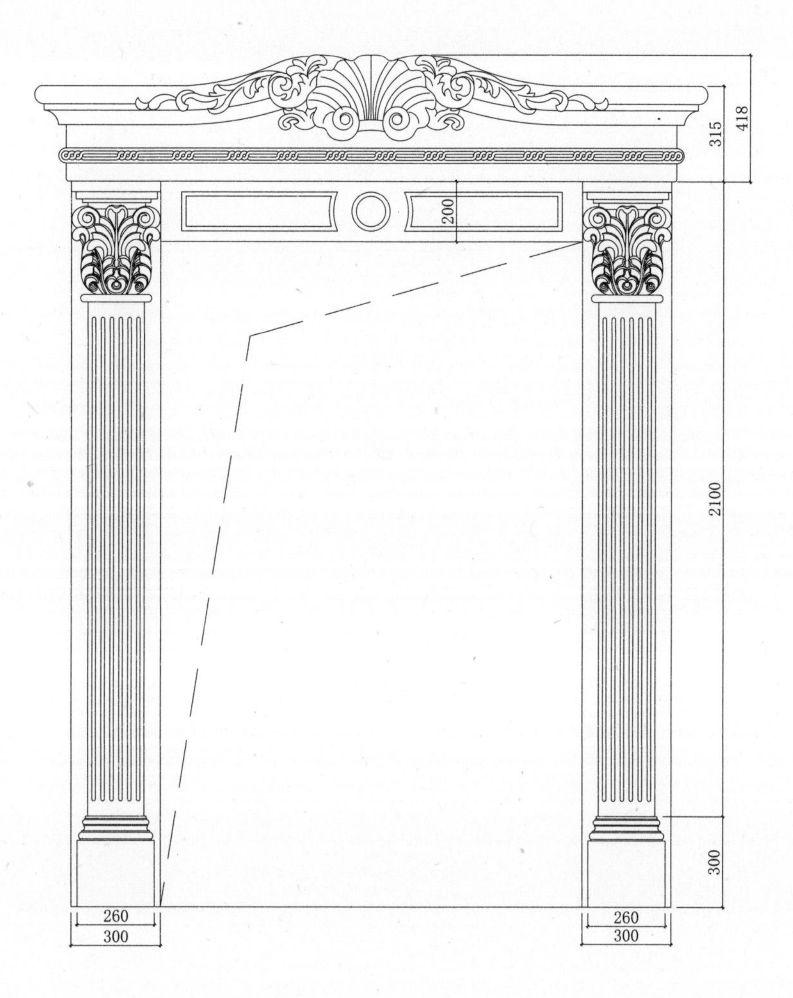

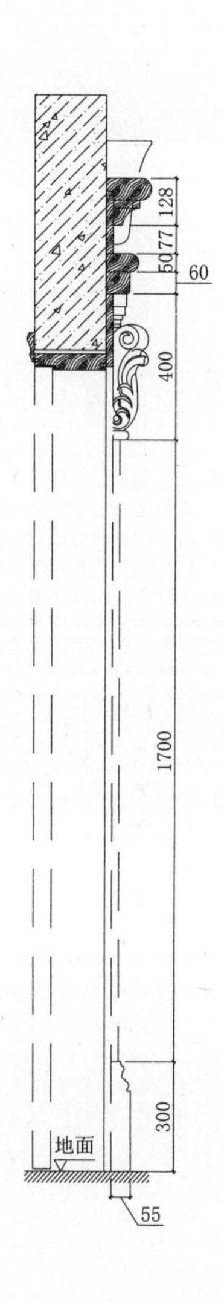

木门

门头规格参数(单位：mm)			
产品型号	YKT-010	柱托花型号	--------
顶线型号		柱托规格	--------
罗马柱型号	**R	雕花板型号	--------
罗马柱规格	300×20	雕花板规格	--------
配件规格	--------	配件规格	--------

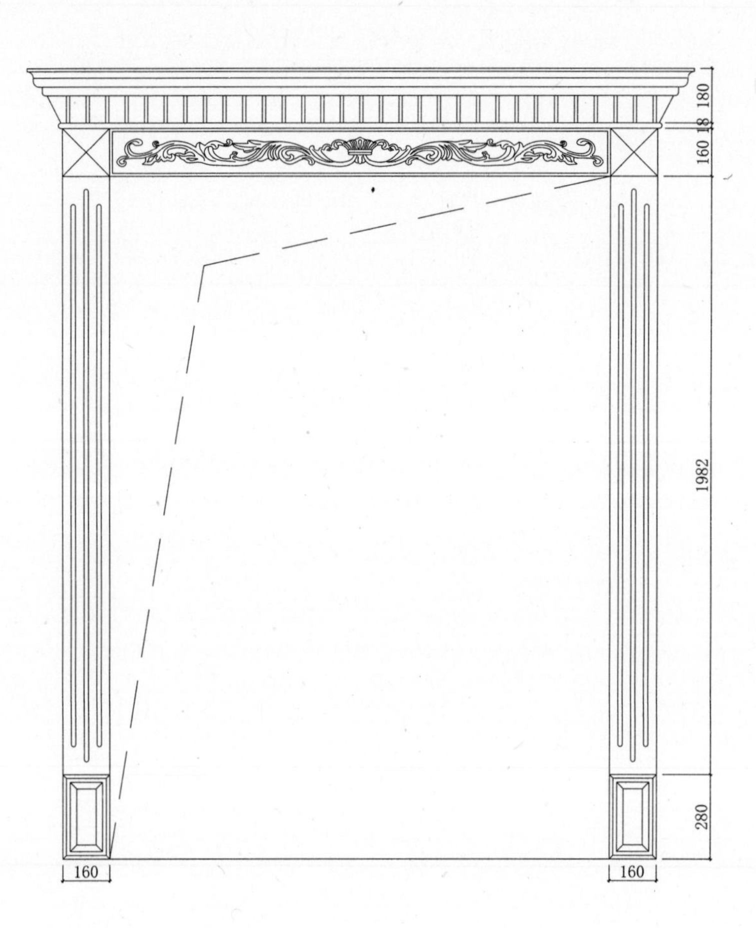

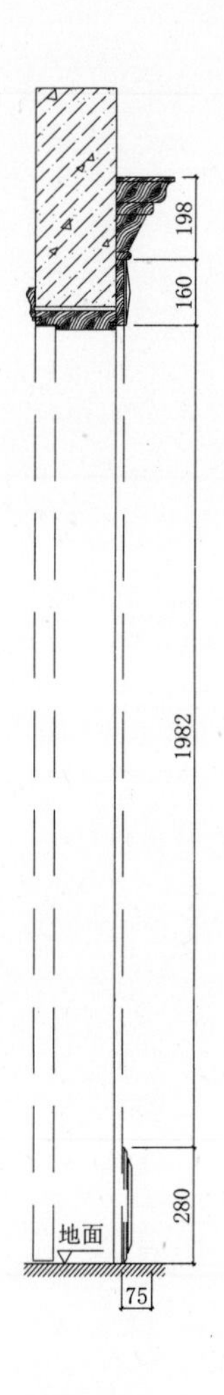

门头规格参数(单位：mm)			
产品型号	YKT-011	柱托花型号	--------
顶线型号		柱托规格	--------
罗马柱型号	**R	雕花板型号	--------
罗马柱规格	160×20	雕花板规格	--------
配件规格	--------	配件规格	--------

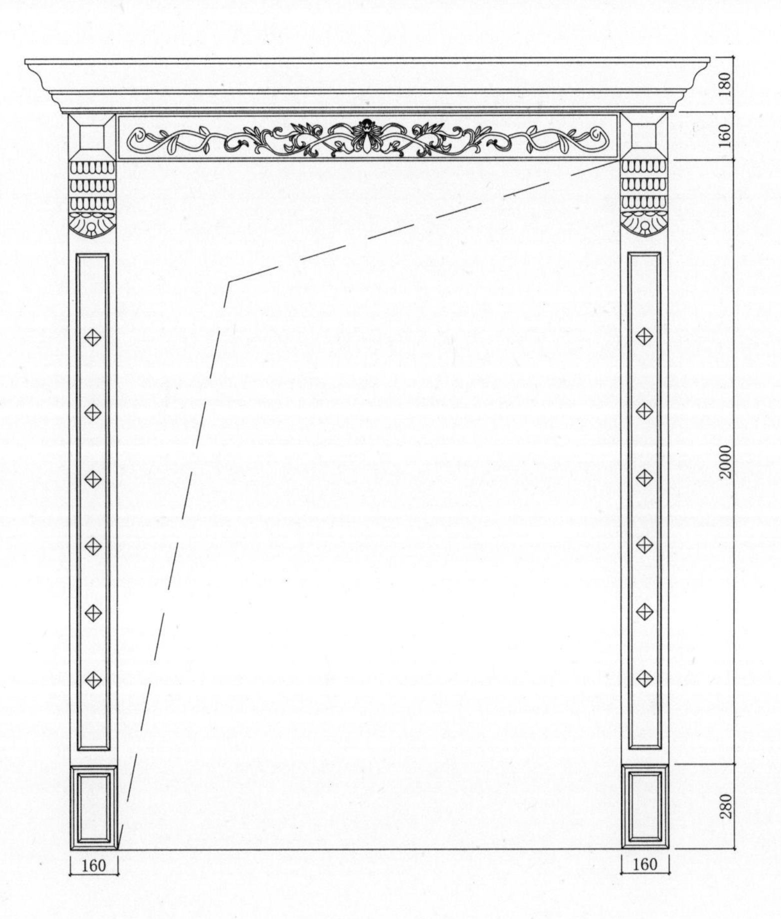

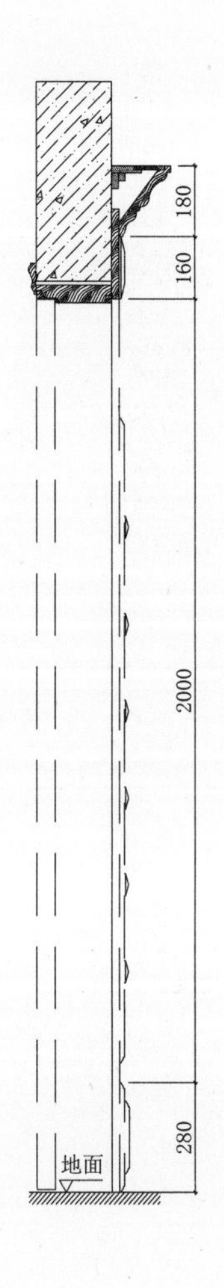

门头规格参数(单位：mm)			
产品型号	YKT-012	柱托花型号	--------
顶线型号		柱托规格	--------
罗马柱型号	**R	雕花板型号	--------
罗马柱规格	160×20	雕花板规格	--------
配件规格	--------	配件规格	--------

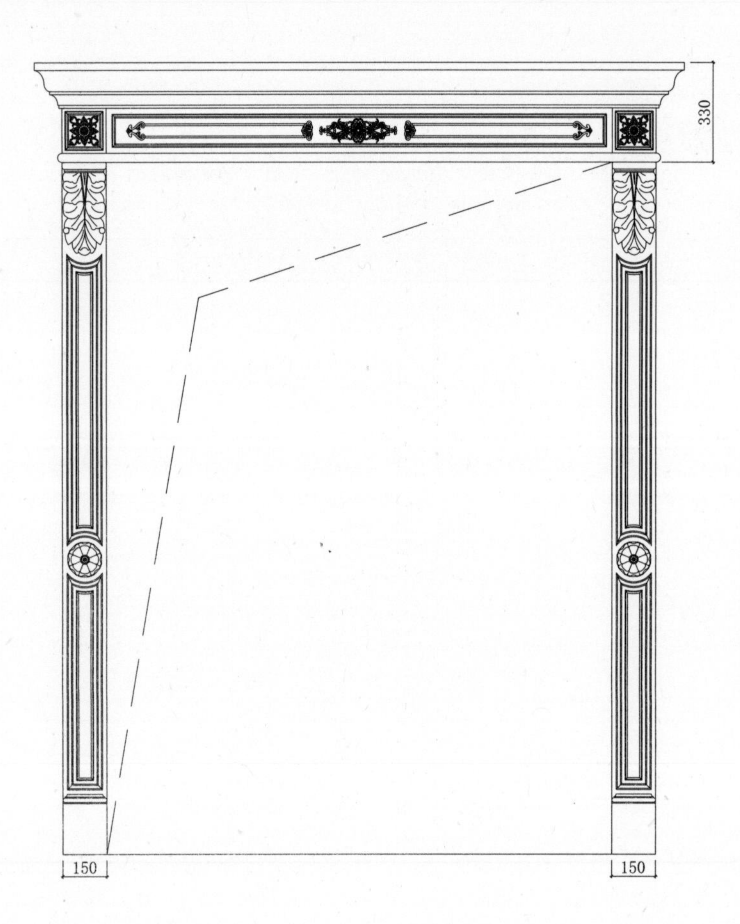

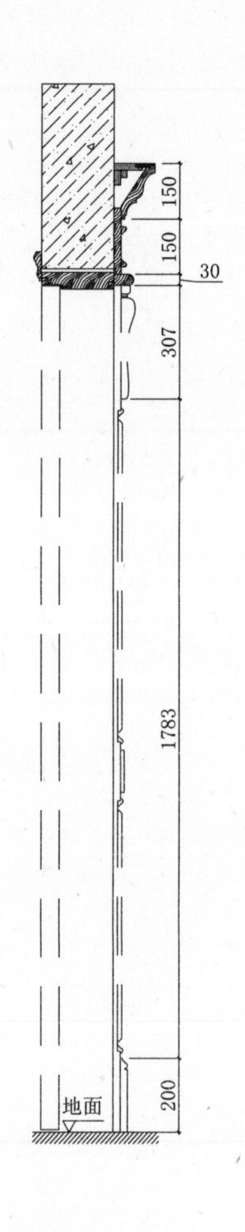

门头规格参数(单位：mm)			
产品型号	YKT-013	柱托花型号	--------
顶线型号		柱托规格	--------
罗马柱型号	**R	雕花板型号	--------
罗马柱规格	150×20	雕花板规格	--------
配件规格	--------	配件规格	--------

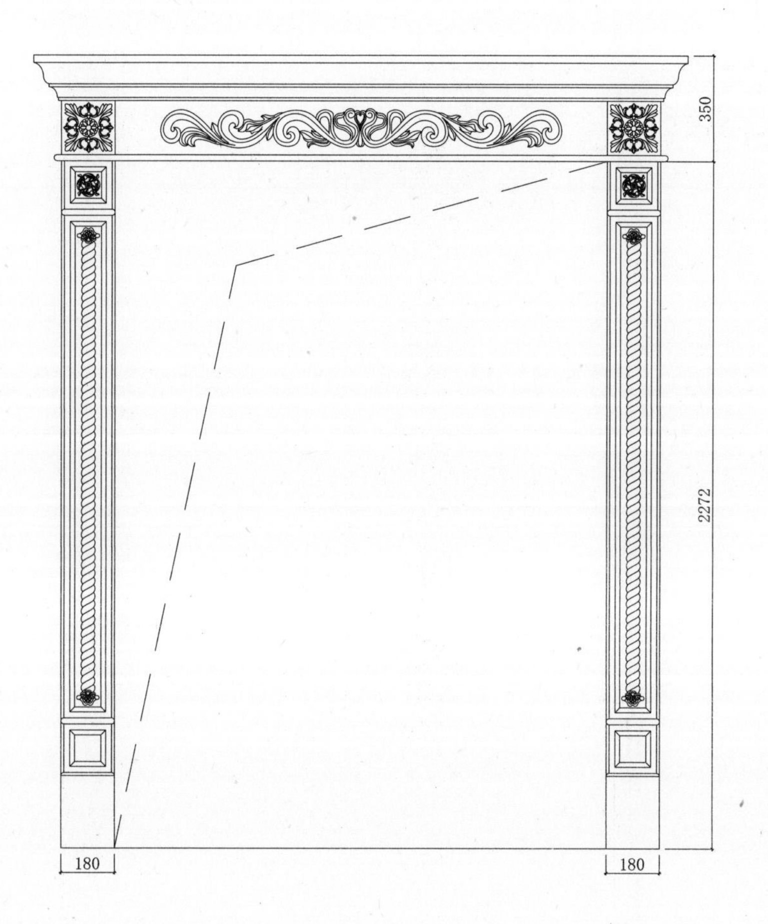

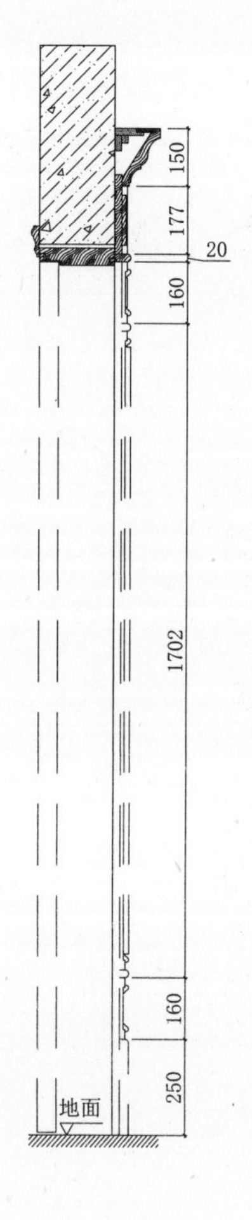

门头规格参数(单位：mm)			
产品型号	YKT-014	柱托花型号	---------
顶线型号		柱托规格	---------
罗马柱型号	**R	雕花板型号	---------
罗马柱规格	180×20	雕花板规格	---------
配件规格	---------	配件规格	---------

木门

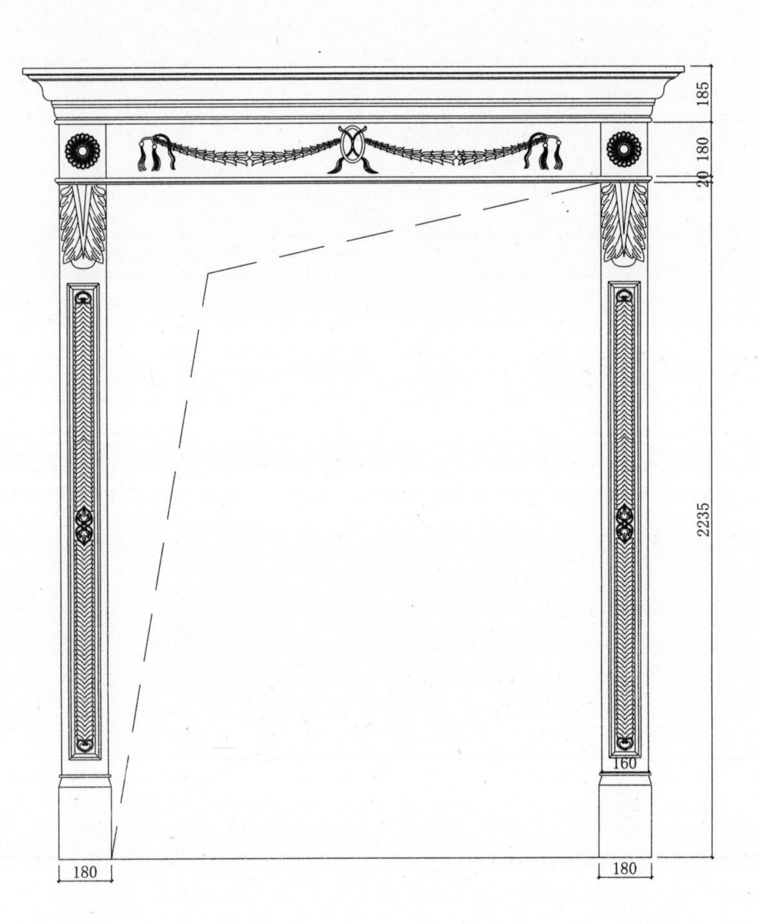

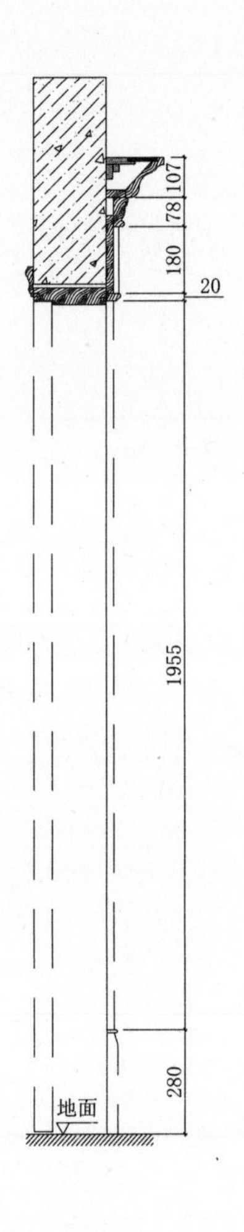

门头规格参数(单位：mm)			
产品型号	YKT-015	柱托花型号	--------
顶线型号		柱托规格	--------
罗马柱型号	**R	雕花板型号	--------
罗马柱规格	180×20	雕花板规格	--------
配件规格	--------	配件规格	--------

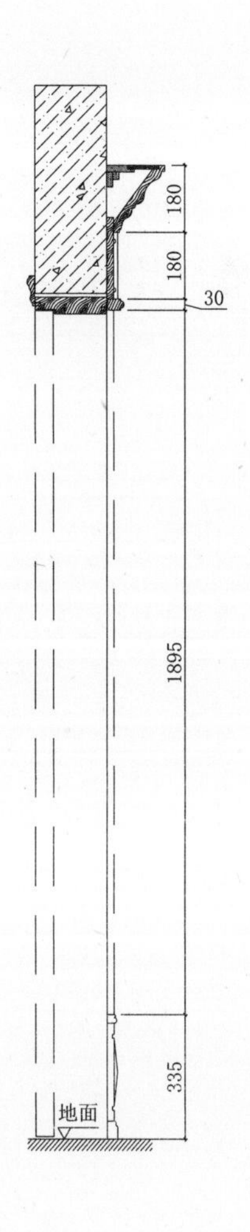

门头规格参数(单位：mm)			
产品型号	YKT-016	柱托花型号	--------
顶线型号		柱托规格	--------
罗马柱型号	**R	雕花板型号	--------
罗马柱规格	200×20	雕花板规格	--------
配件规格	---------	配件规格	--------

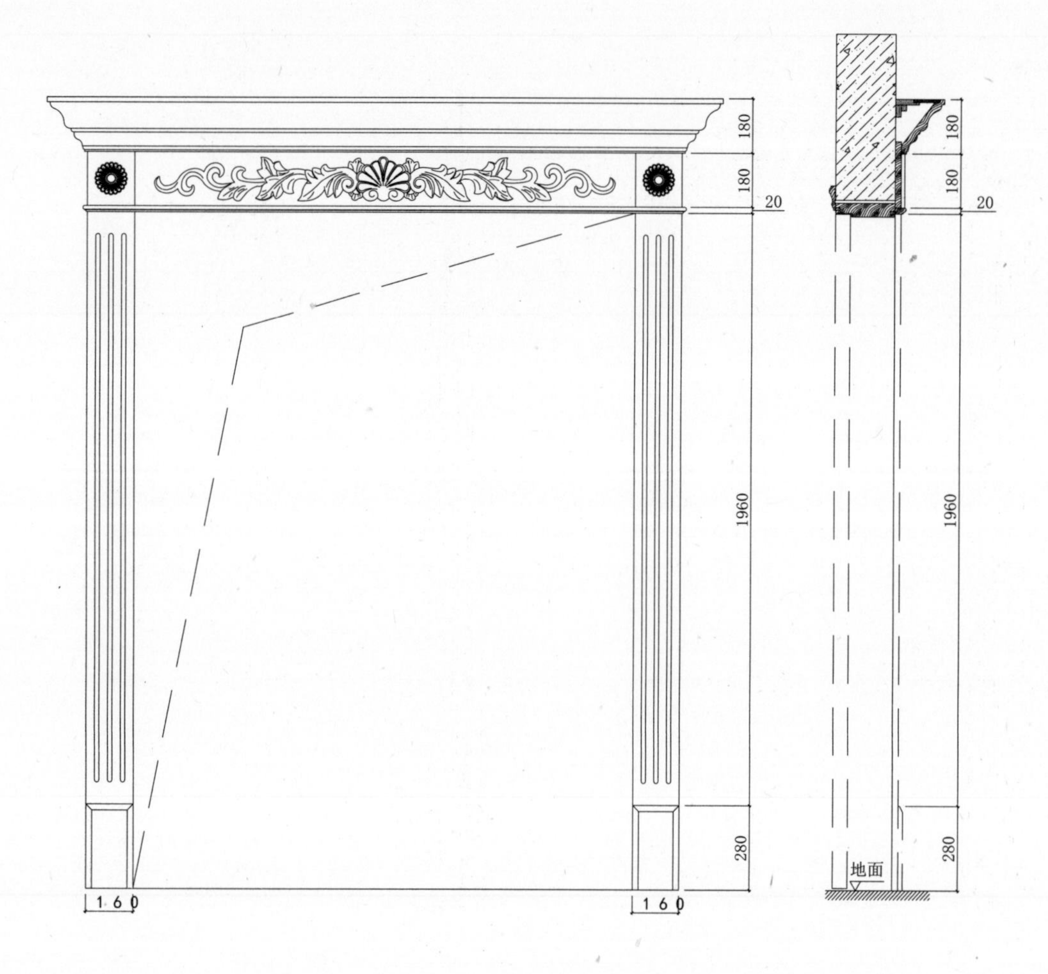

门头规格参数(单位：mm)			
产品型号	YKT-017	柱托花型号	--------
顶线型号		柱托规格	--------
罗马柱型号	**R	雕花板型号	--------
罗马柱规格	160×20	雕花板规格	--------
配件规格	--------	配件规格	--------

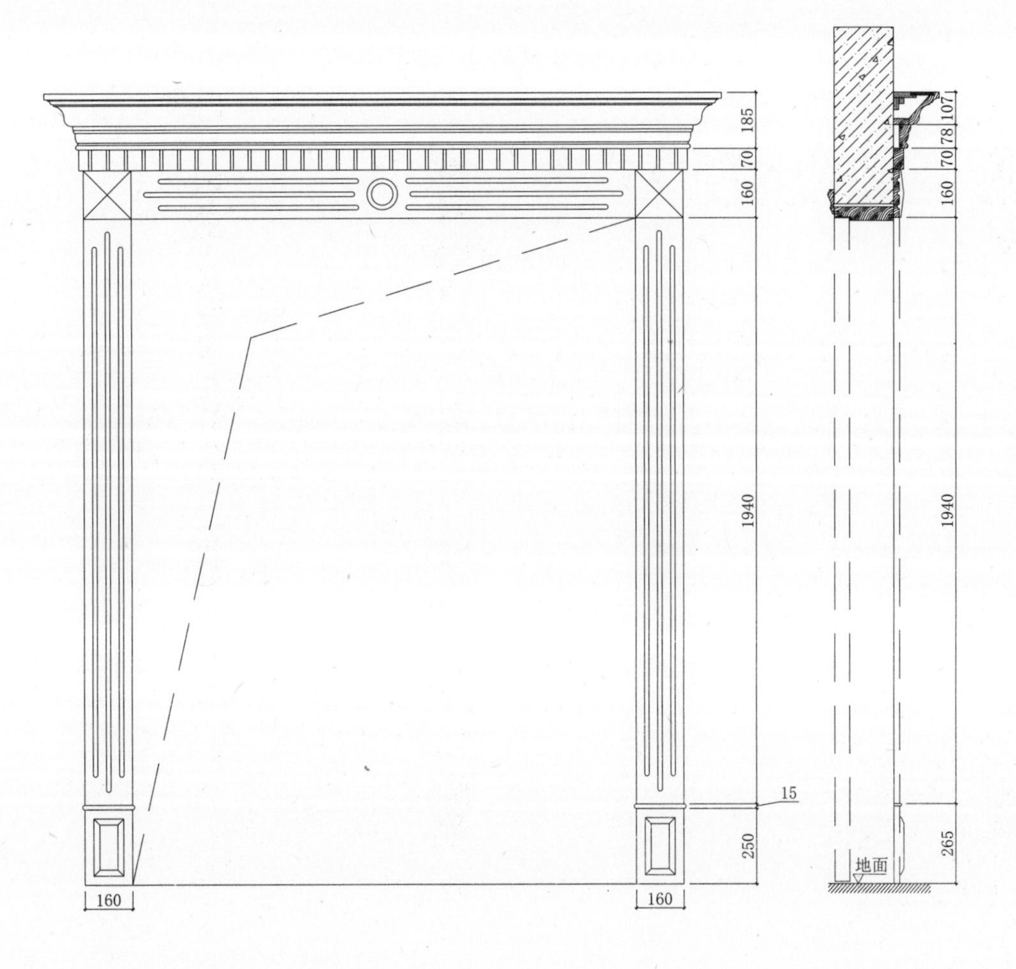

门头规格参数(单位：mm)			
产品型号	YKT-018	柱托花型号	--------
顶线型号		柱托规格	--------
罗马柱型号	**R	雕花板型号	--------
罗马柱规格	160×20	雕花板规格	--------
配件规格	--------	配件规格	--------

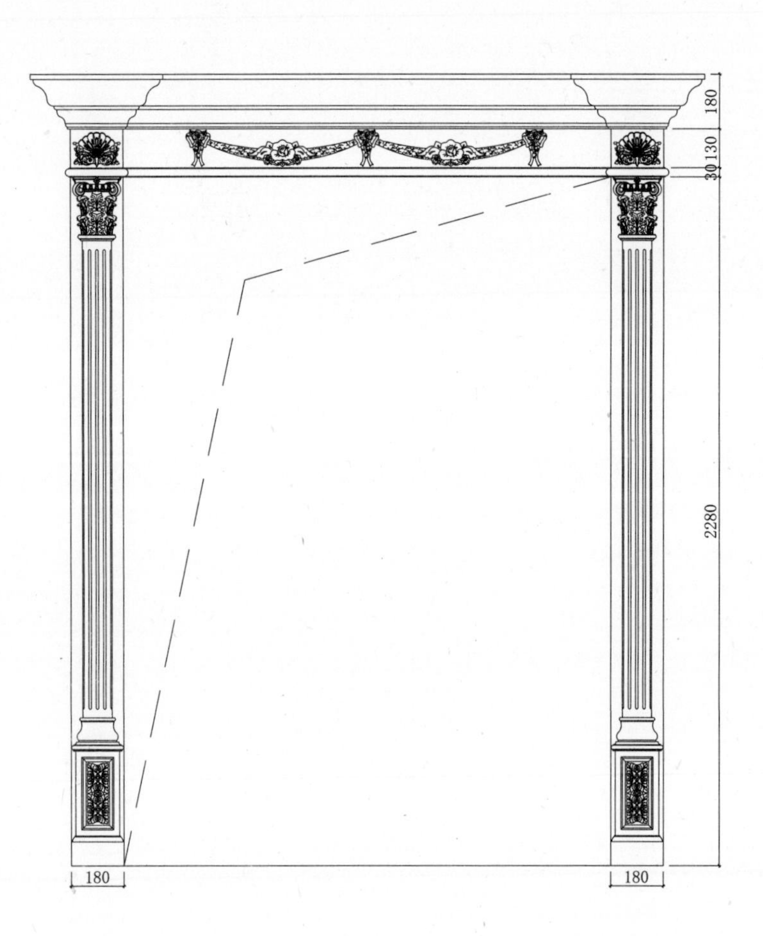

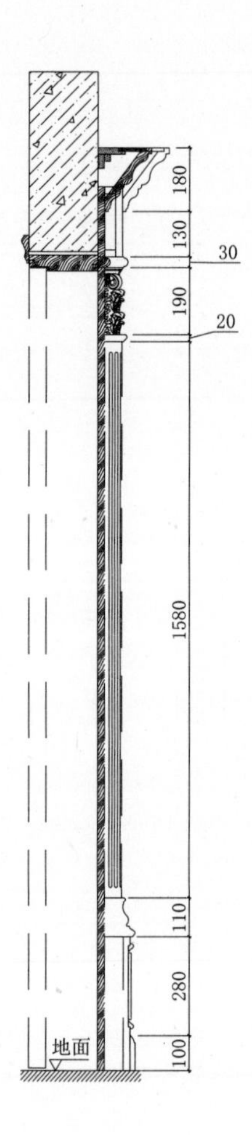

门头规格参数(单位：mm)			
产品型号	YKT-019	柱托花型号	--------
顶线型号		柱托规格	--------
罗马柱型号	**R	雕花板型号	--------
罗马柱规格	180×20	雕花板规格	--------
配件规格	--------	配件规格	--------

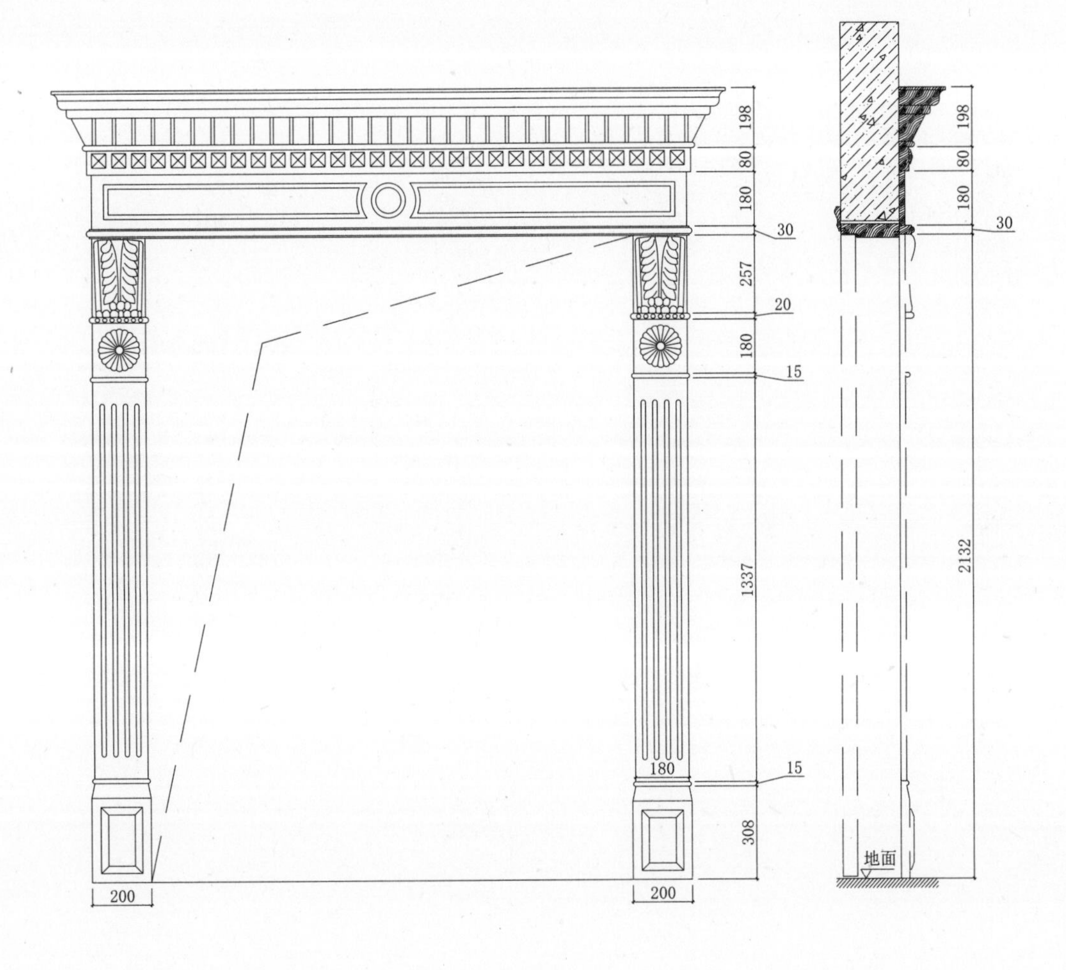

门头规格参数(单位：mm)			
产品型号	YKT-020	柱托花型号	--------
顶线型号		柱托规格	--------
罗马柱型号	**R	雕花板型号	--------
罗马柱规格	200×20	雕花板规格	--------
配件规格	--------	配件规格	--------

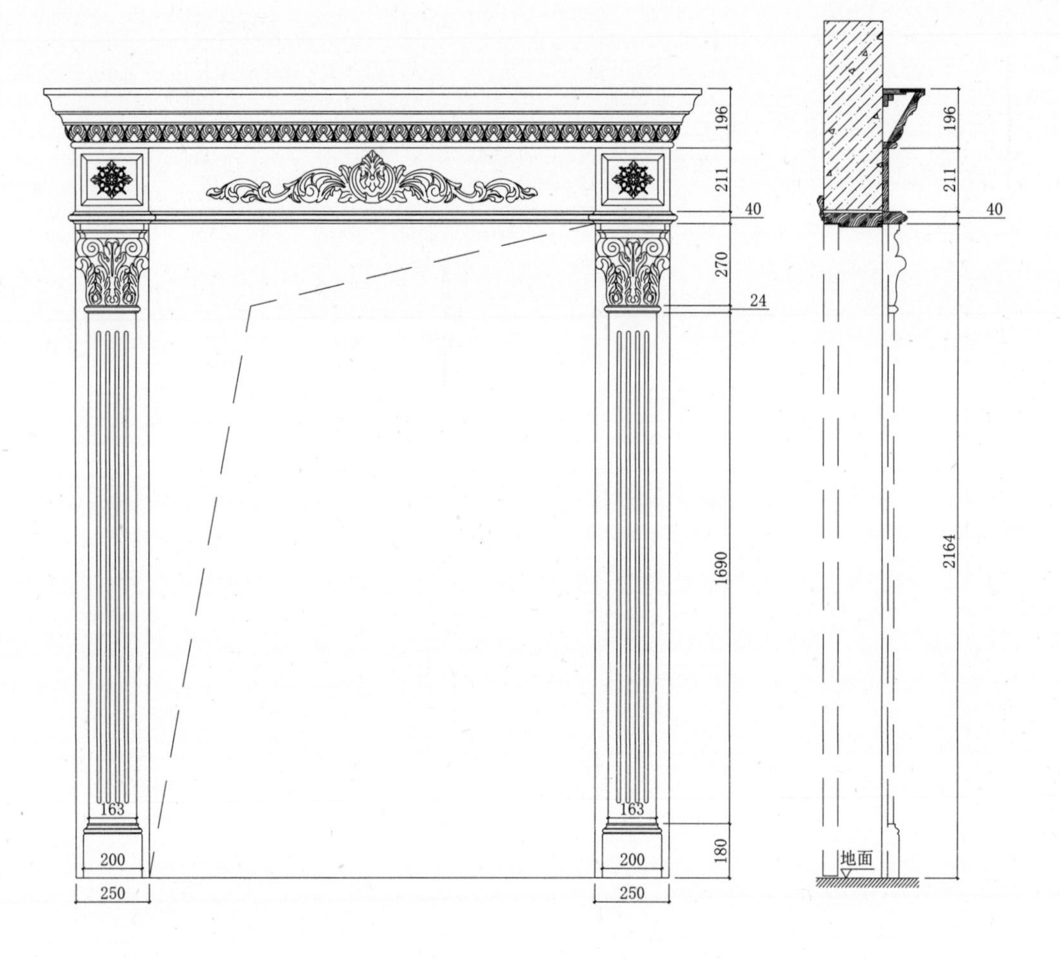

门头规格参数(单位：mm)			
产品型号	YKT-021	柱托花型号	--------
顶线型号		柱托规格	--------
罗马柱型号	**R	雕花板型号	--------
罗马柱规格	250×20	雕花板规格	--------
配件规格	--------	配件规格	--------

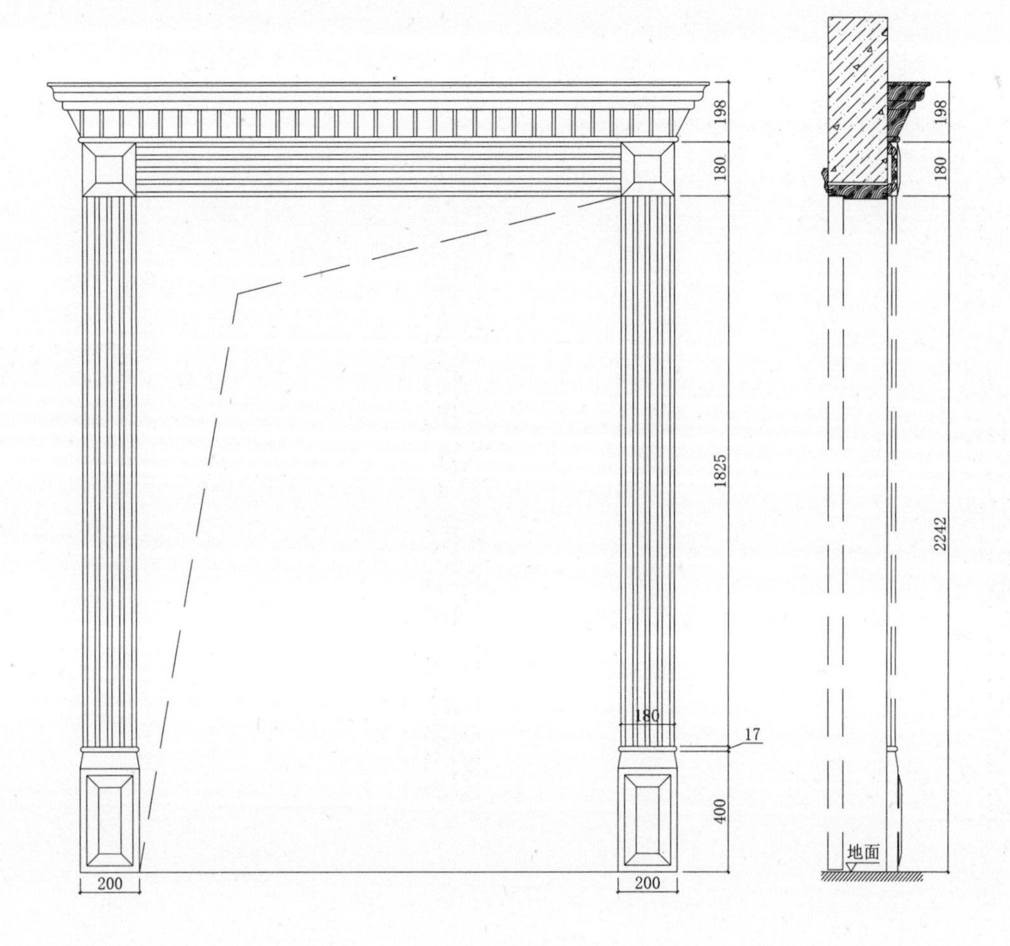

门头规格参数(单位：mm)			
产品型号	YKT-022	柱托花型号	--------
顶线型号		柱托规格	--------
罗马柱型号	**R	雕花板型号	--------
罗马柱规格	200×20	雕花板规格	--------
配件规格	--------	配件规格	--------

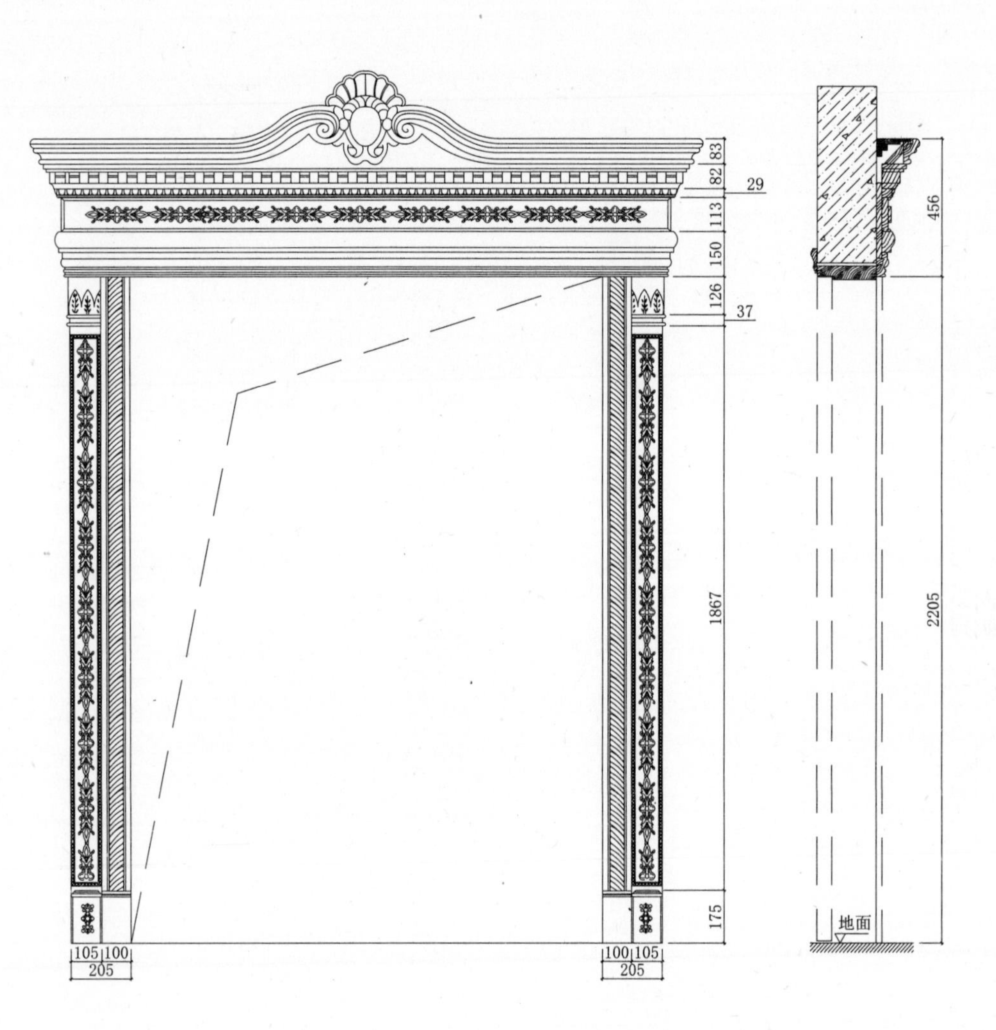

门头规格参数(单位：mm)			
产品型号	YKT-023	柱托花型号	--------
顶线型号		柱托规格	--------
罗马柱型号	**R	雕花板型号	--------
罗马柱规格	205×20	雕花板规格	--------
配件规格	---------	配件规格	--------

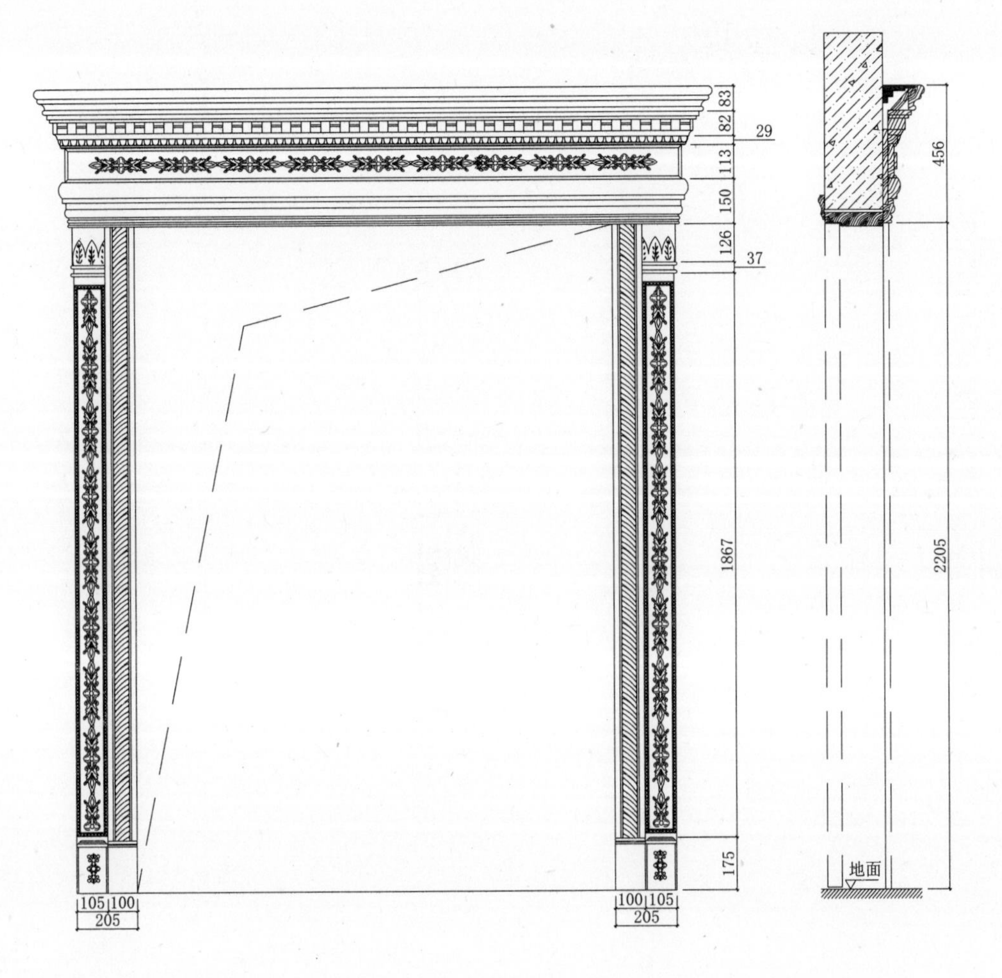

门头规格参数(单位：mm)			
产品型号	YKT-024	柱托花型号	--------
顶线型号		柱托规格	--------
罗马柱型号	**R	雕花板型号	--------
罗马柱规格	205×20	雕花板规格	--------
配件规格	--------	配件规格	--------

木门

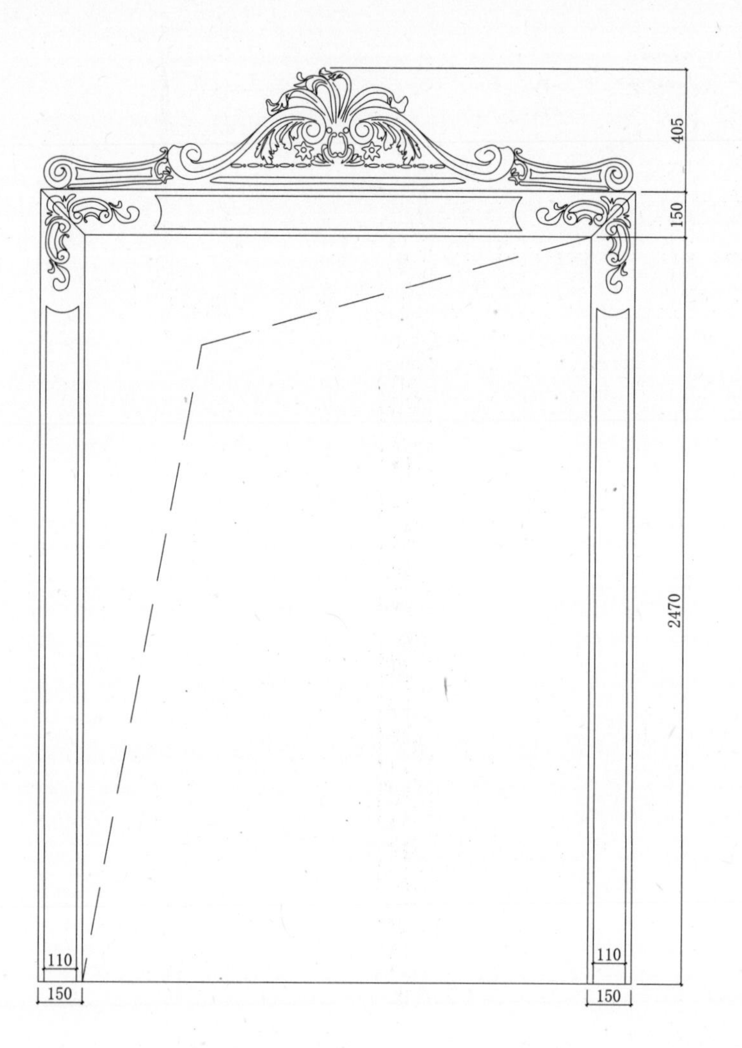

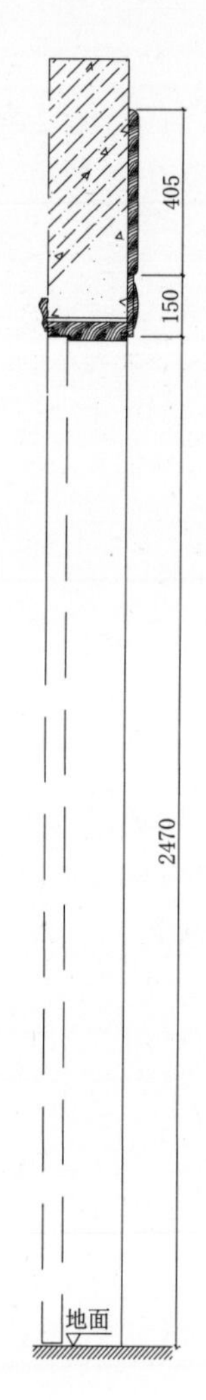

门头规格参数(单位：mm)			
产品型号	YKT-025	柱托花型号	--------
顶线型号		柱托规格	--------
罗马柱型号	**R	雕花板型号	--------
罗马柱规格	150×20	雕花板规格	--------
配件规格	--------	配件规格	--------

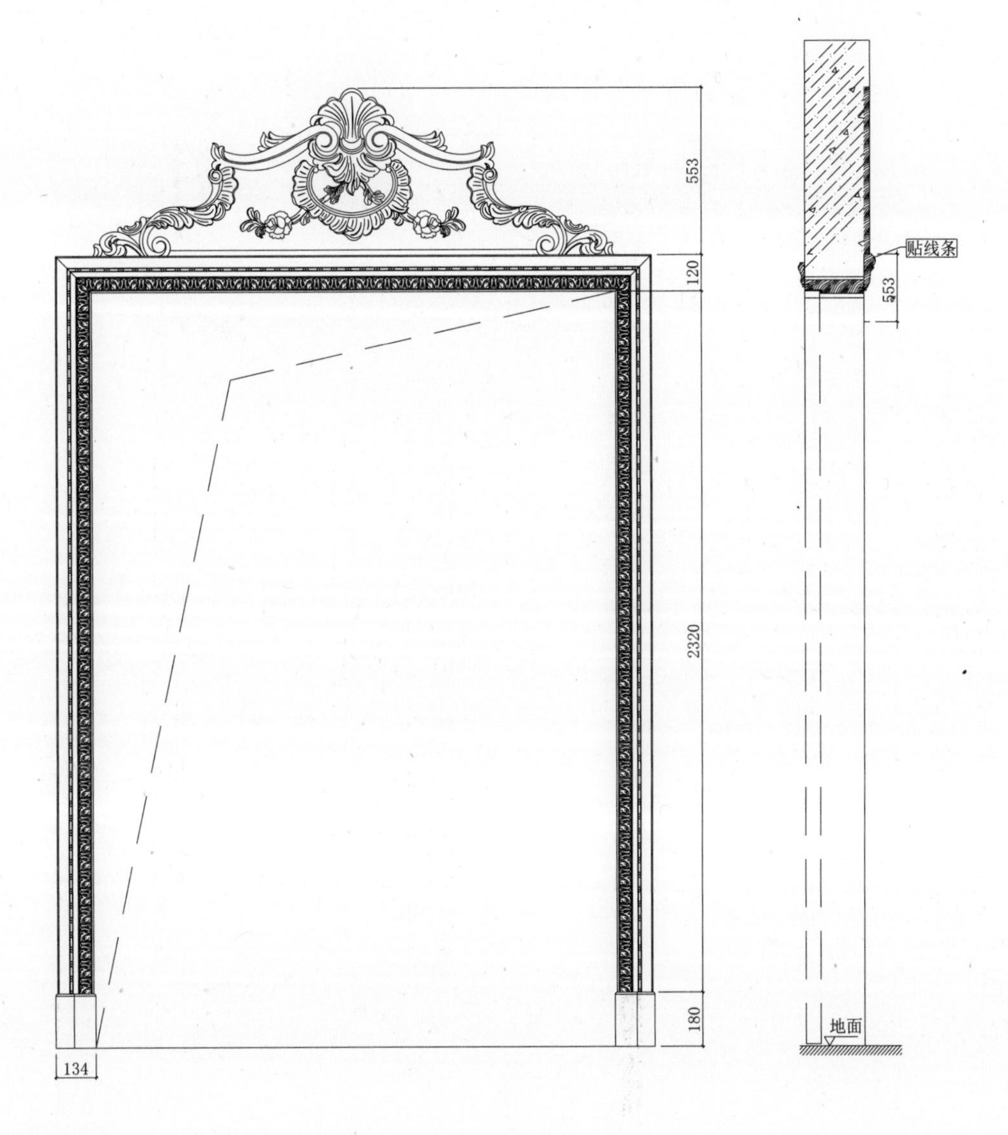

门头规格参数(单位：mm)			
产品型号	YKT-026	柱托花型号	--------
顶线型号		柱托规格	--------
罗马柱型号	**R	雕花板型号	--------
罗马柱规格	134×20	雕花板规格	--------
配件规格	--------	配件规格	--------

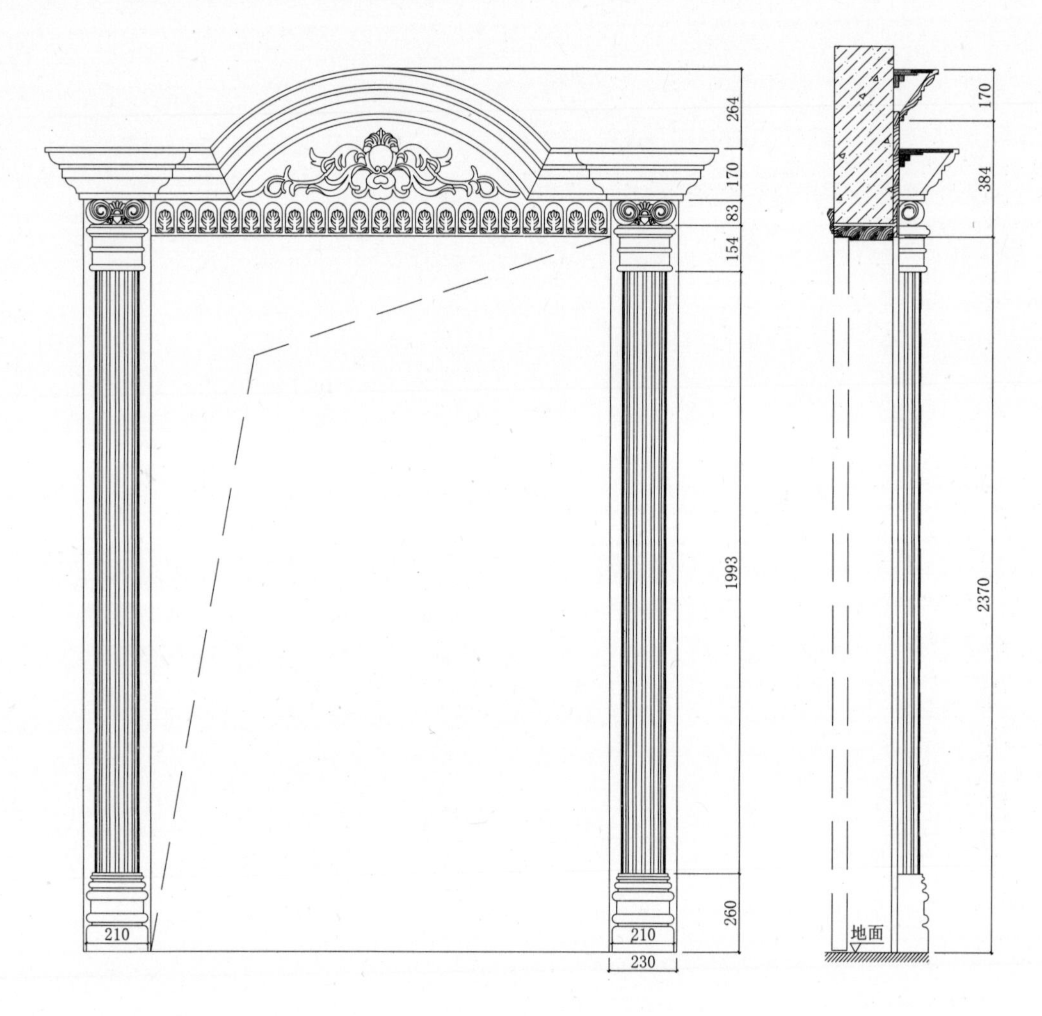

门头规格参数(单位：mm)			
产品型号	YKT-027	柱托花型号	--------
顶线型号		柱托规格	--------
罗马柱型号	**R	雕花板型号	--------
罗马柱规格	230×20	雕花板规格	--------
配件规格	--------	配件规格	--------

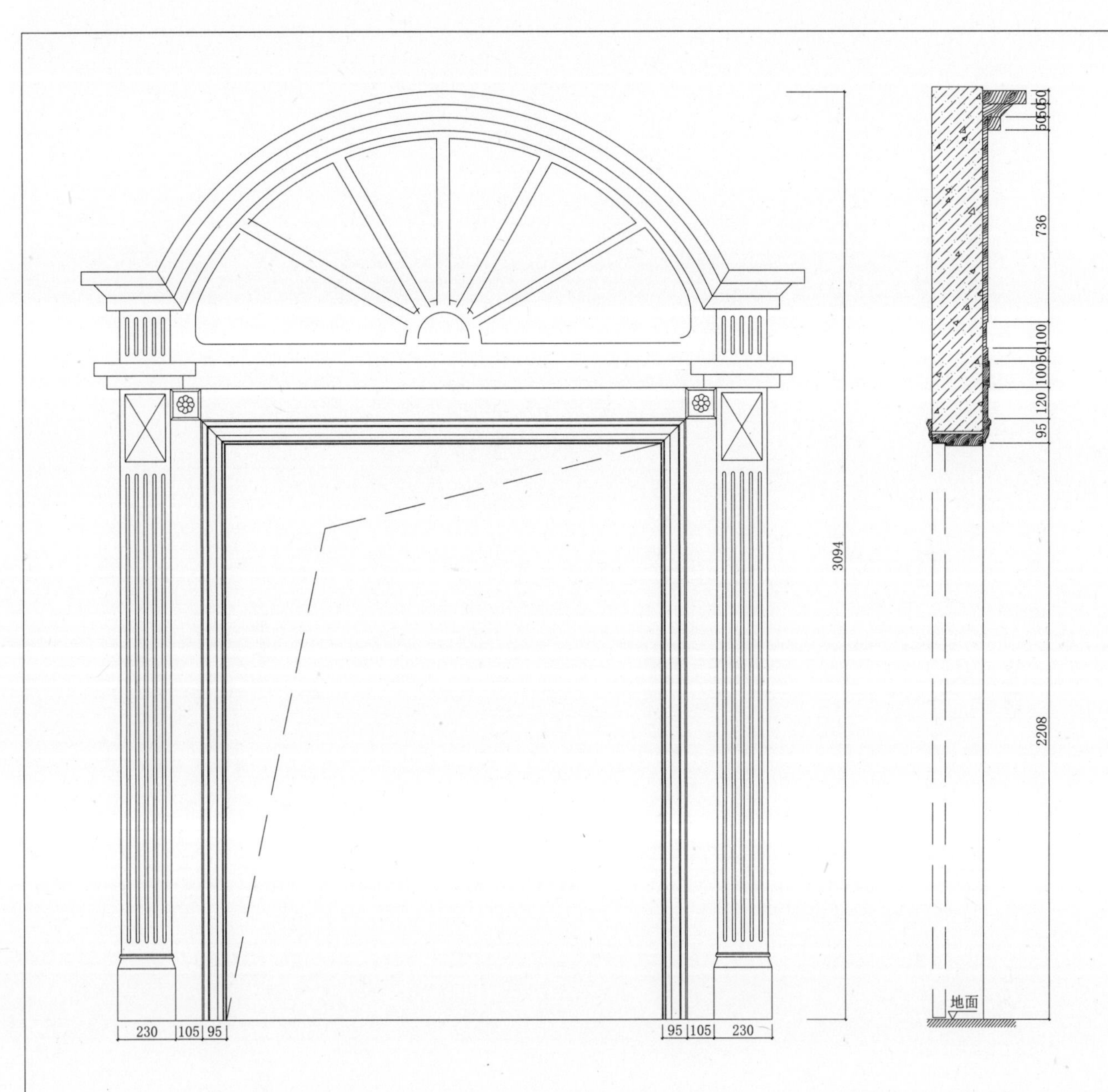

门头规格参数(单位：mm)			
产品型号	YKT-028	柱托花型号	--------
顶线型号		柱托规格	--------
罗马柱型号	**R	雕花板型号	--------
罗马柱规格	230×20	雕花板规格	--------
配件规格	--------	配件规格	--------

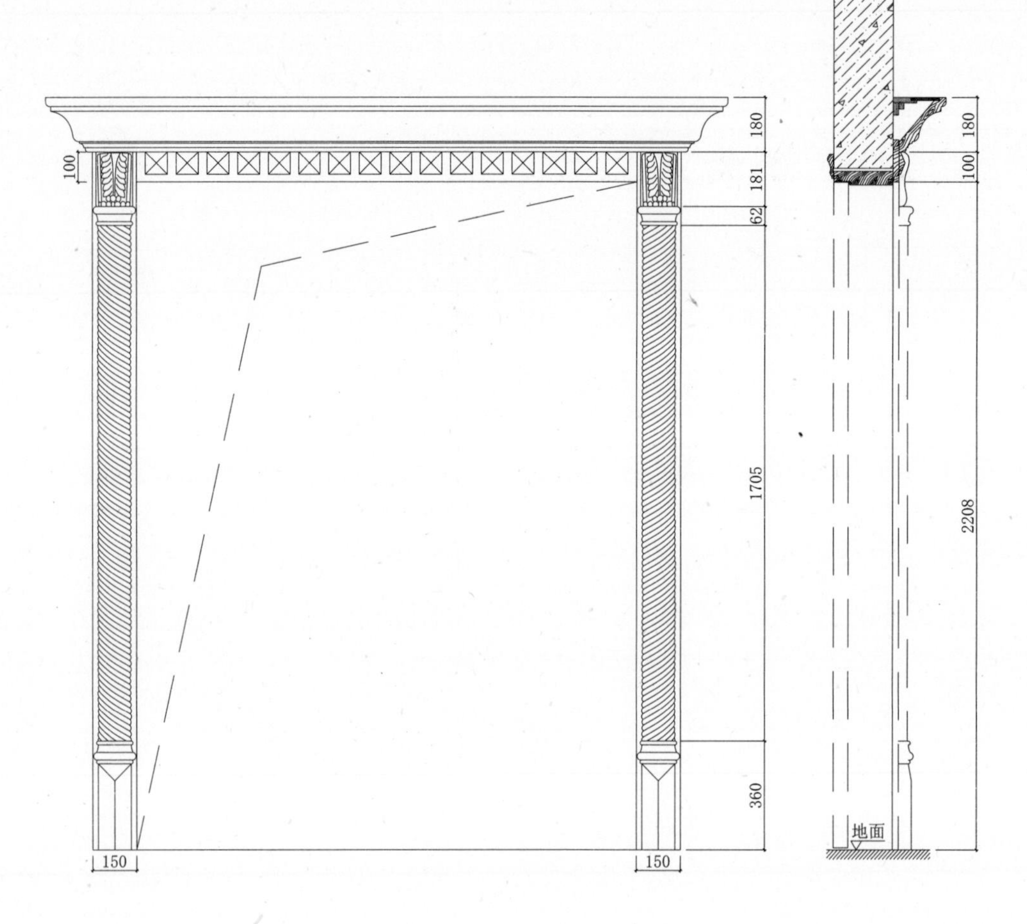

门头规格参数(单位：mm)			
产品型号	YKT-029	柱托花型号	--------
顶线型号		柱托规格	--------
罗马柱型号	**R	雕花板型号	--------
罗马柱规格	150×20	雕花板规格	--------
配件规格	--------	配件规格	--------

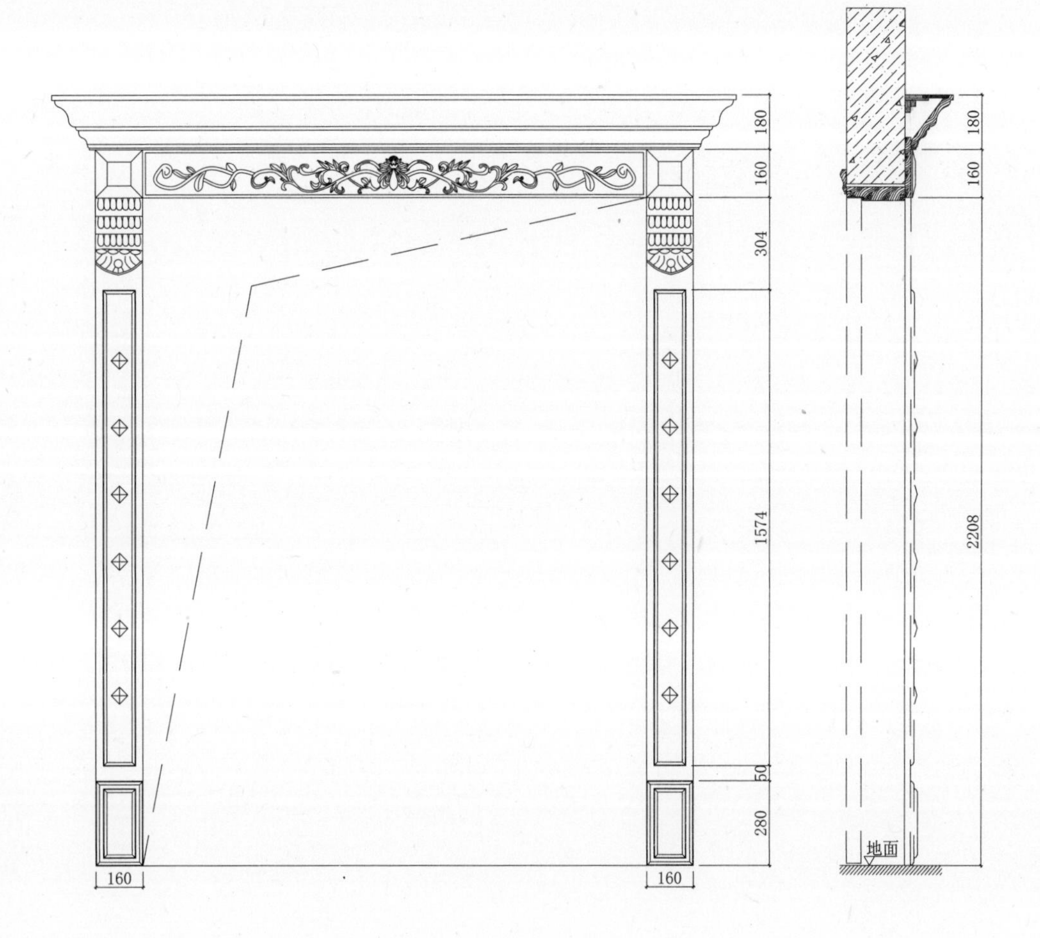

门头规格参数(单位：mm)			
产品型号	YKT-030	柱托花型号	--------
顶线型号		柱托规格	--------
罗马柱型号	**R	雕花板型号	--------
罗马柱规格	160×20	雕花板规格	--------
配件规格	--------	配件规格	--------

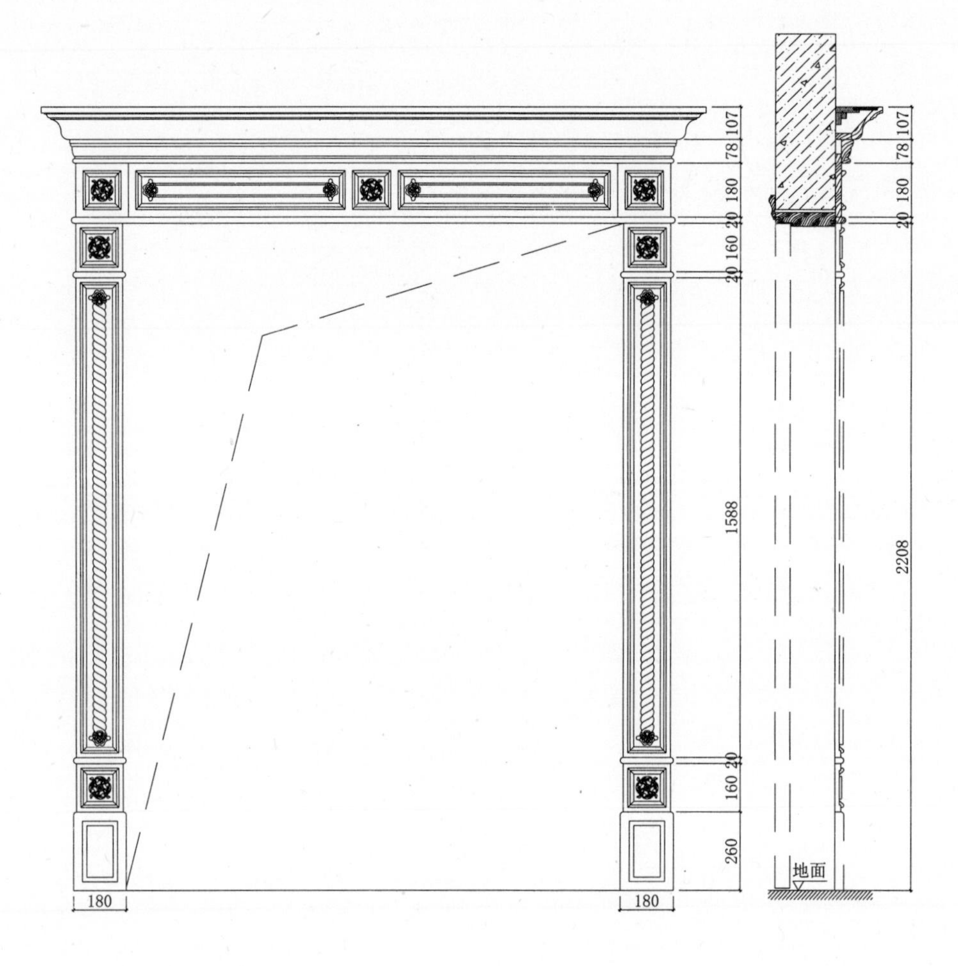

门头规格参数(单位：mm)			
产品型号	YKT-031	柱托花型号	--------
顶线型号		柱托规格	--------
罗马柱型号	**R	雕花板型号	--------
罗马柱规格	180×20	雕花板规格	--------
配件规格	--------	配件规格	--------

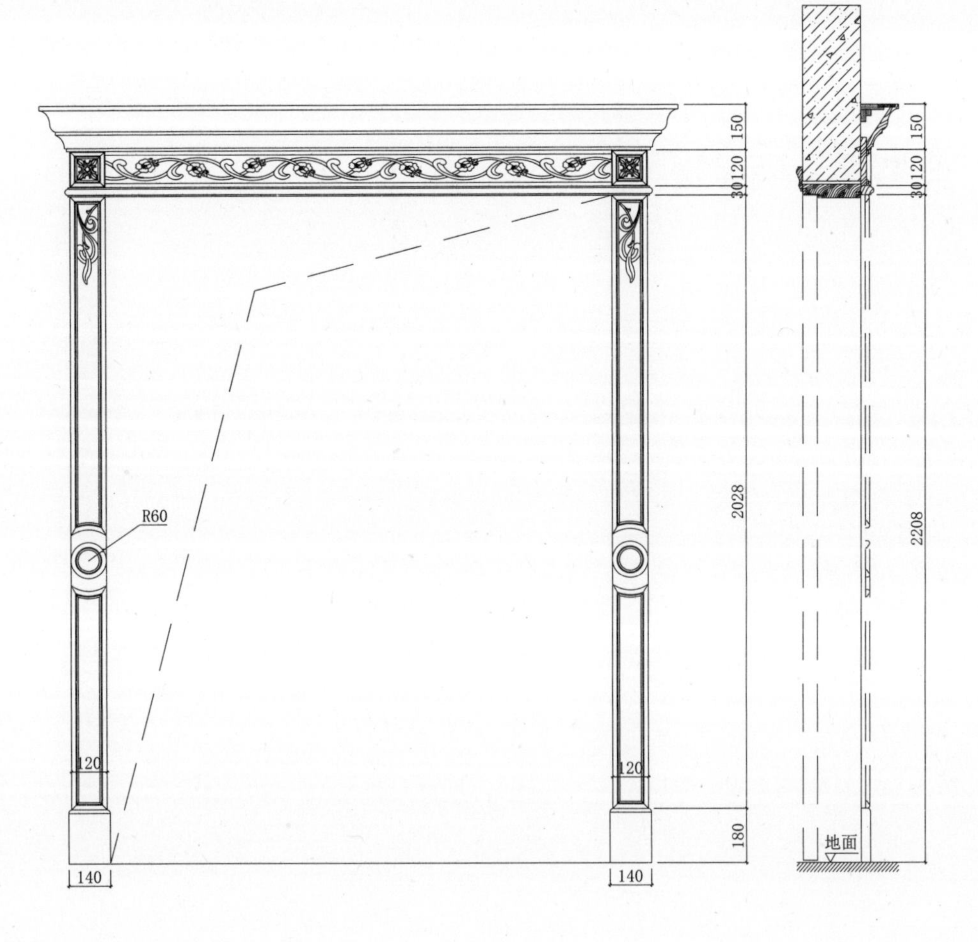

门头规格参数(单位：mm)			
产品型号	YKT-032	柱托花型号	---------
顶线型号		柱托规格	---------
罗马柱型号	**R	雕花板型号	---------
罗马柱规格	140×20	雕花板规格	---------
配件规格	---------	配件规格	---------

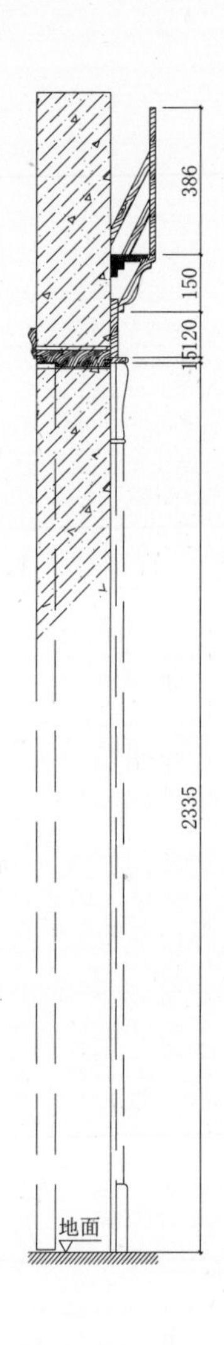

门头规格参数(单位：mm)			
产品型号	YKT-033	柱托花型号	--------
顶线型号		柱托规格	--------
罗马柱型号	**R	雕花板型号	--------
罗马柱规格	120×20	雕花板规格	--------
配件规格	--------	配件规格	--------

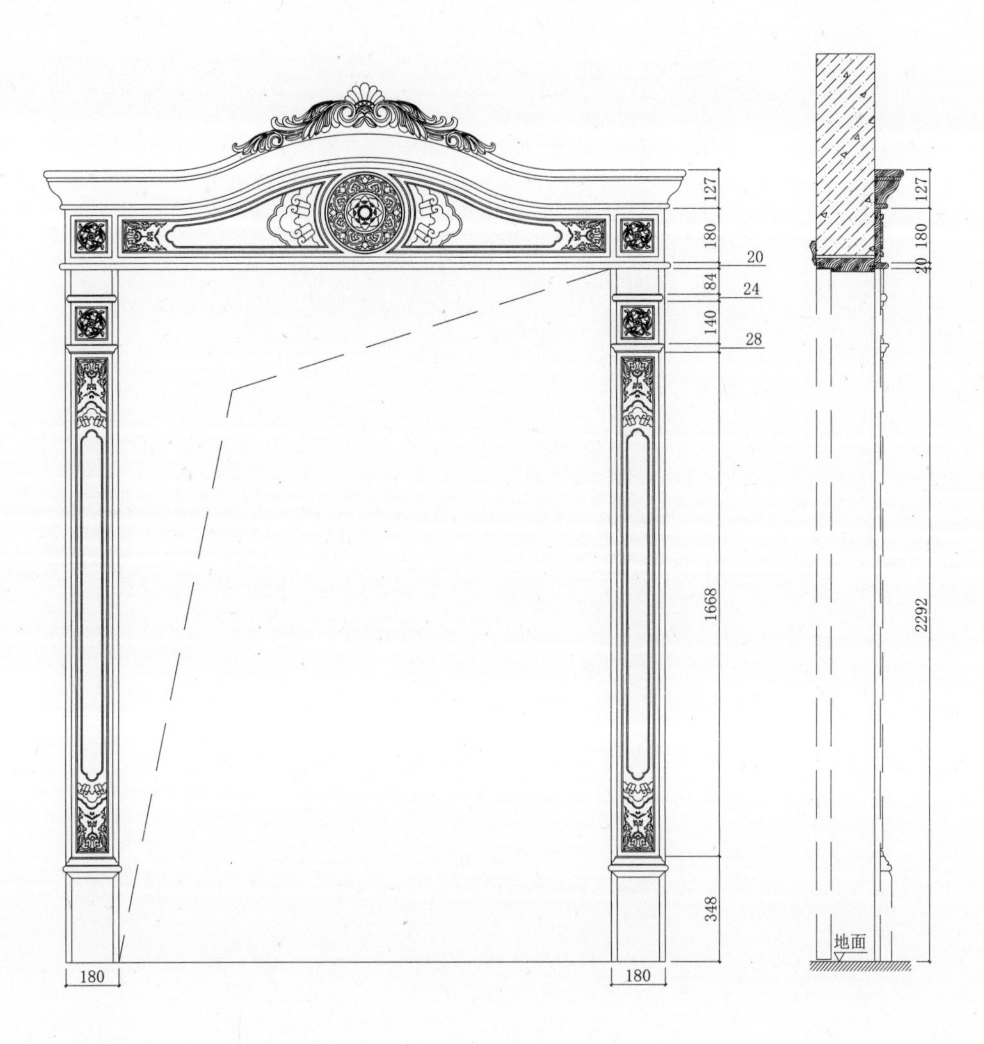

门头规格参数(单位：mm)			
产品型号	YKT-034	柱托花型号	--------
顶线型号		柱托规格	--------
罗马柱型号	**R	雕花板型号	--------
罗马柱规格	180×20	雕花板规格	--------
配件规格	--------	配件规格	--------

木门

门头规格参数(单位：mm)			
产品型号	YKT-035	柱托花型号	--------
顶线型号		柱托规格	--------
罗马柱型号	**R	雕花板型号	--------
罗马柱规格	100×20	雕花板规格	--------
配件规格	--------	配件规格	--------

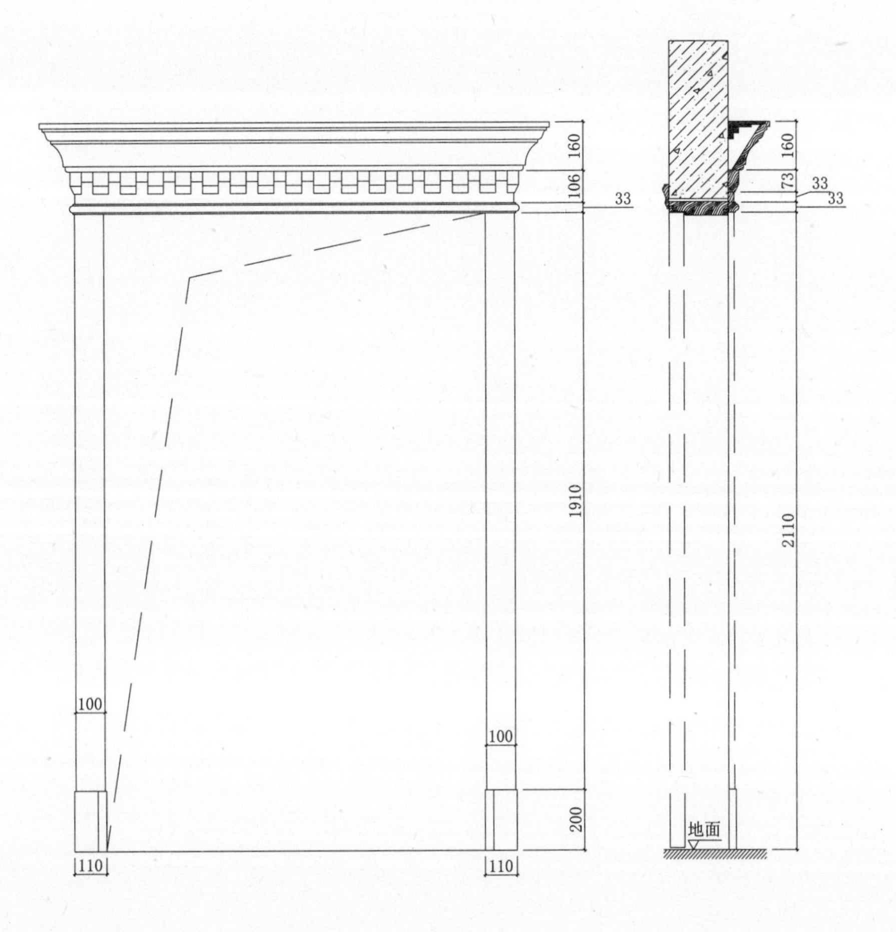

门头规格参数(单位：mm)			
产品型号	YKT-036	柱托花型号	--------
顶线型号		柱托规格	--------
罗马柱型号	**R	雕花板型号	--------
罗马柱规格	110×20	雕花板规格	--------
配件规格	--------	配件规格	--------

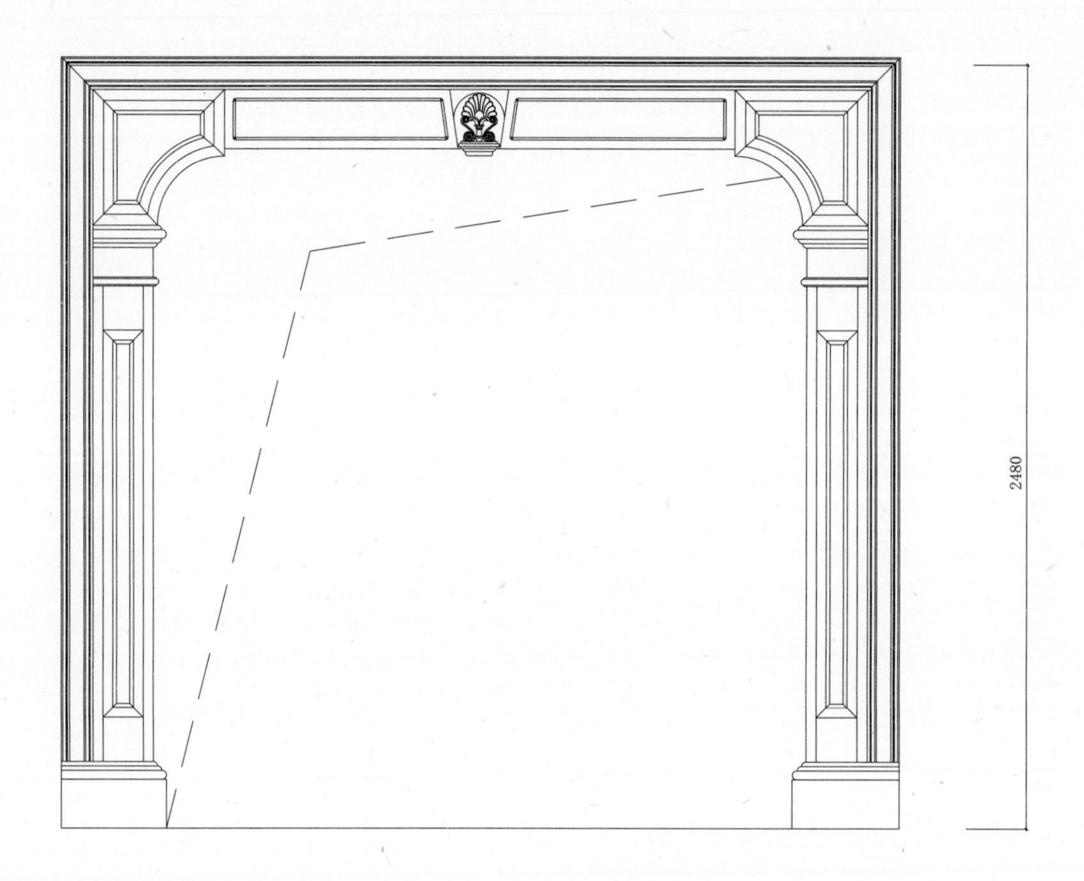

门头规格参数(单位：mm)			
产品型号	YKT-037	柱托花型号	--------
顶线型号		柱托规格	--------
罗马柱型号	**R	雕花板型号	--------
罗马柱规格		雕花板规格	--------
配件规格	--------	配件规格	--------

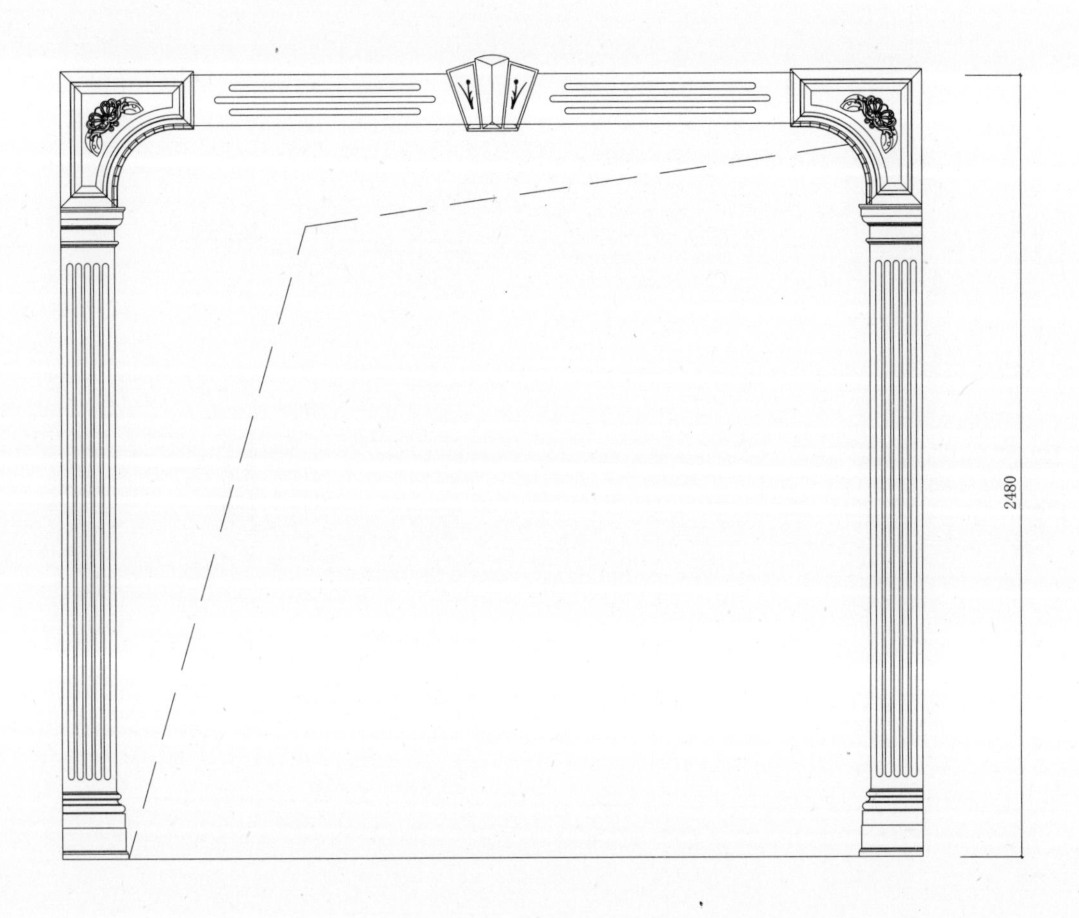

门头规格参数(单位：mm)			
产品型号	YKT-038	柱托花型号	--------
顶线型号		柱托规格	--------
罗马柱型号	**R	雕花板型号	--------
罗马柱规格	180×20	雕花板规格	--------
配件规格	--------	配件规格	--------

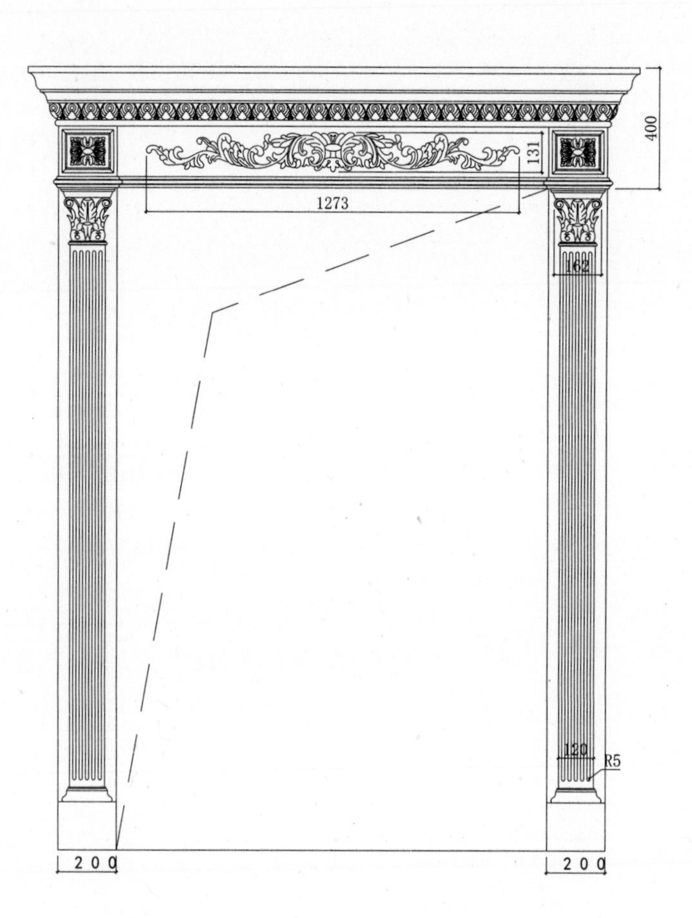

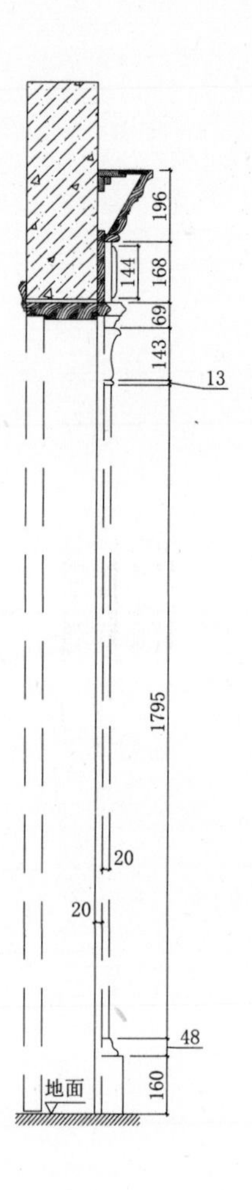

门头规格参数(单位：mm)			
产品型号	YKT-039	柱托花型号	--------
顶线型号		柱托规格	--------
罗马柱型号	**R	雕花板型号	--------
罗马柱规格		雕花板规格	--------
配件规格	--------	配件规格	--------

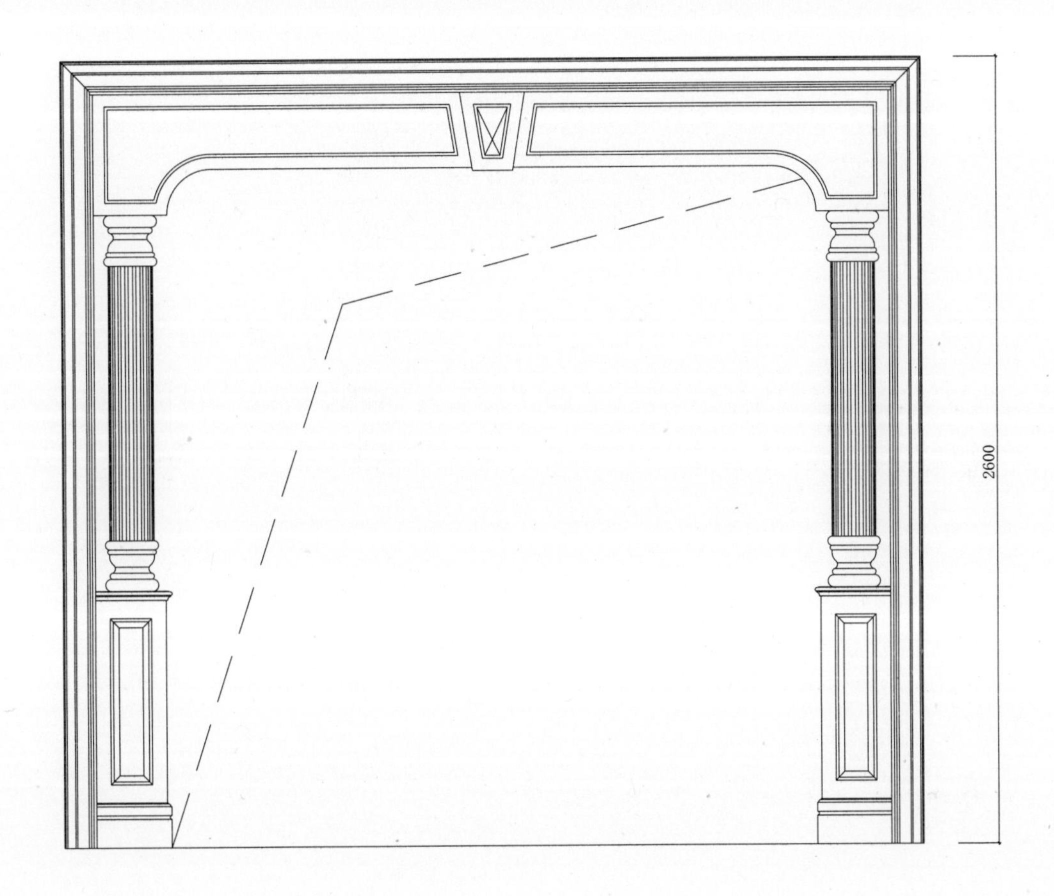

门头规格参数(单位：mm)			
产品型号	YKT-039-1	柱托花型号	--------
顶线型号		柱托规格	--------
罗马柱型号	**R	雕花板型号	--------
罗马柱规格		雕花板规格	--------
配件规格	--------	配件规格	--------

门头规格参数(单位：mm)			
产品型号	YKT-040	柱托花型号	--------
顶线型号		柱托规格	--------
罗马柱型号	**R	雕花板型号	--------
罗马柱规格		雕花板规格	--------
配件规格	--------	配件规格	--------

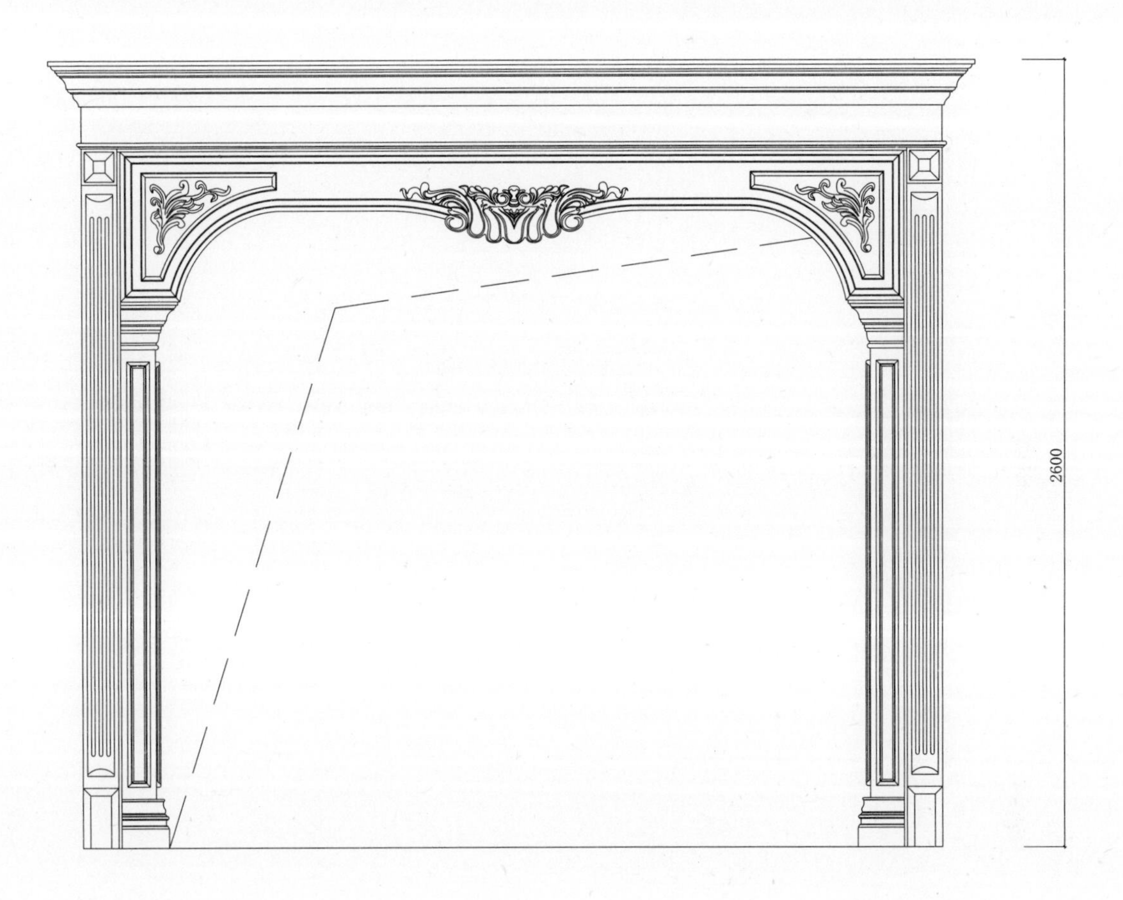

门头规格参数(单位：mm)			
产品型号	YKT-041	柱托花型号	--------
顶线型号		柱托规格	--------
罗马柱型号	**R	雕花板型号	--------
罗马柱规格		雕花板规格	--------
配件规格	--------	配件规格	--------

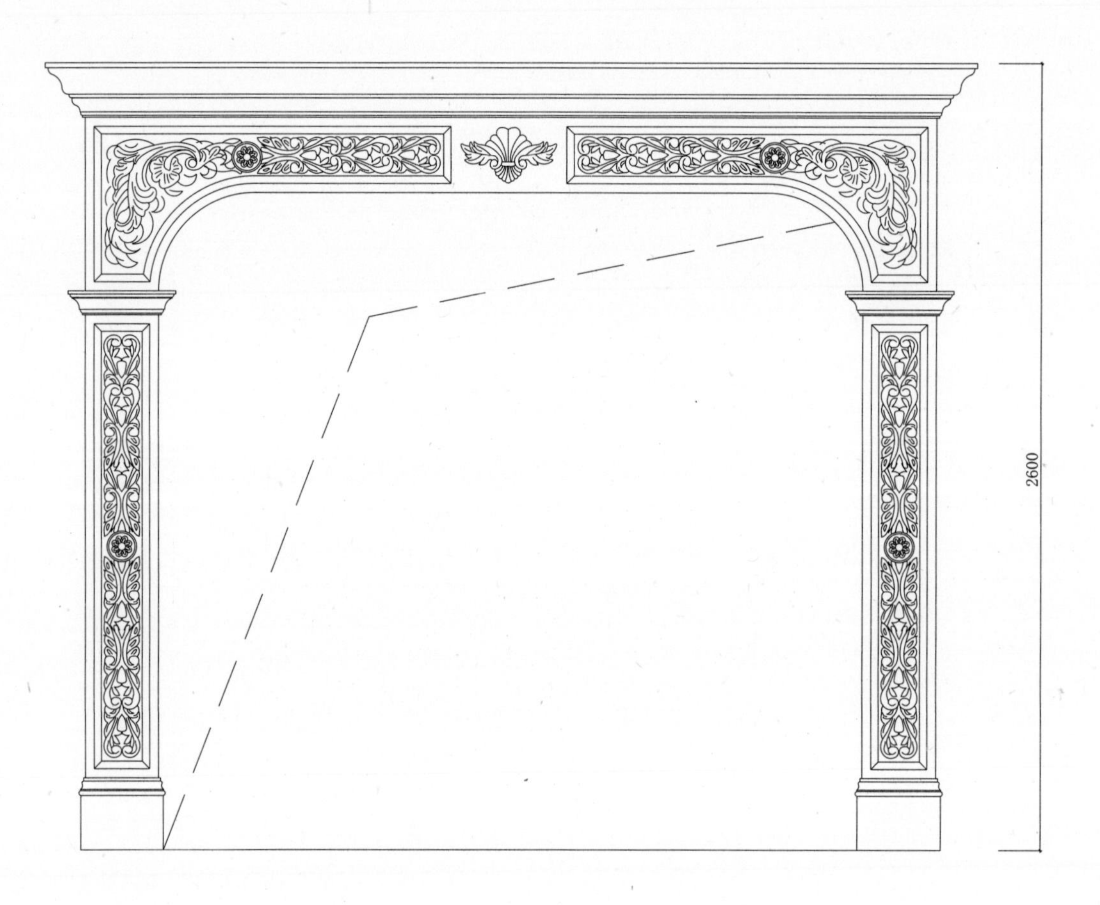

门头规格参数(单位：mm)			
产品型号	YKT-042	柱托花型号	--------
顶线型号		柱托规格	--------
罗马柱型号	**R	雕花板型号	--------
罗马柱规格		雕花板规格	--------
配件规格	--------	配件规格	--------

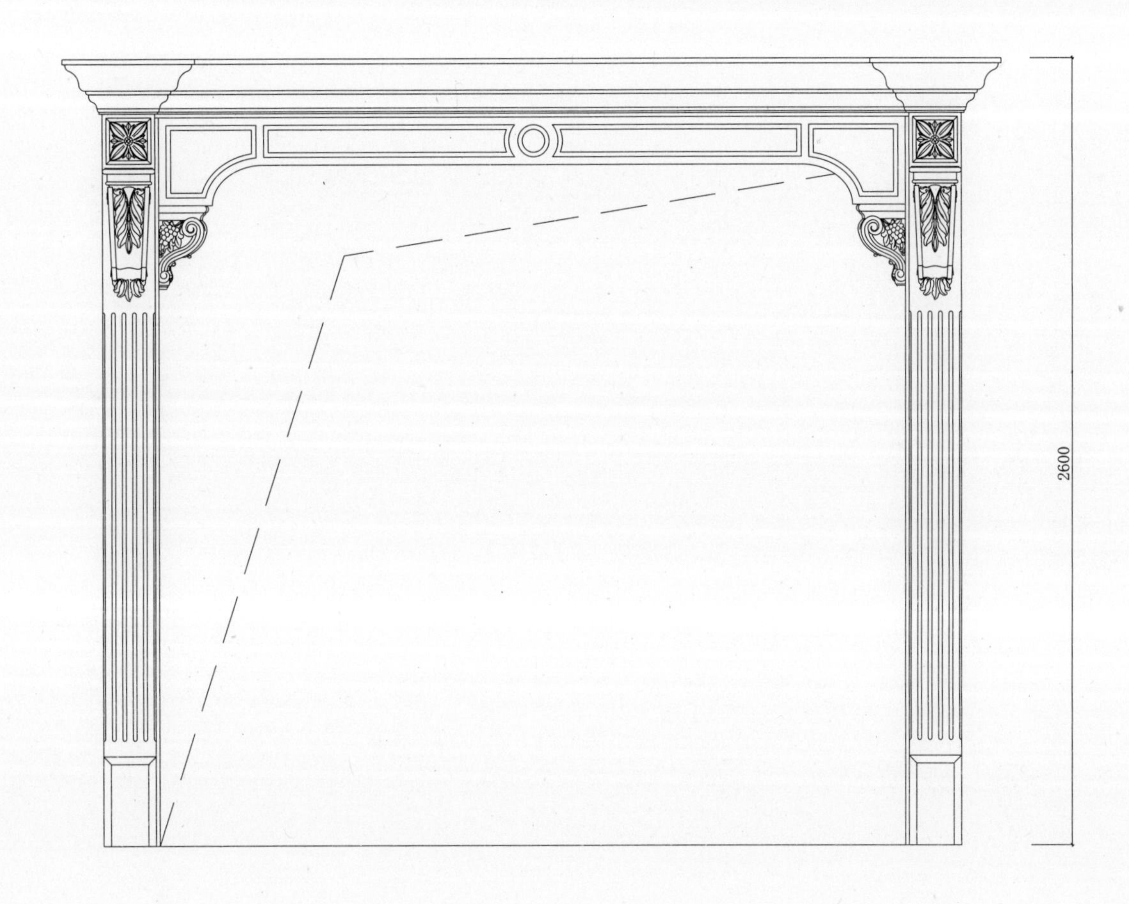

门头规格参数(单位：mm)			
产品型号	YKT-043	柱托花型号	--------
顶线型号		柱托规格	--------
罗马柱型号	**R	雕花板型号	--------
罗马柱规格		雕花板规格	--------
配件规格	--------	配件规格	--------

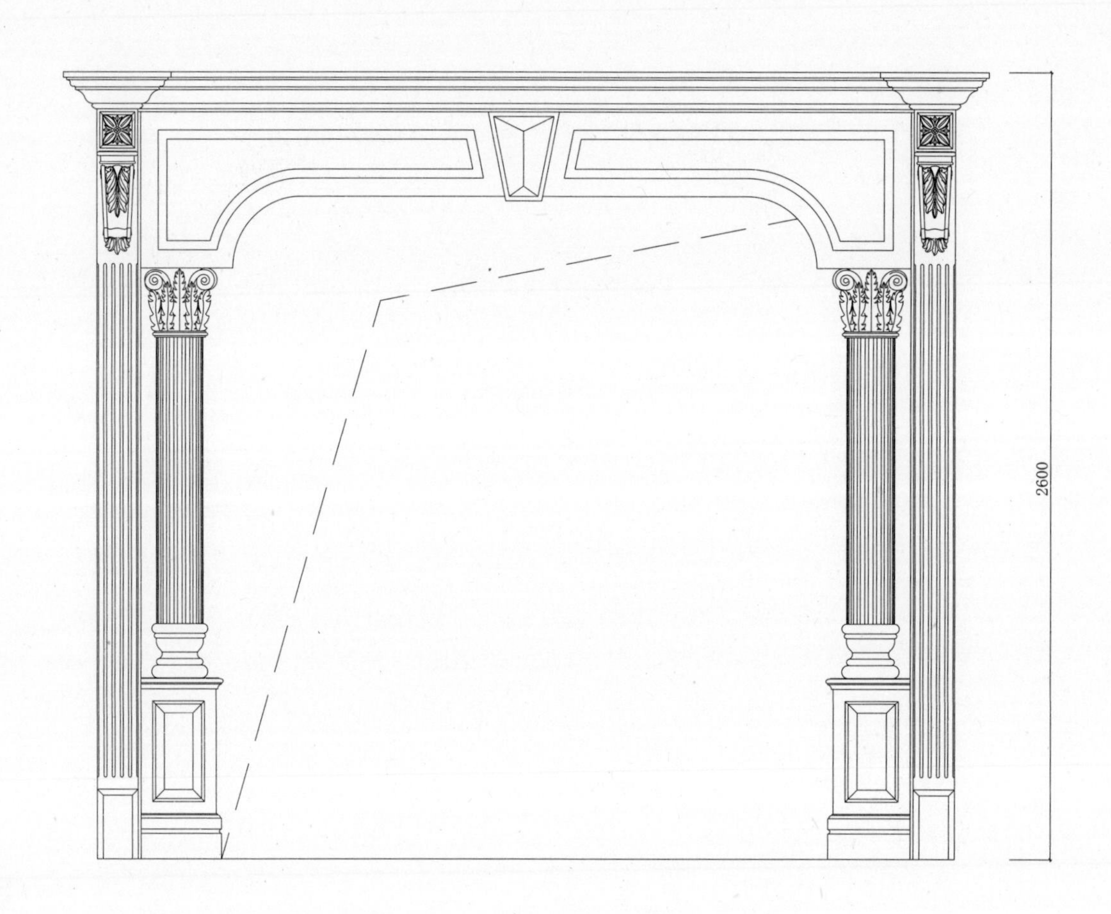

门头规格参数(单位：mm)			
产品型号	YKT-044	柱托花型号	————
顶线型号		柱托规格	————
罗马柱型号	**R	雕花板型号	————
罗马柱规格		雕花板规格	————
配件规格	————	配件规格	————

顶套板造型图

门头规格参数(单位：mm)			
产品型号	YKT-045	柱托花型号	--------
顶线型号		柱托规格	--------
罗马柱型号	**R	雕花板型号	--------
罗马柱规格		雕花板规格	--------
配件规格	--------	配件规格	--------

门头规格参数(单位：mm)			
产品型号	YKT-046	柱托花型号	--------
顶线型号		柱托规格	--------
罗马柱型号	**R	雕花板型号	--------
罗马柱规格		雕花板规格	--------
配件规格	--------	配件规格	--------

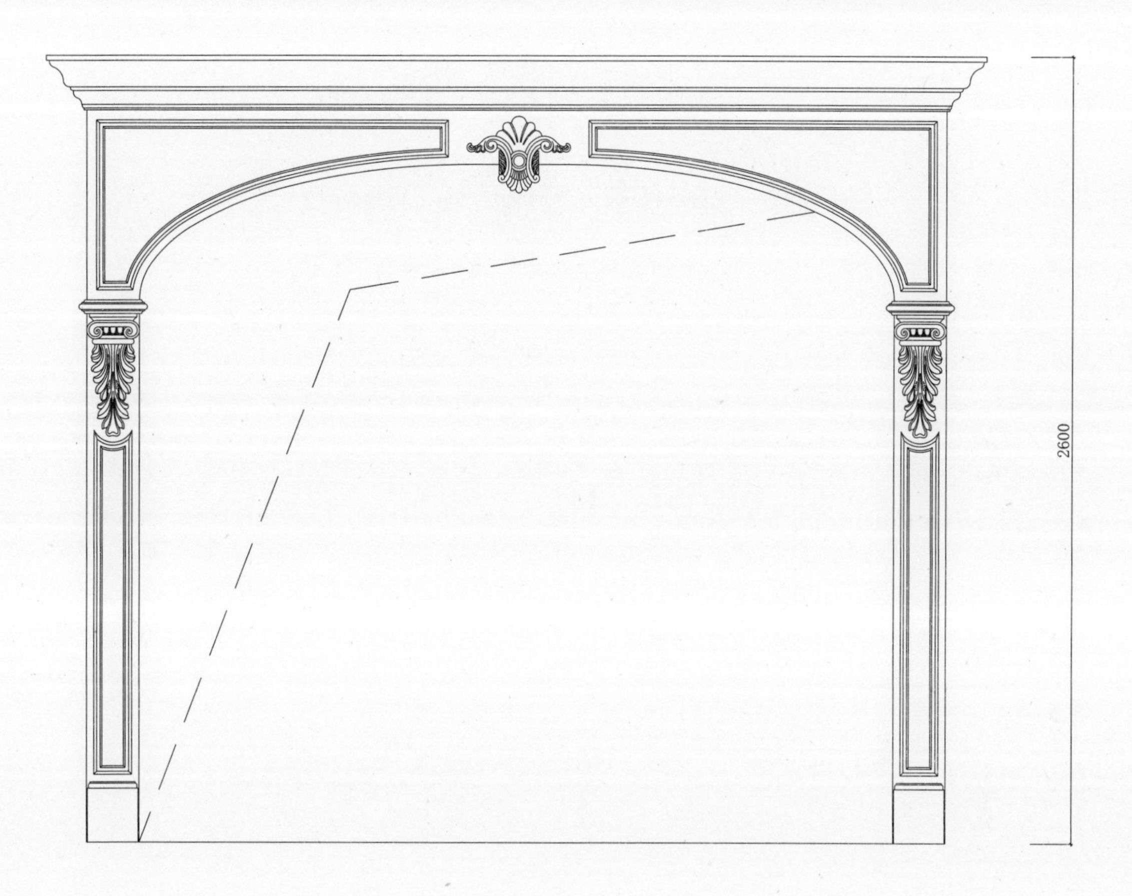

门头规格参数(单位：mm)			
产品型号	YKT-047	柱托花型号	--------
顶线型号		柱托规格	--------
罗马柱型号	**R	雕花板型号	--------
罗马柱规格		雕花板规格	--------
配件规格	--------	配件规格	--------

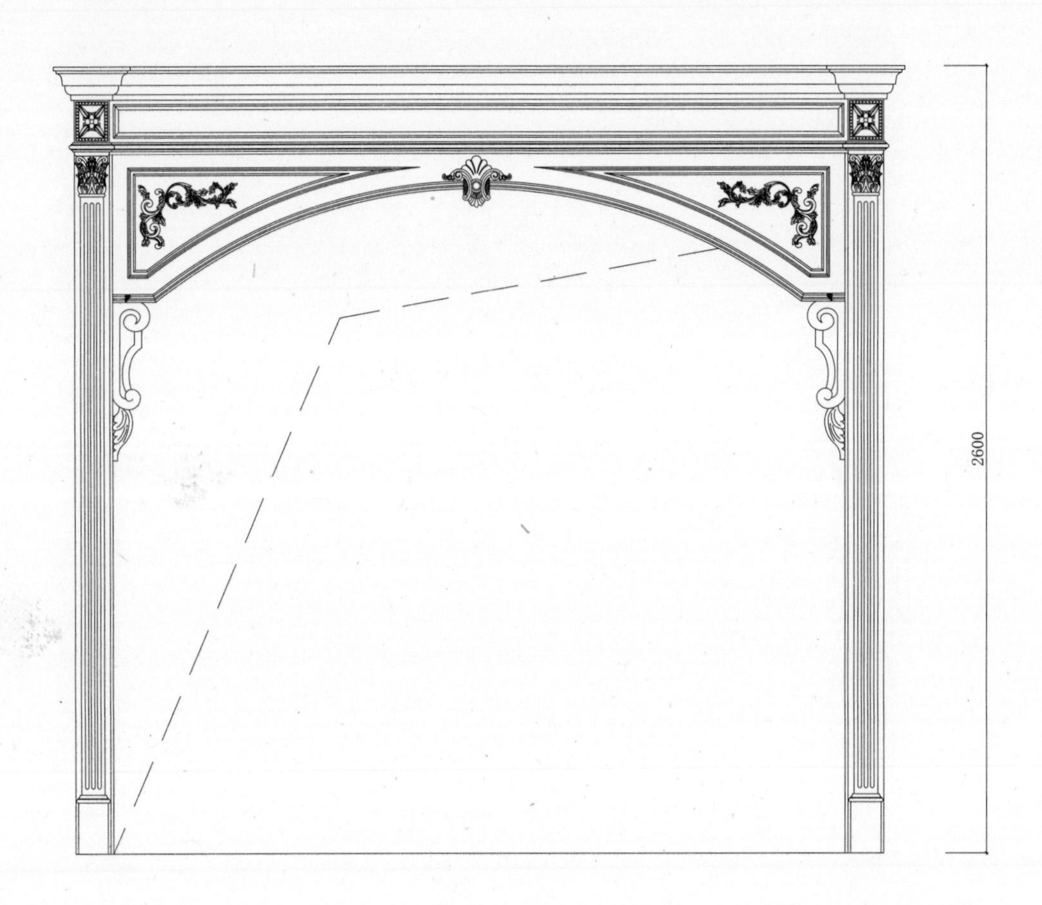

门头规格参数(单位：mm)			
产品型号	YKT-048	柱托花型号	--------
顶线型号		柱托规格	--------
罗马柱型号	**R	雕花板型号	--------
罗马柱规格		雕花板规格	--------
配件规格	--------	配件规格	--------

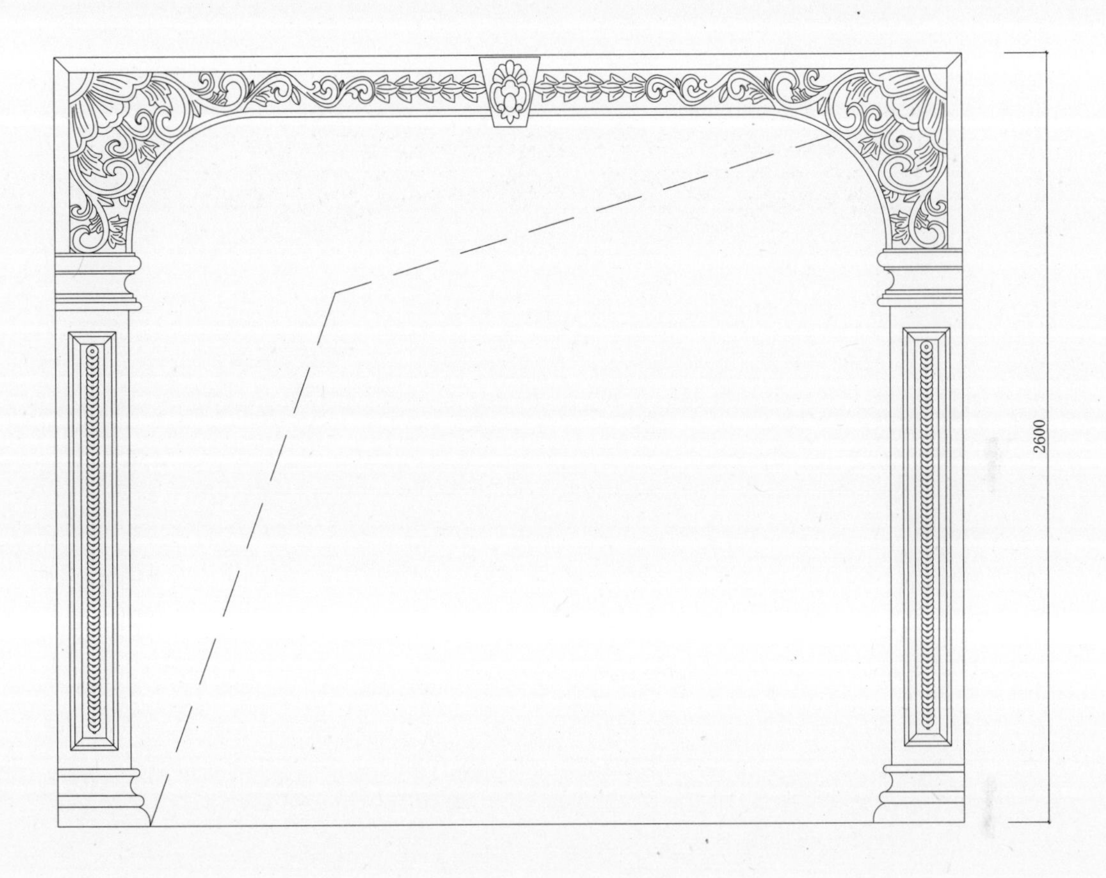

门头规格参数(单位：mm)			
产品型号	YKT-049	柱托花型号	--------
顶线型号		柱托规格	--------
罗马柱型号	**R	雕花板型号	--------
罗马柱规格		雕花板规格	--------
配件规格	--------	配件规格	--------

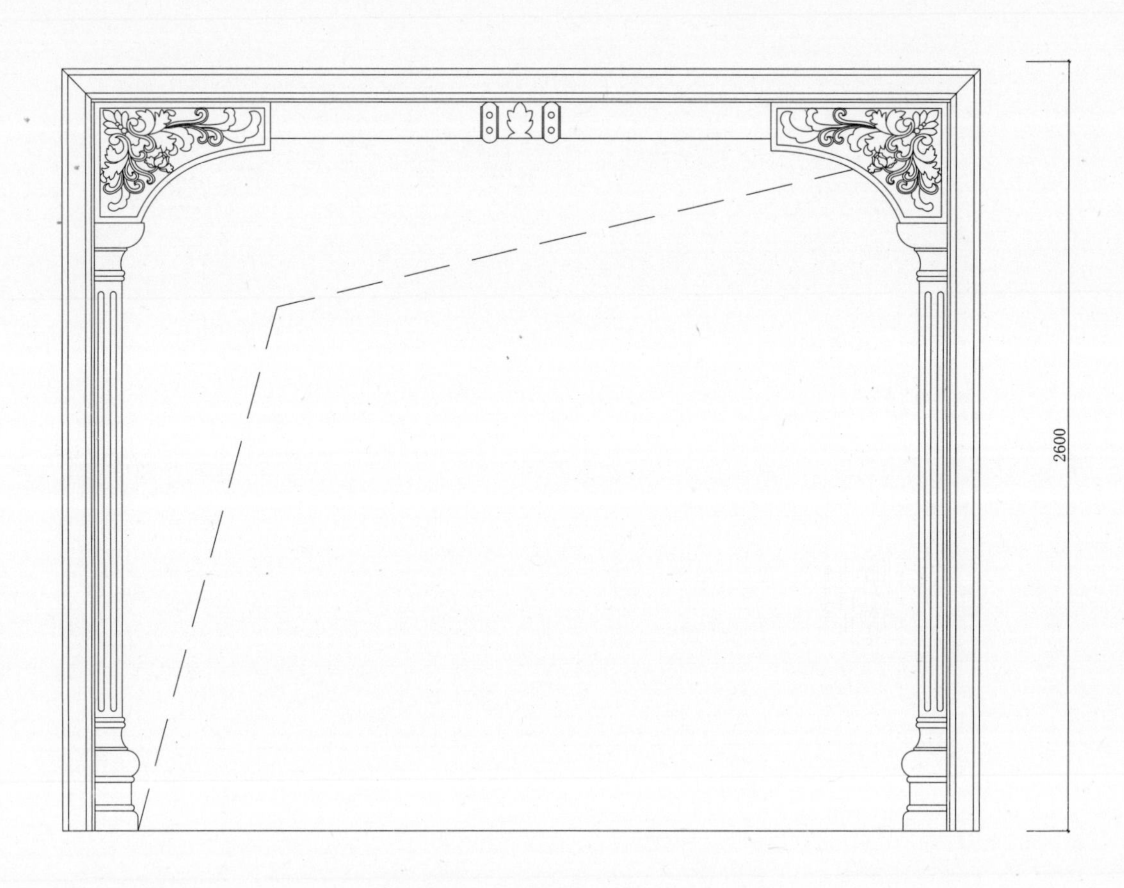

门头规格参数(单位：mm)			
产品型号	YKT-050	柱托花型号	--------
顶线型号		柱托规格	--------
罗马柱型号	**R	雕花板型号	--------
罗马柱规格		雕花板规格	--------
配件规格	--------	配件规格	--------

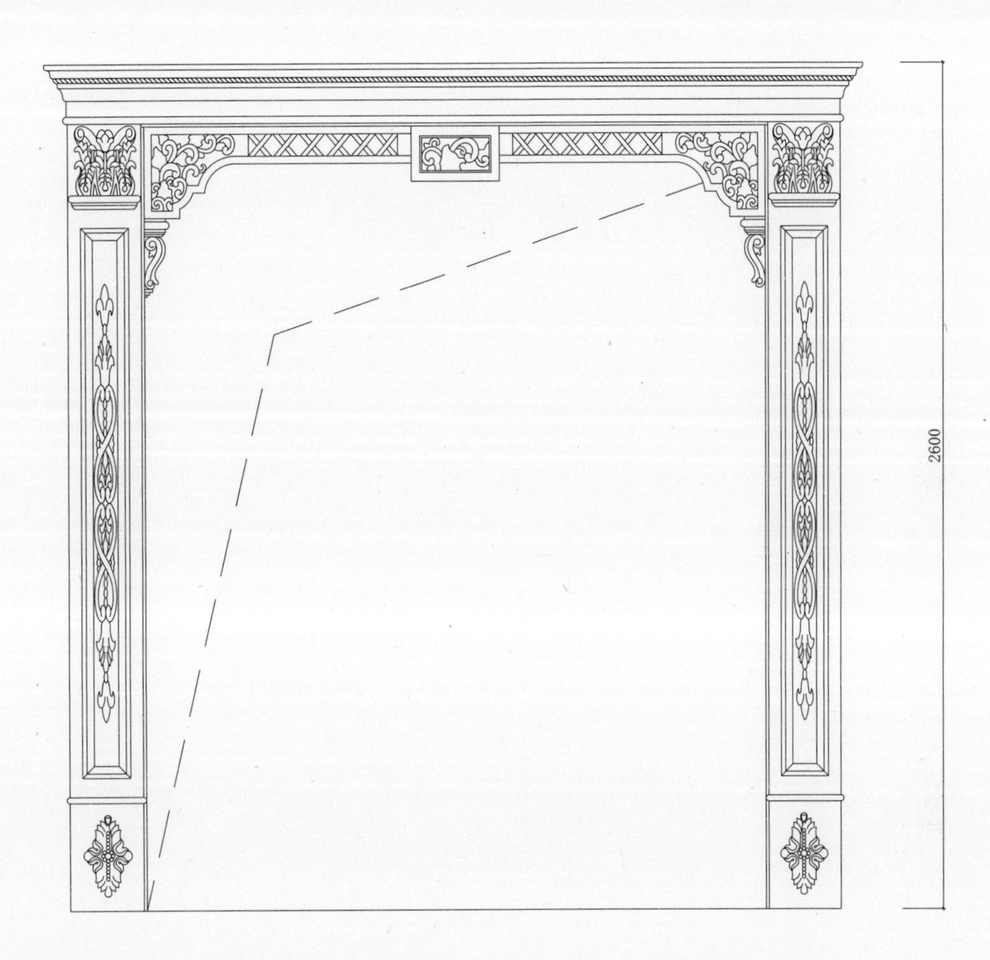

门头规格参数(单位：mm)			
产品型号	YKT-051	柱托花型号	--------
顶线型号		柱托规格	--------
罗马柱型号	**R	雕花板型号	--------
罗马柱规格		雕花板规格	--------
配件规格	--------	配件规格	--------

门头规格参数(单位：mm)			
产品型号	YKT-052	柱托花型号	--------
顶线型号		柱托规格	--------
罗马柱型号	**R	雕花板型号	--------
罗马柱规格		雕花板规格	--------
配件规格	--------	配件规格	--------

门头规格参数(单位：mm)			
产品型号	YKT-053	柱托花型号	--------
顶线型号		柱托规格	--------
罗马柱型号	**R	雕花板型号	--------
罗马柱规格		雕花板规格	--------
配件规格	--------	配件规格	--------

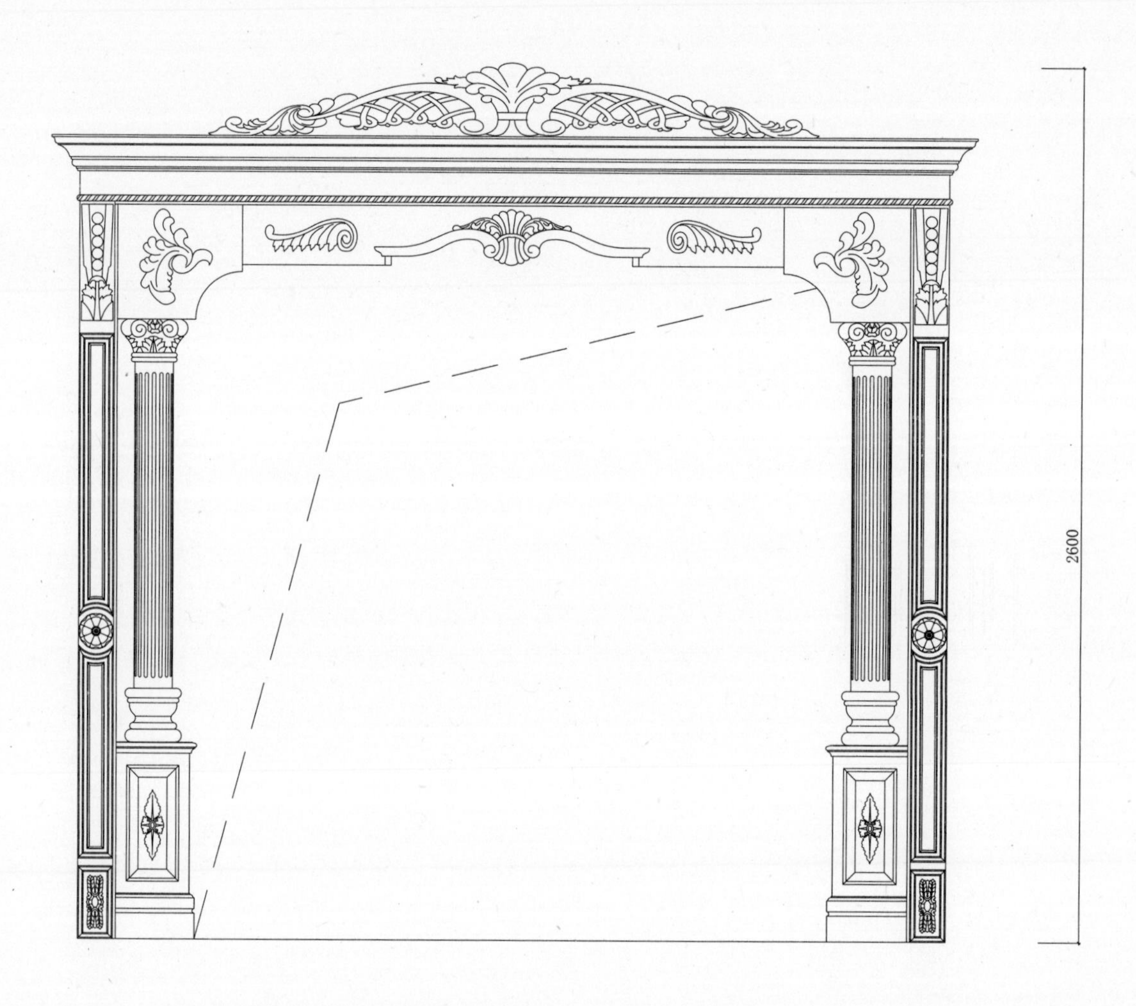

门头规格参数(单位：mm)			
产品型号	YKT-054	柱托花型号	--------
顶线型号		柱托规格	--------
罗马柱型号	**R	雕花板型号	--------
罗马柱规格		雕花板规格	--------
配件规格	--------	配件规格	--------

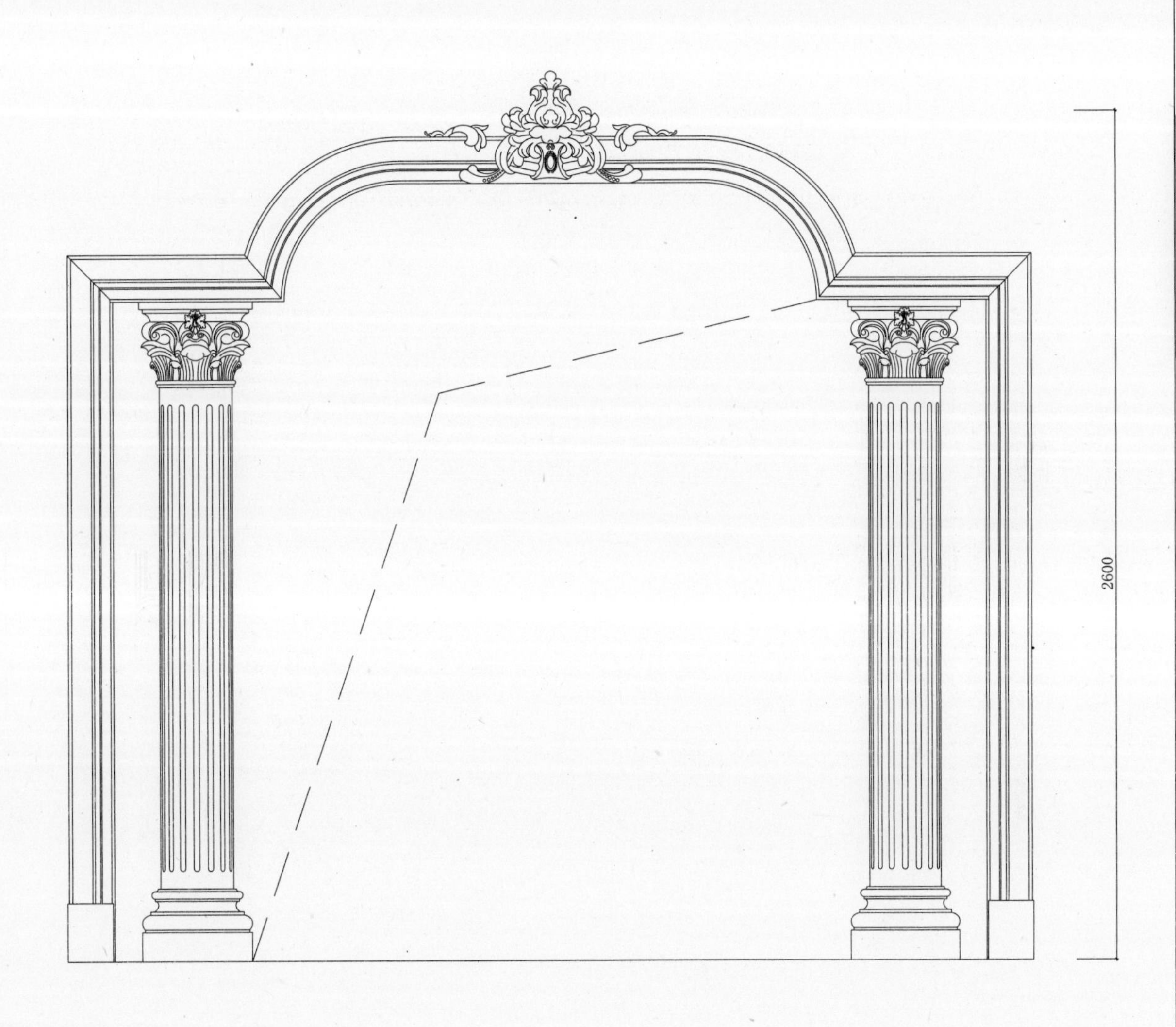

门头规格参数(单位：mm)			
产品型号	YKT-055	柱托花型号	--------
顶线型号		柱托规格	--------
罗马柱型号	**R	雕花板型号	--------
罗马柱规格		雕花板规格	--------
配件规格	--------	配件规格	--------

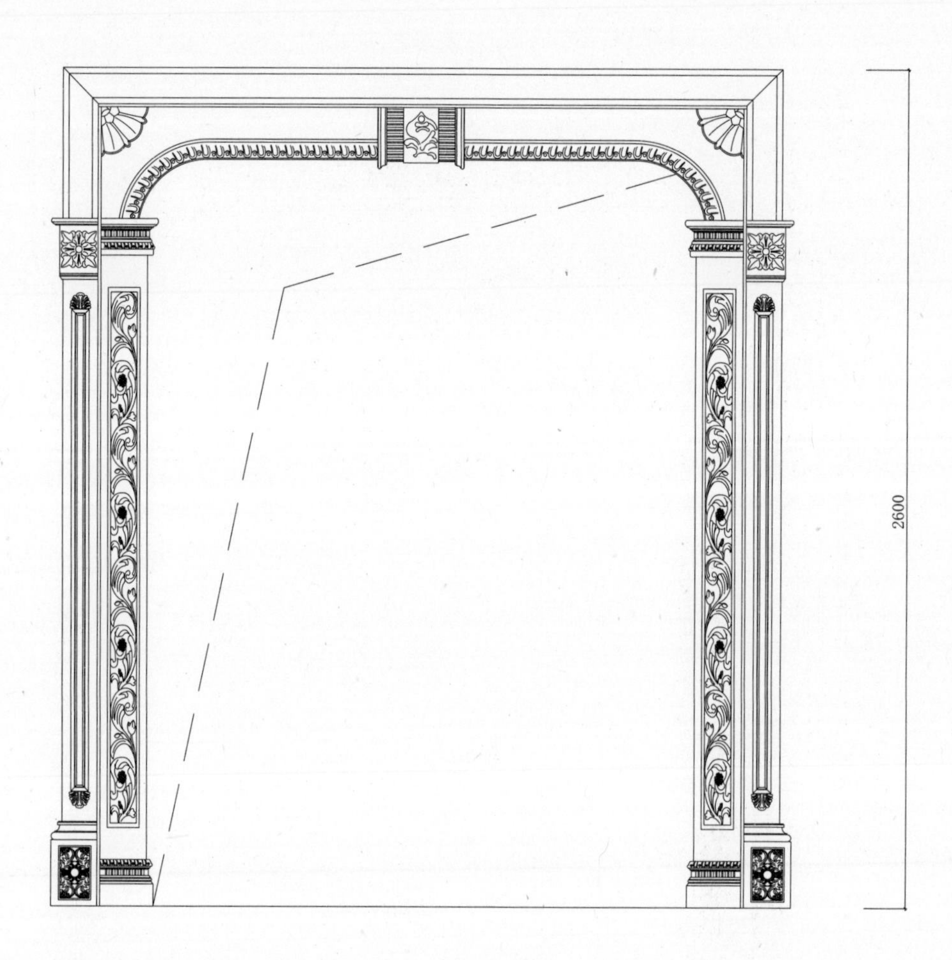

门头规格参数(单位：mm)			
产品型号	YKT-056	柱托花型号	————
顶线型号		柱托规格	————
罗马柱型号	**R	雕花板型号	————
罗马柱规格		雕花板规格	————
配件规格	————	配件规格	————

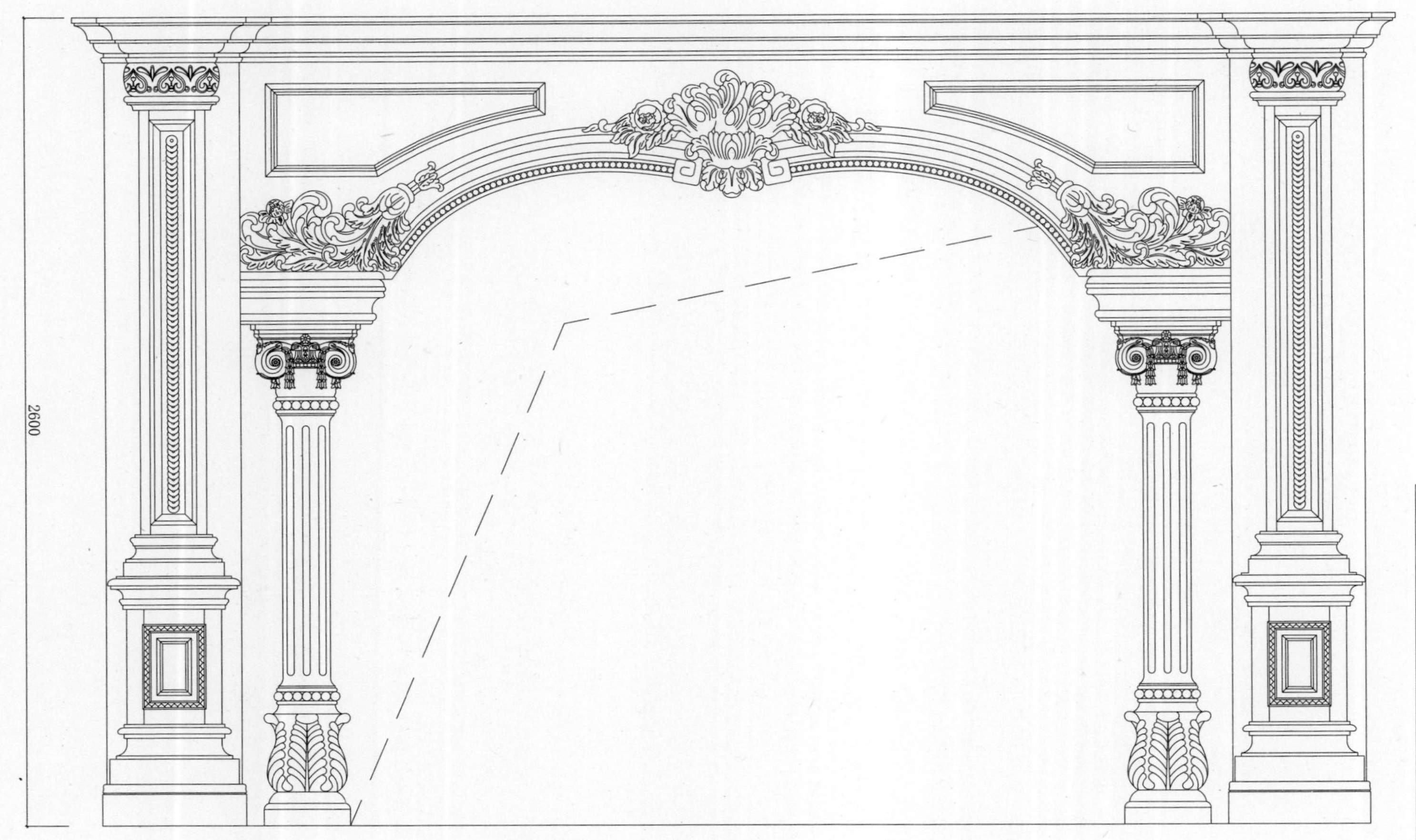

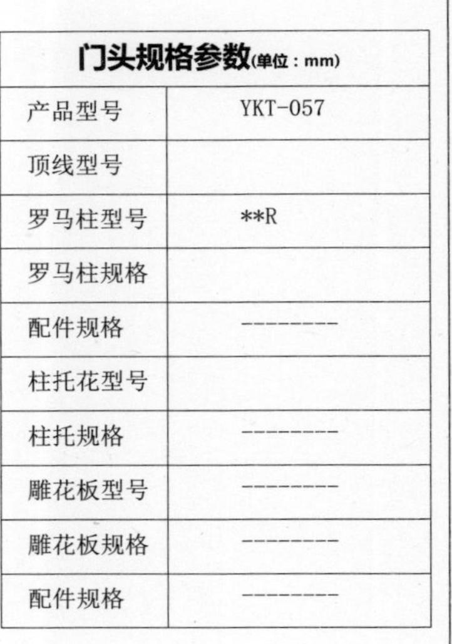

门头规格参数(单位：mm)

产品型号	YKT-057
顶线型号	
罗马柱型号	**R
罗马柱规格	
配件规格	--------
柱托花型号	
柱托规格	--------
雕花板型号	--------
雕花板规格	--------
配件规格	--------

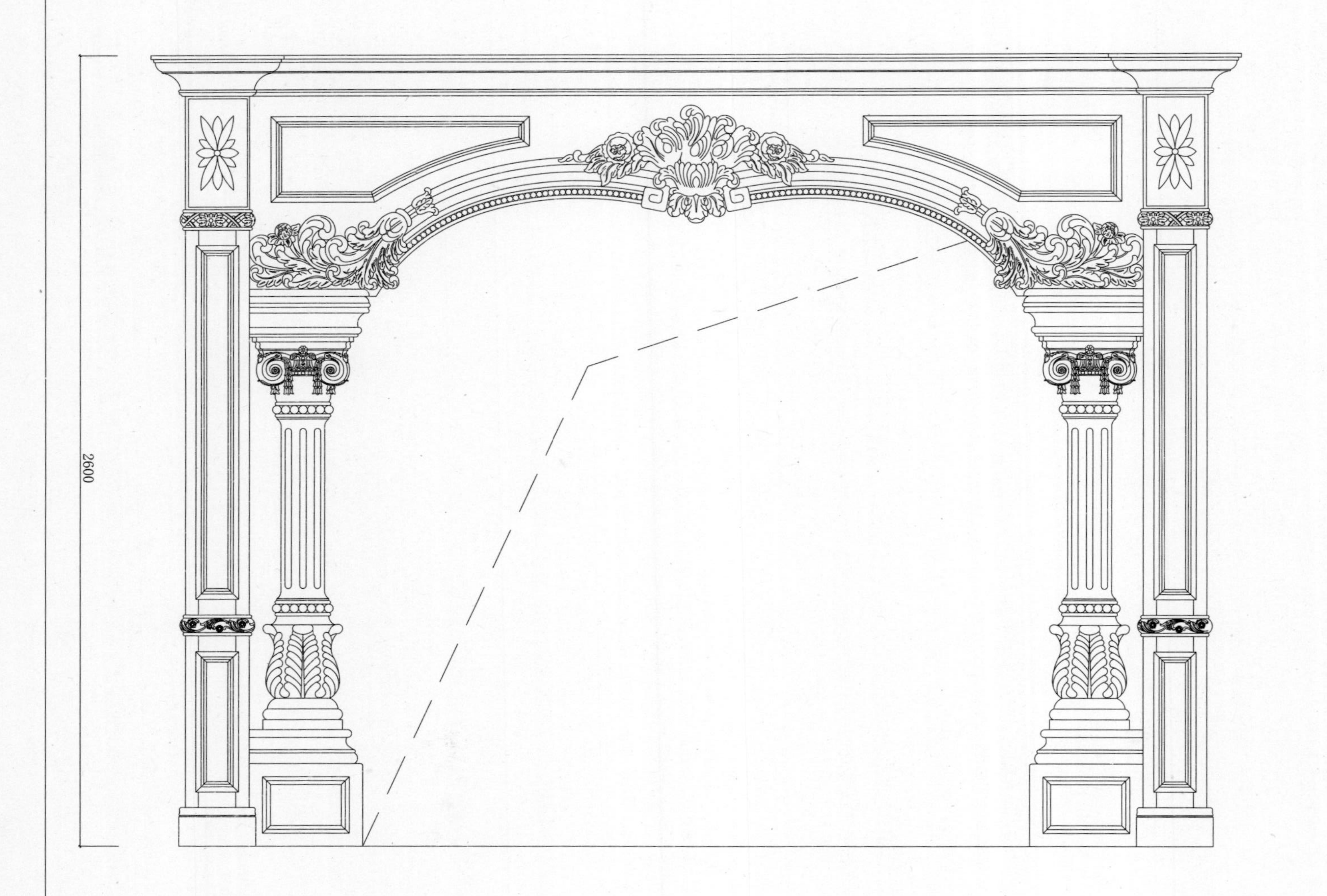

门头规格参数(单位：mm)	
产品型号	YKT-058
顶线型号	
罗马柱型号	**R
罗马柱规格	
配件规格	--------
柱托花型号	
柱托规格	--------
雕花板型号	--------
雕花板规格	--------
配件规格	--------

门头规格参数(单位：mm)

产品型号	YKT-059
顶线型号	
罗马柱型号	**R
罗马柱规格	
配件规格	--------
柱托花型号	
柱托规格	--------
雕花板型号	--------
雕花板规格	--------
配件规格	--------

产品型号：CH-002

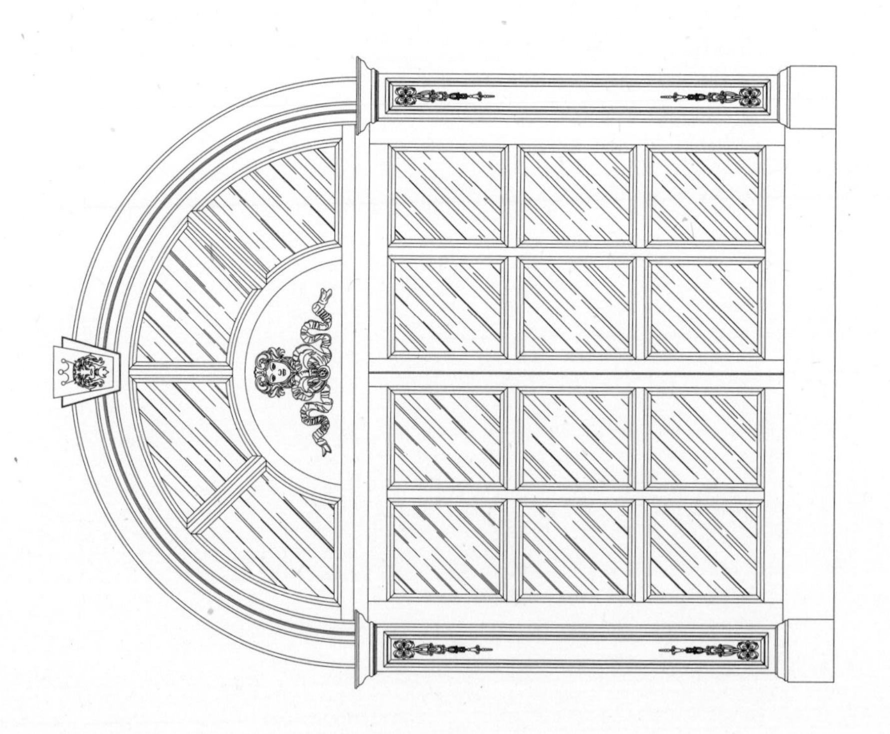

产品型号：CH-001

产品型号：CH-003

产品型号：CH-004

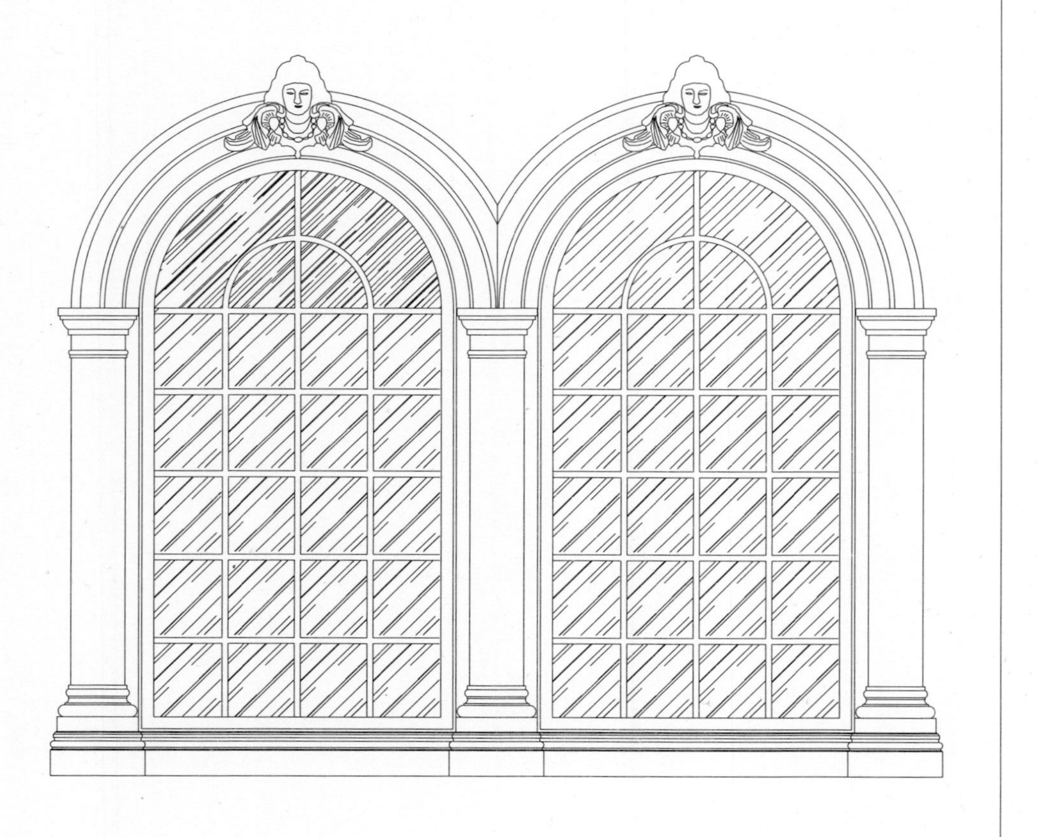

产品型号：CH-005

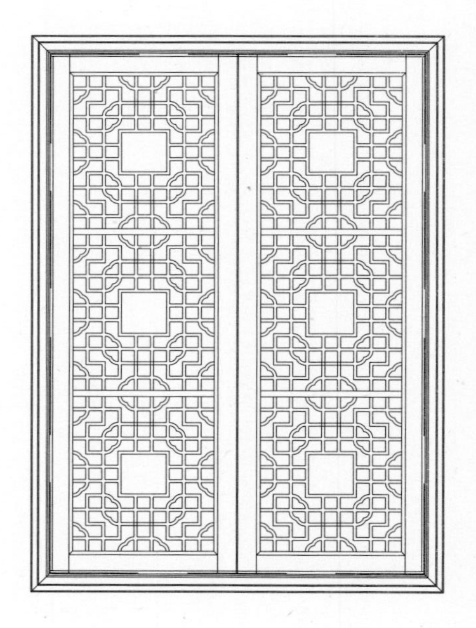

产品型号：CH-006

产品型号：CH-007

产品型号：CH-008

产品型号：CH-009

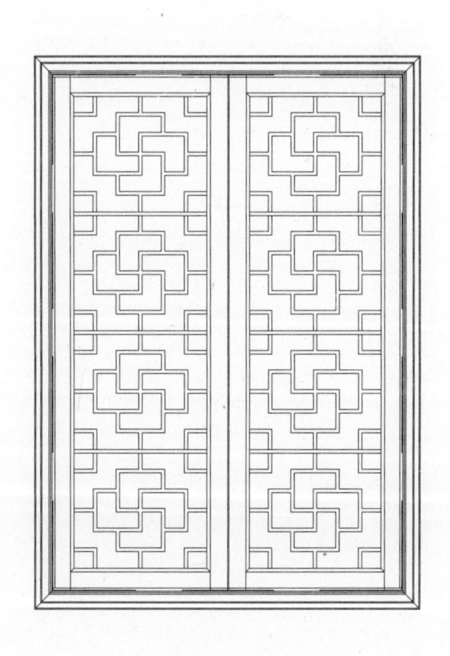

产品型号：CH-010

产品型号: CH-011

产品型号: CH-012

产品型号: CH-013

产品型号: CH-014

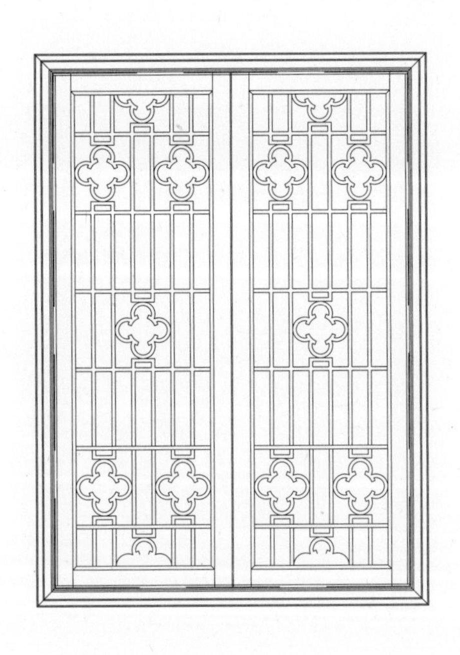

产品型号：CH-015

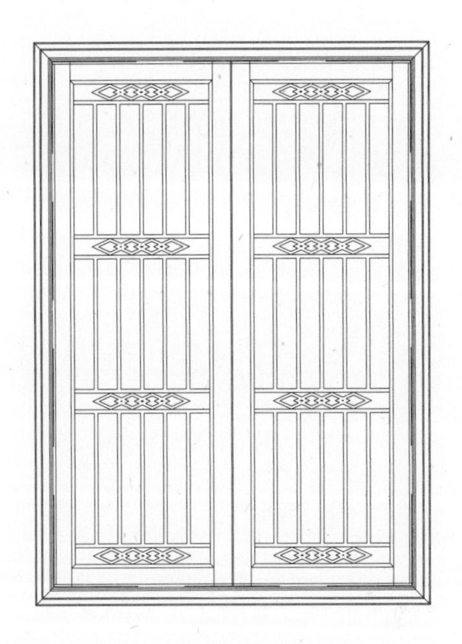

产品型号：CH-016

产品型号：CH-017

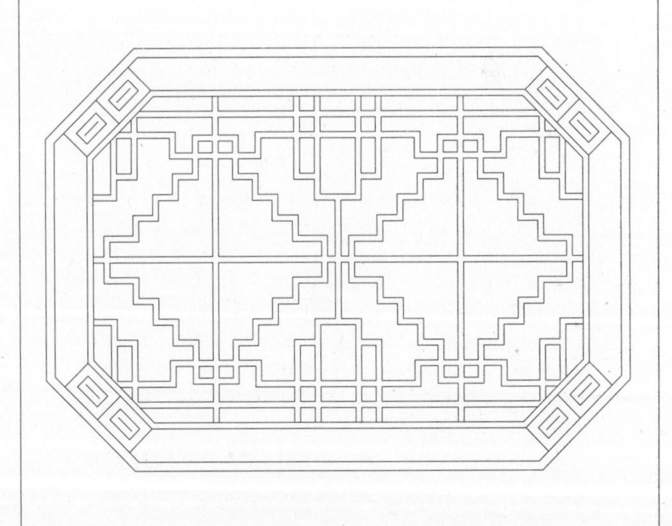

产品型号：CH-018

产品型号：CH-019

产品型号：CH-020

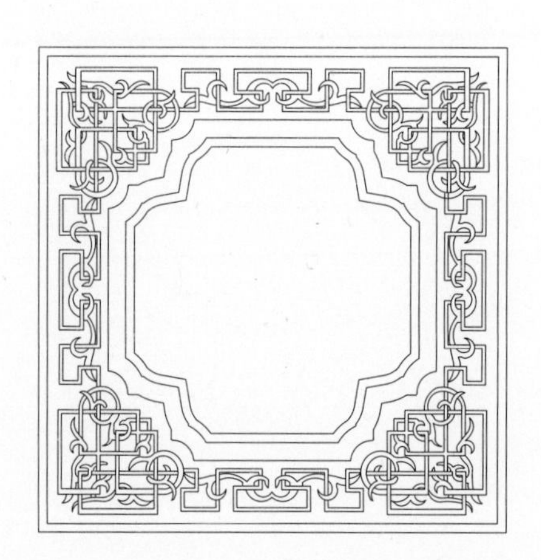

产品型号：CH-021

产品型号：CH-022

第十八节 款式工艺刀型及编号

模型库中集合了市场上先进并常用刀型，产品刀型决定了产品外观效果的美感，下图为木门所有刀型汇总，在产品图库中的刀型与刀型编号表一致；

刀型剖面	刀型效果图
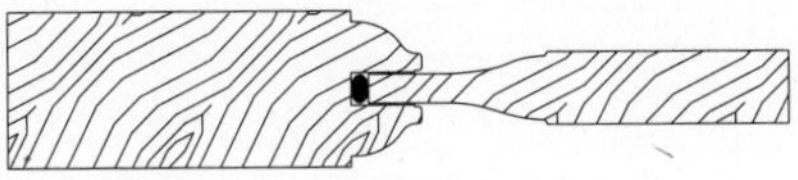 刀型：R01-X01	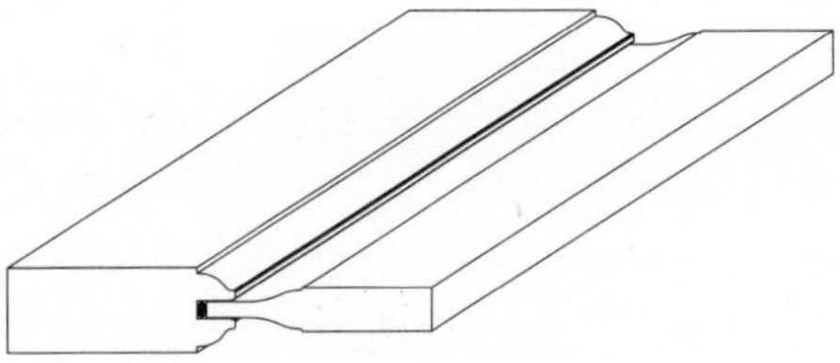
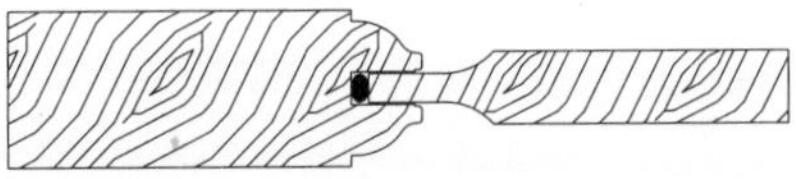 刀型：R01-X02	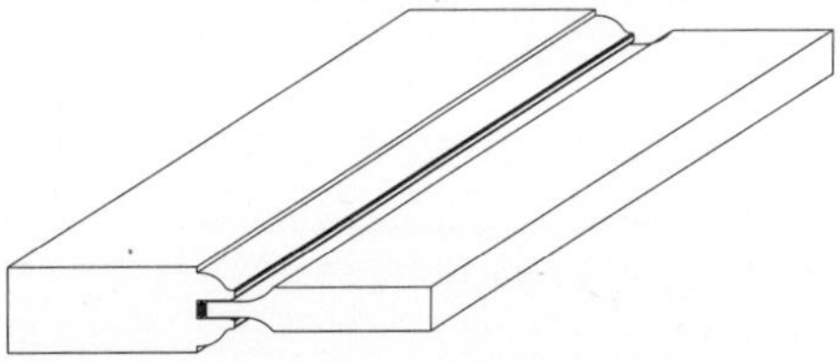
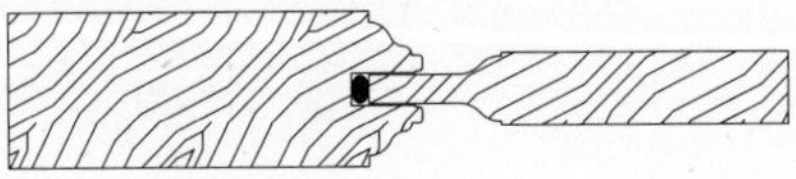 刀型：R02-X03	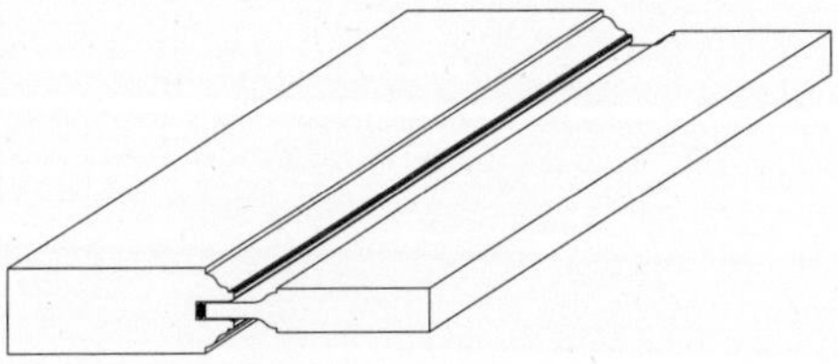

刀型剖面	刀型效果图
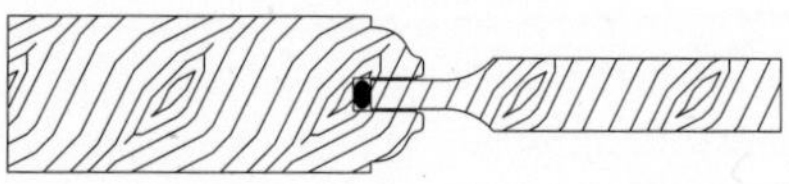 刀型：R03-X04	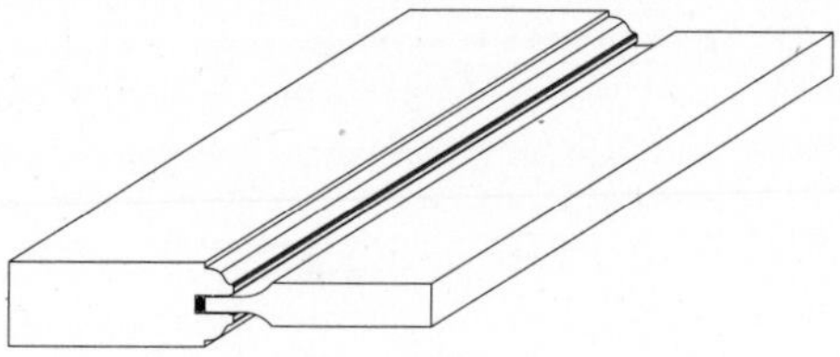
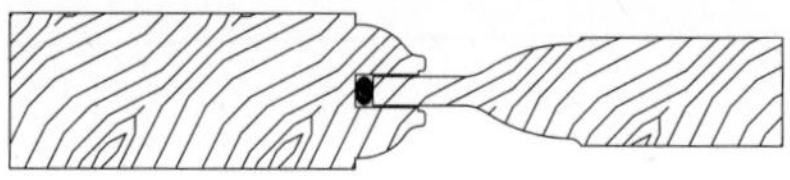 刀型：R01-X05	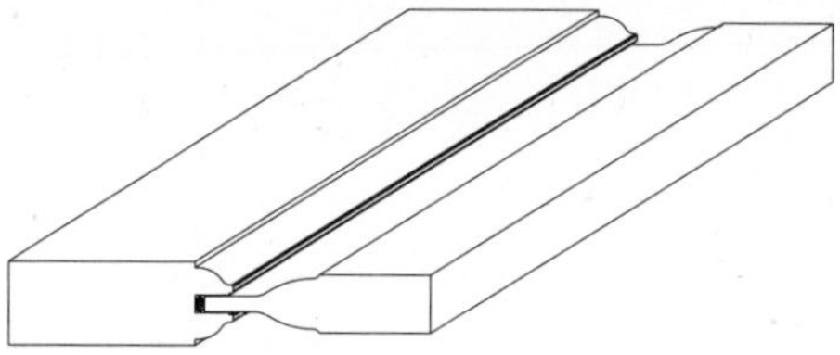
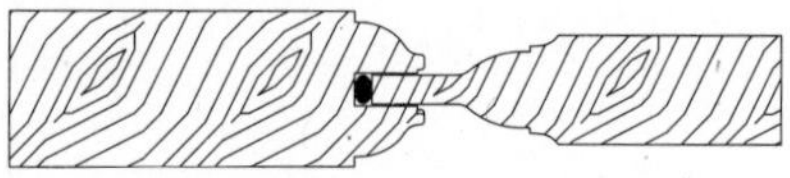 刀型：R01-X06	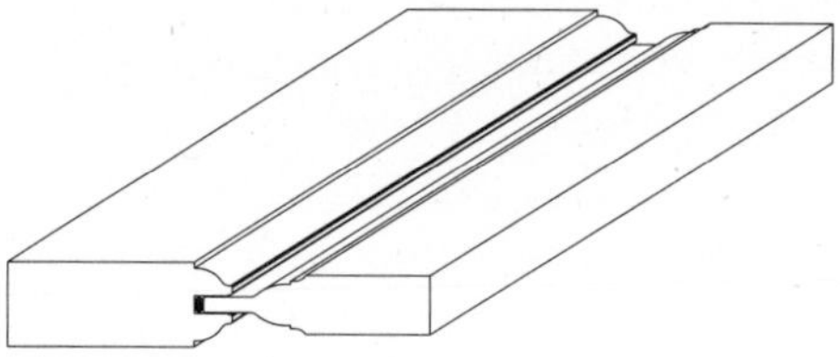
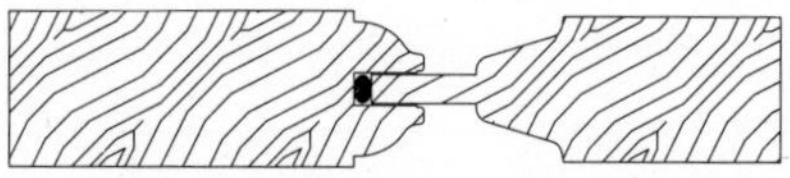 刀型：R01-X07	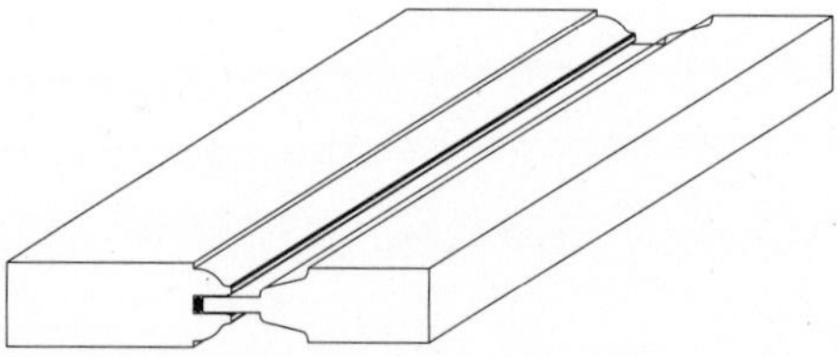
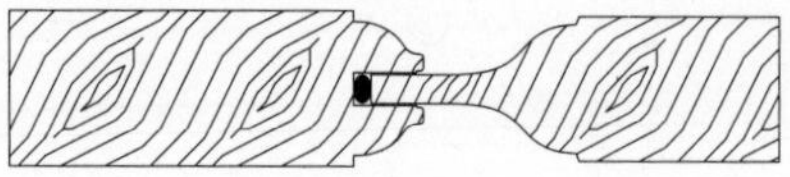 刀型：R01-X08	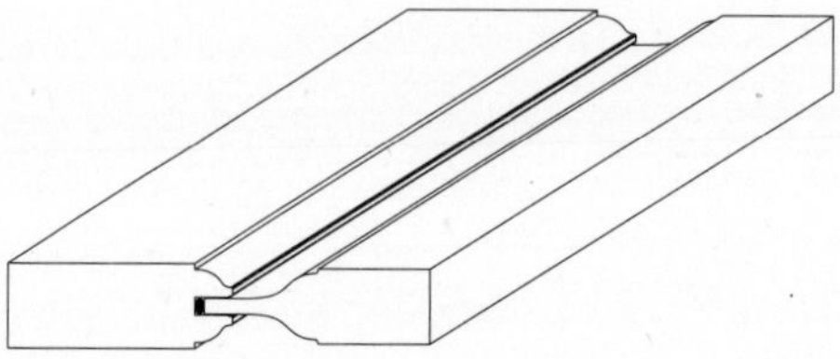

刀型剖面	刀型效果图
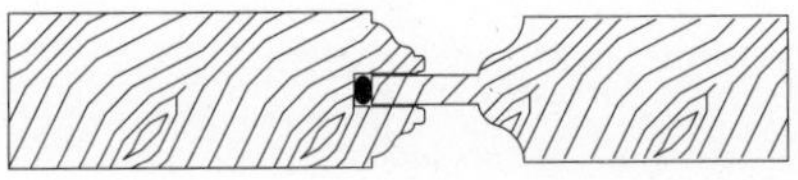 刀型：R02-X09	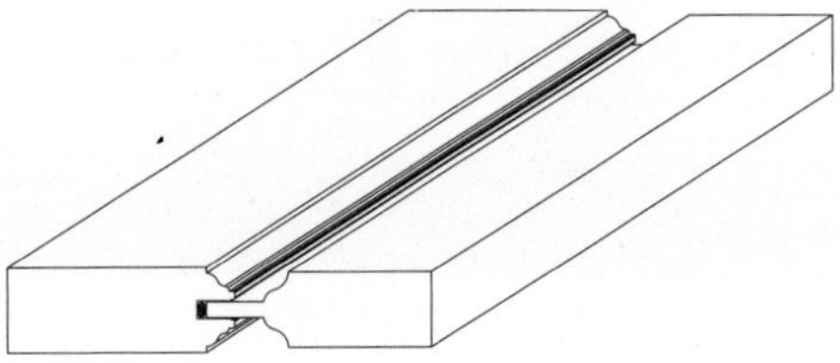
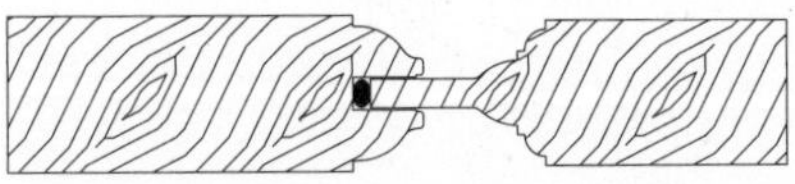 刀型：R01-X10	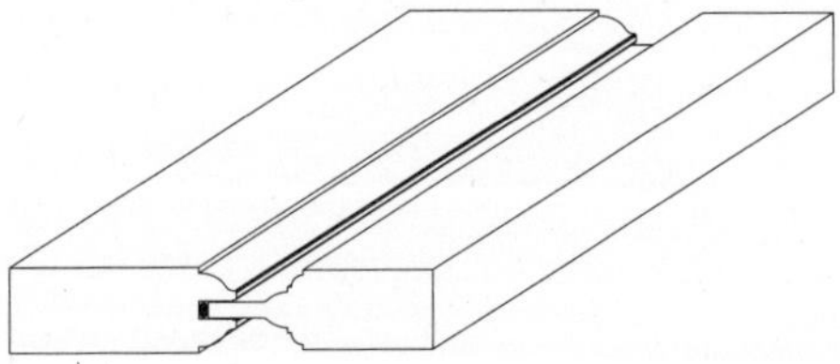
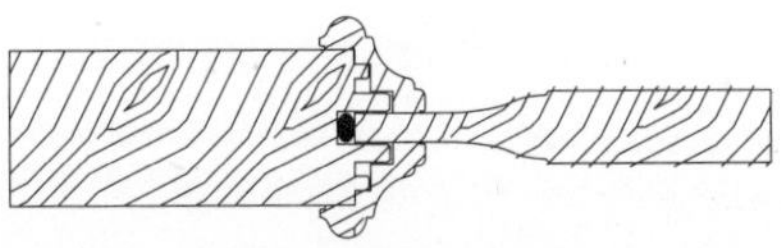 刀型：R04-K01-X01	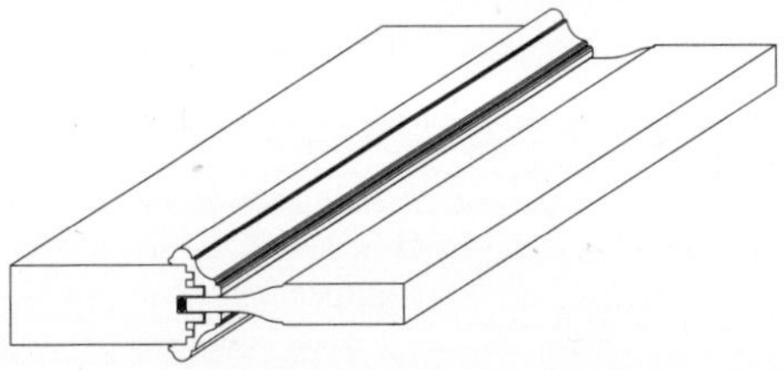
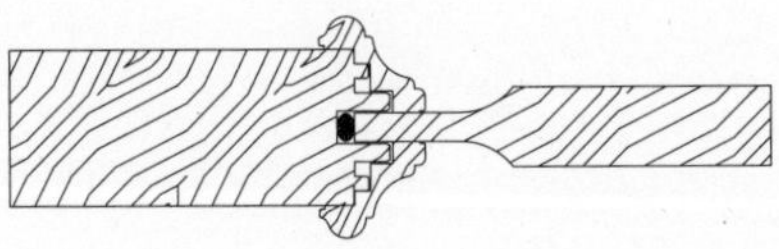 刀型：R04-K01-X11	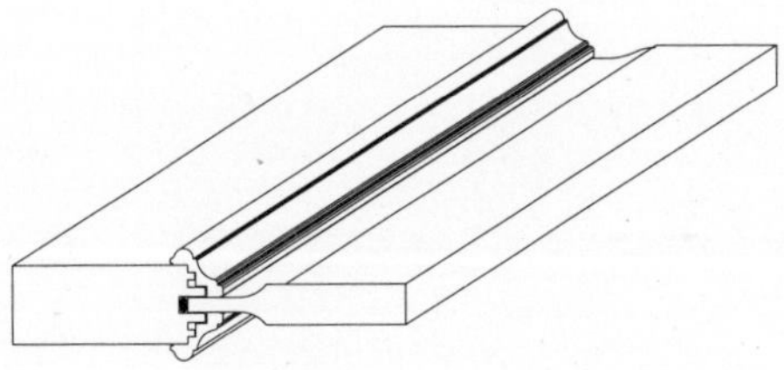
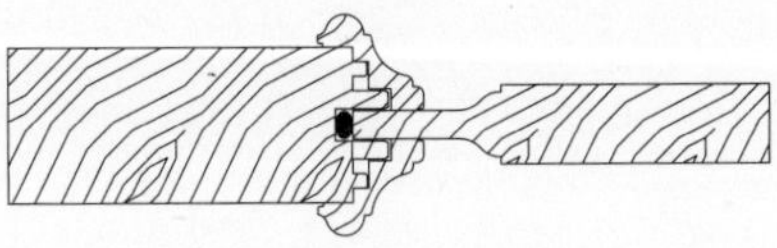 刀型：R04-K01-X12	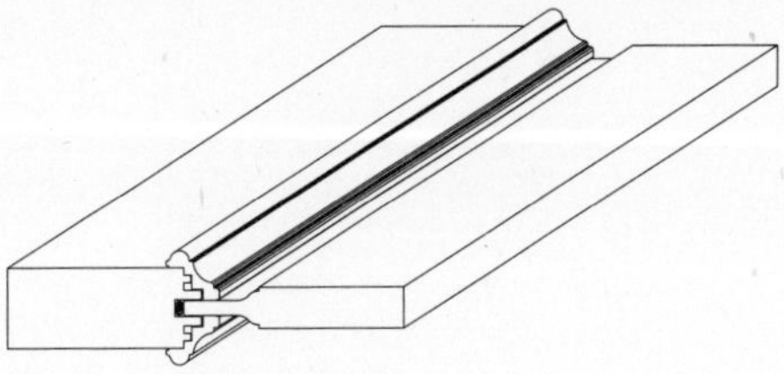

刀型剖面	刀型效果图
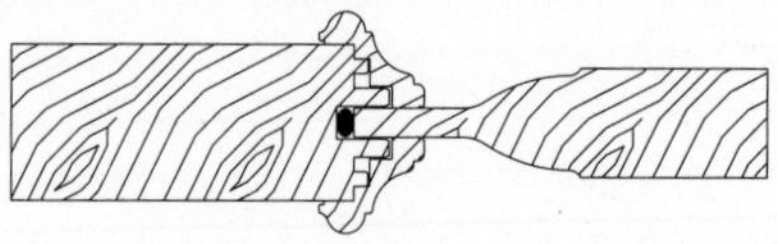 刀型：R04-K01-X05	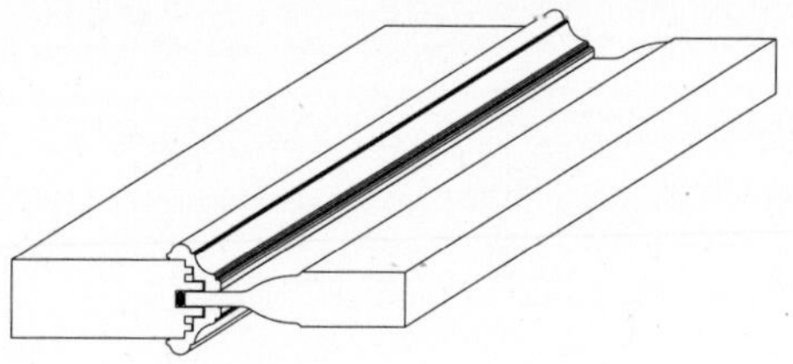
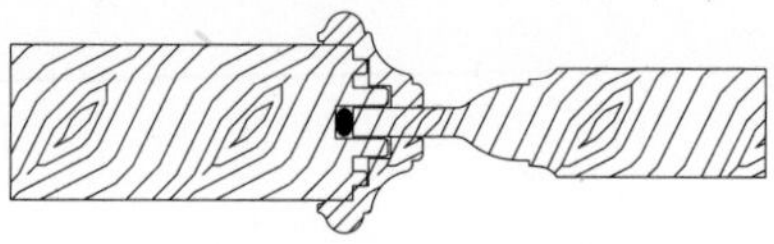 刀型：R04-K01-X06	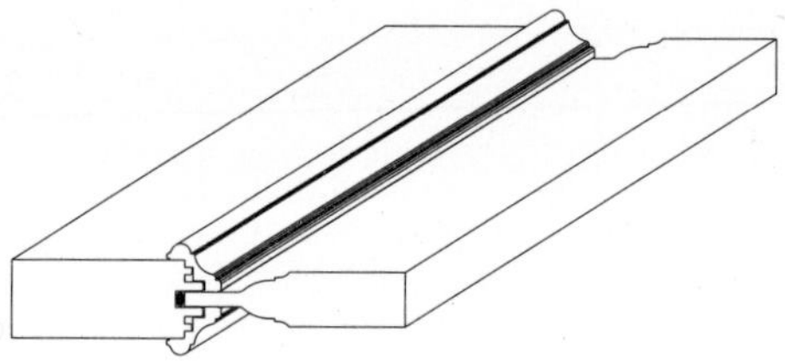
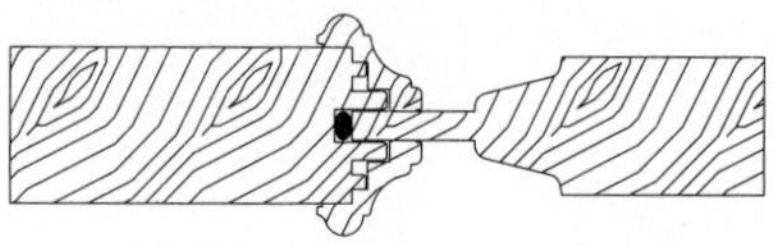 刀型：R04-K01-X07	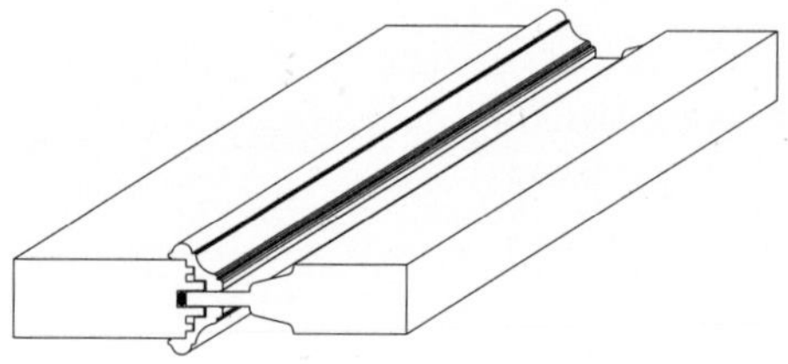
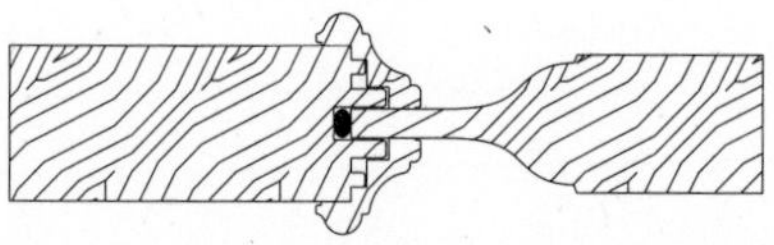 刀型：R04-K01-X08	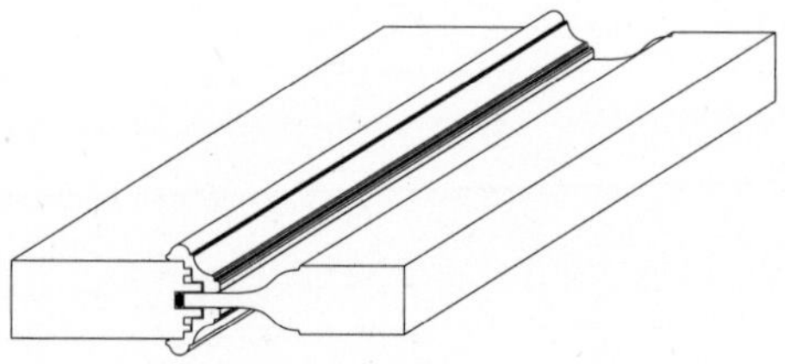
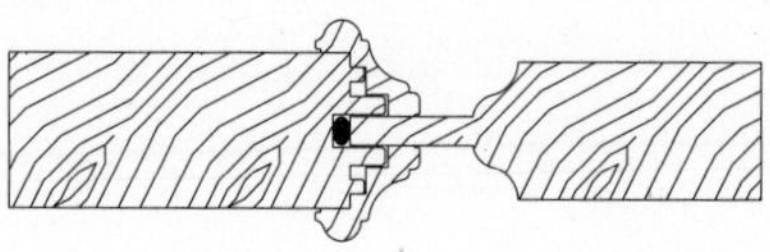 刀型：R04-K01-X09	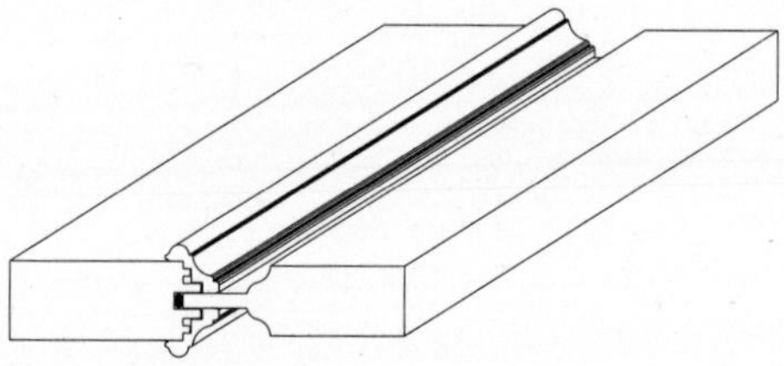

刀型剖面	刀型效果图
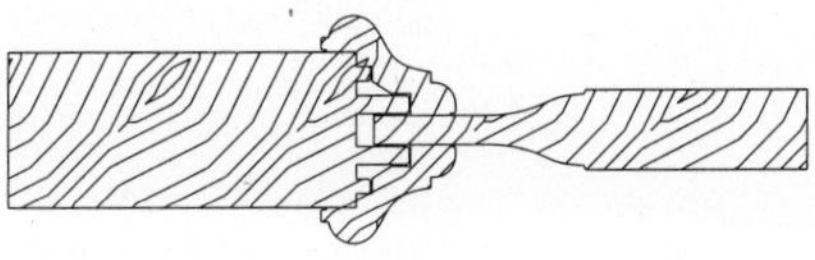 刀型：R05-K02-X01	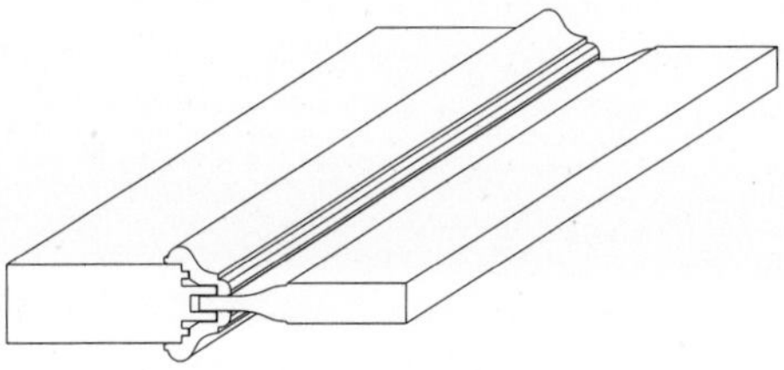
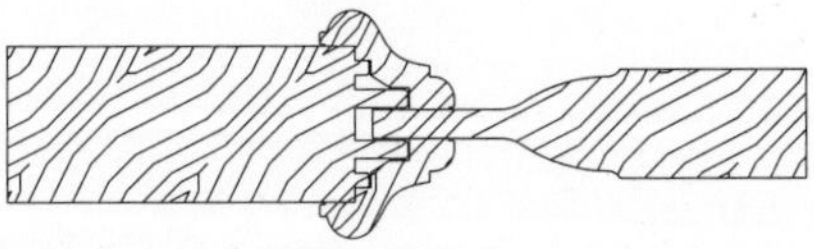 刀型：R05-K02-X05	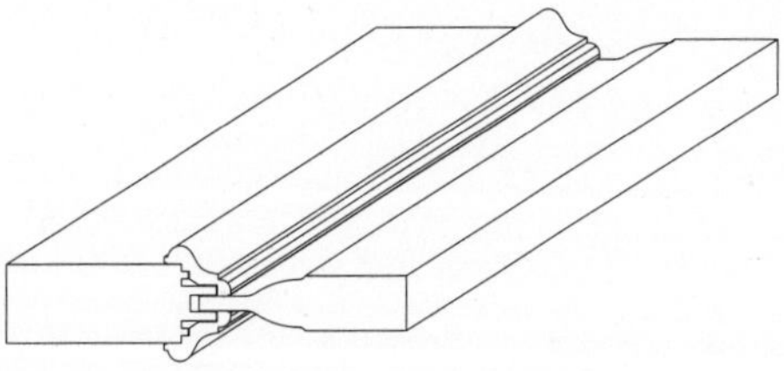
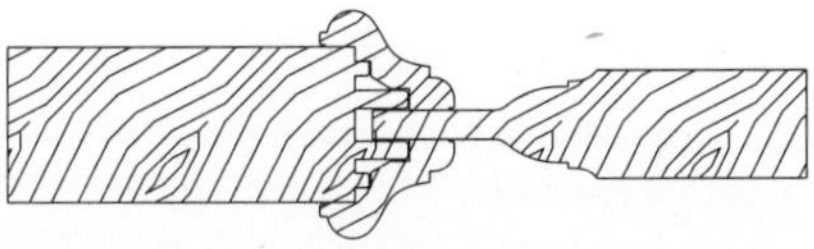 刀型：R05-K02-X06	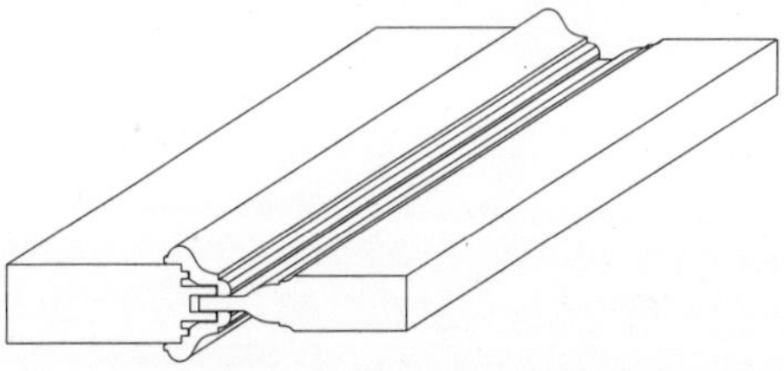
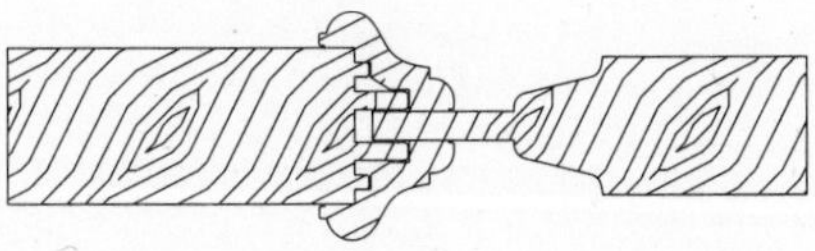 刀型：R05-K02-X07	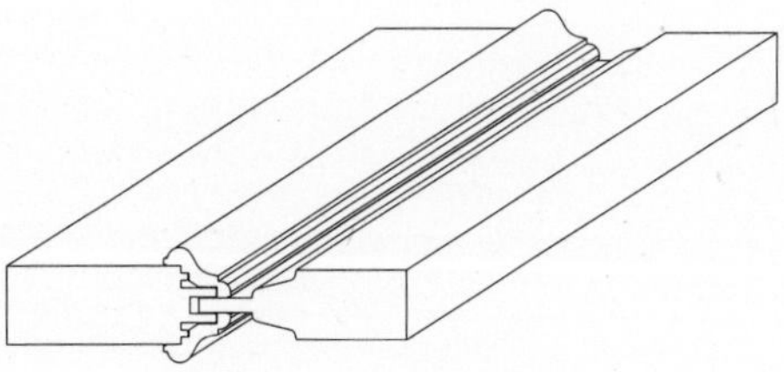
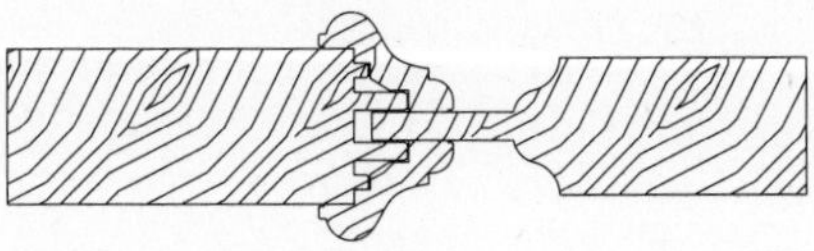 刀型：R05-K02-X09	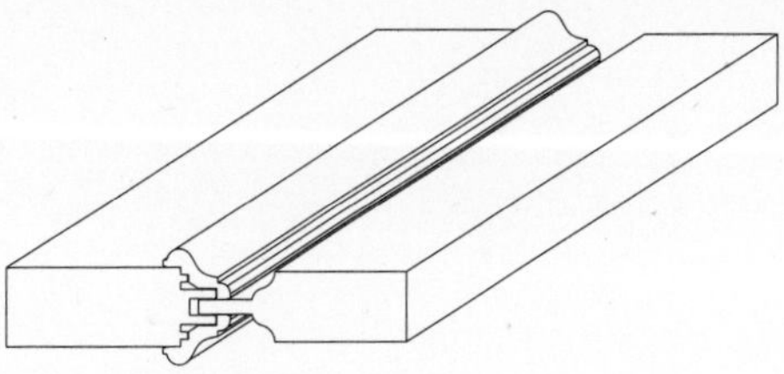

刀型剖面	刀型效果图
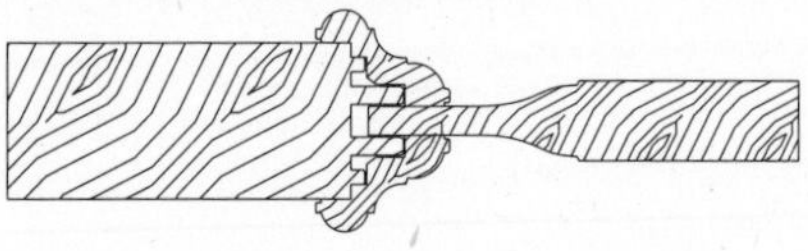 刀型：R05-K03-X01	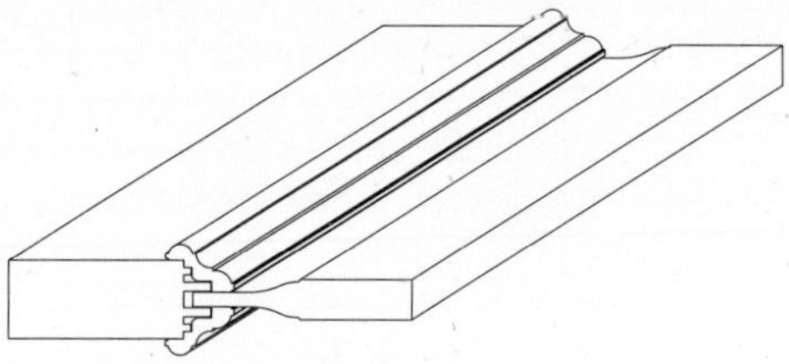
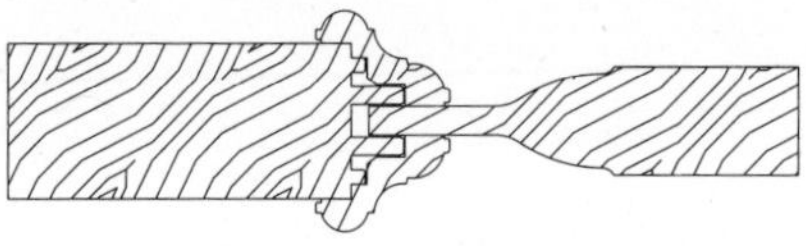 刀型：R05-K03-X05	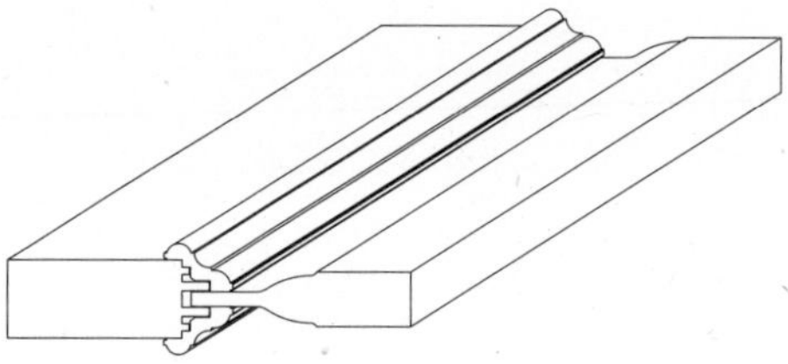
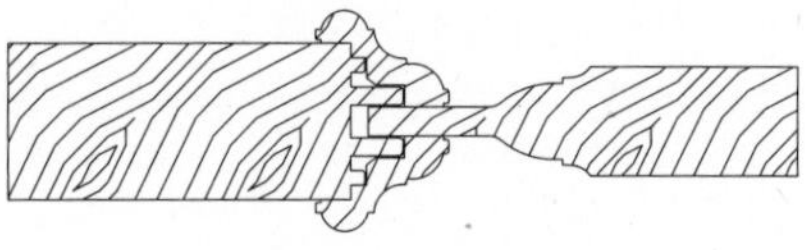 刀型：R05-K03-X06	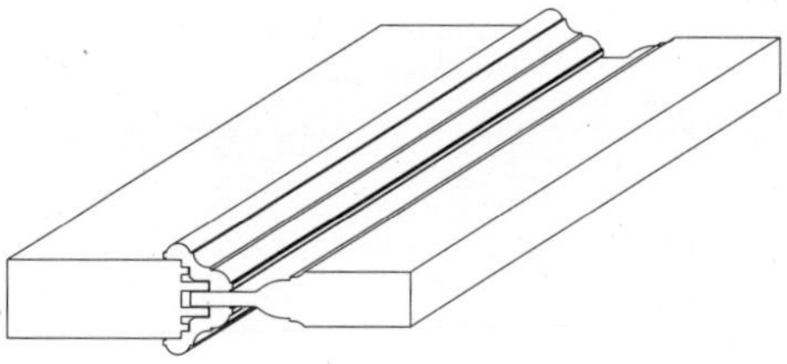
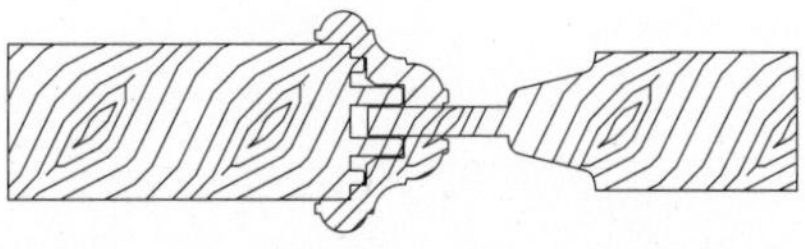 刀型：R05-K03-X07	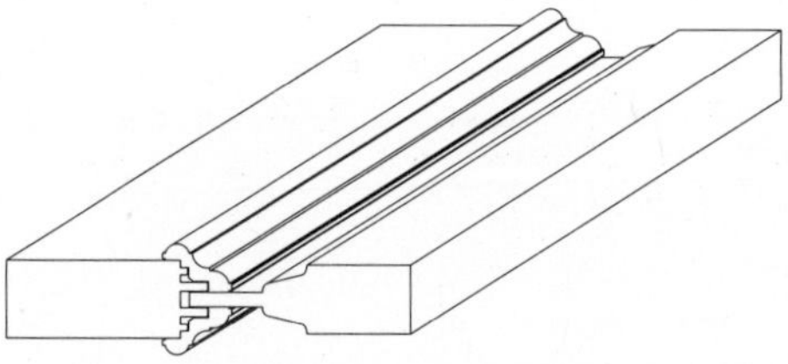
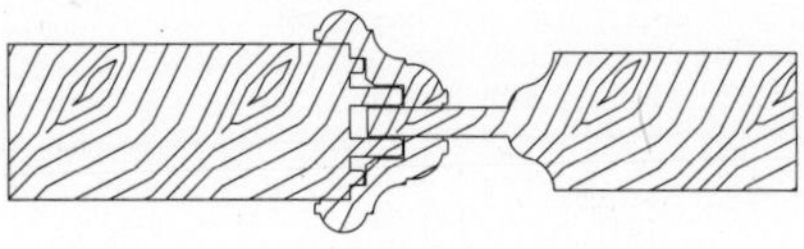 刀型：R05-K03-X09	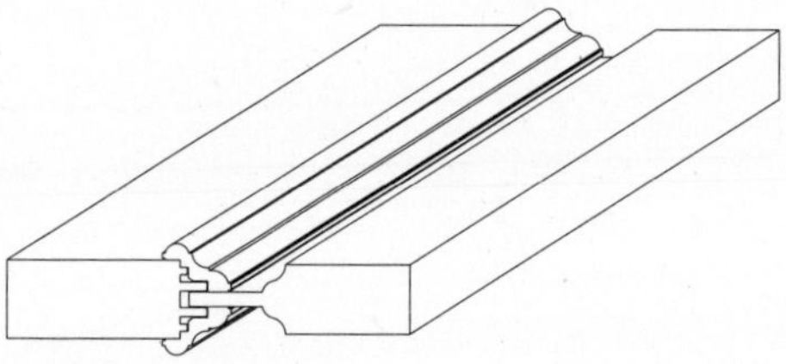

刀型剖面	刀型效果图
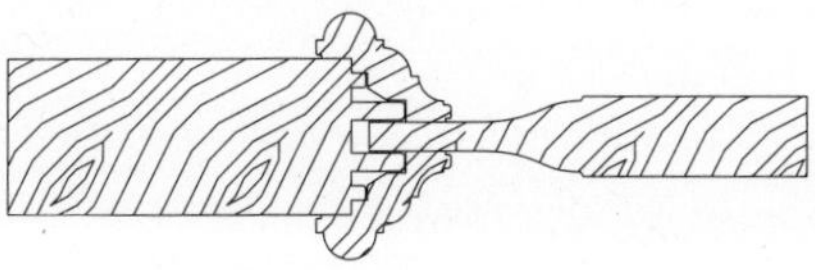 刀型：R05-K04-X01	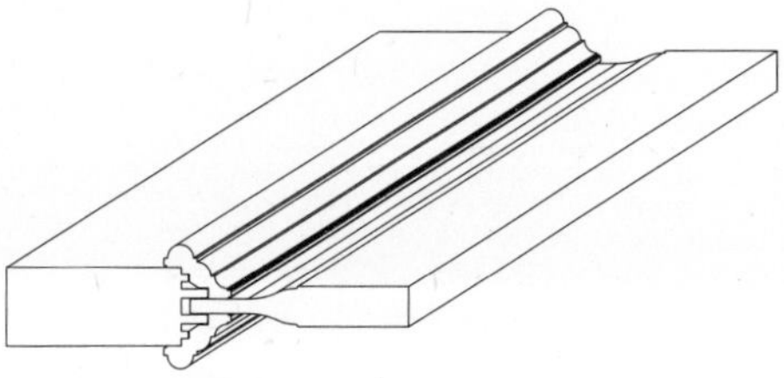
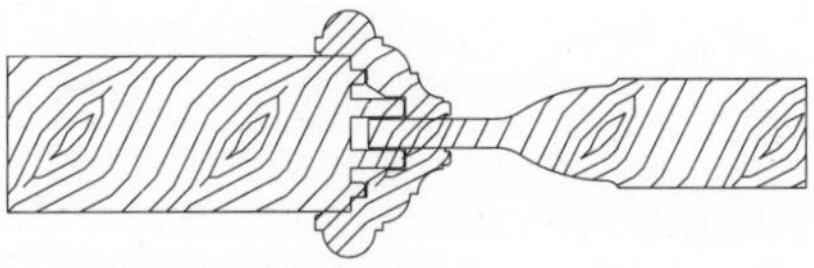 刀型：R05-K04-X05	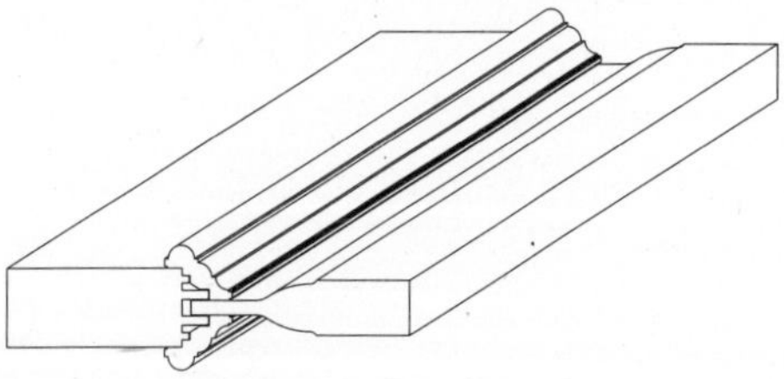
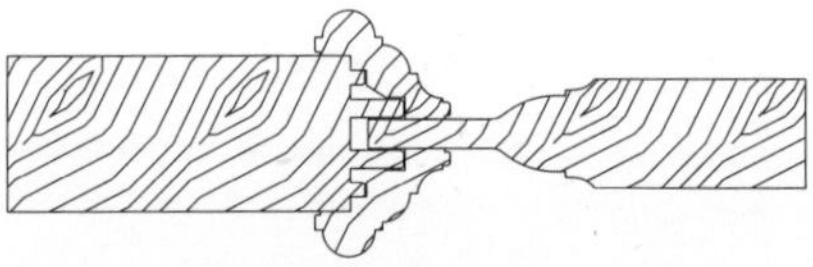 刀型：R05-K04-X06	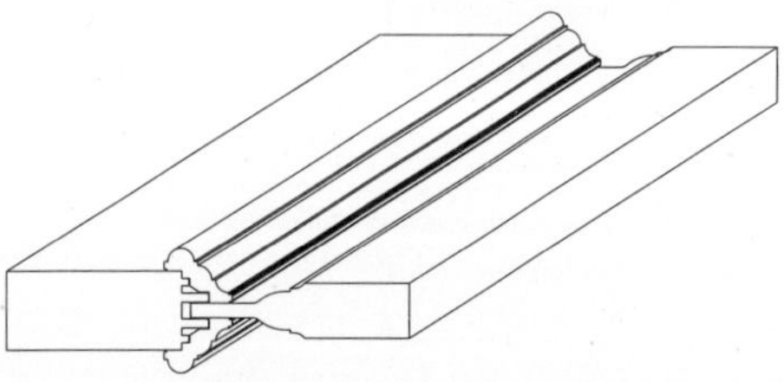
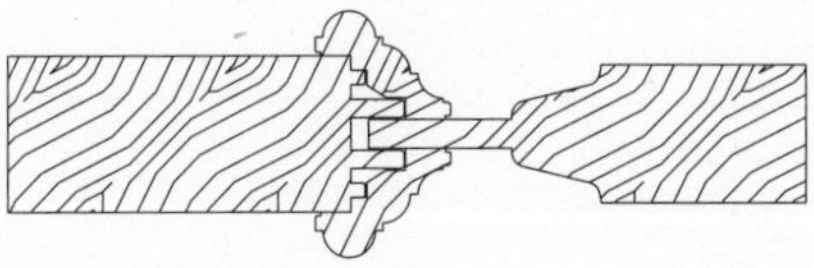 刀型：R05-K04-X07	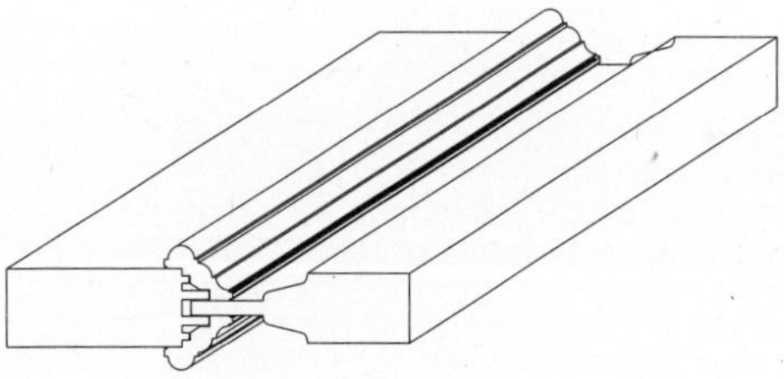
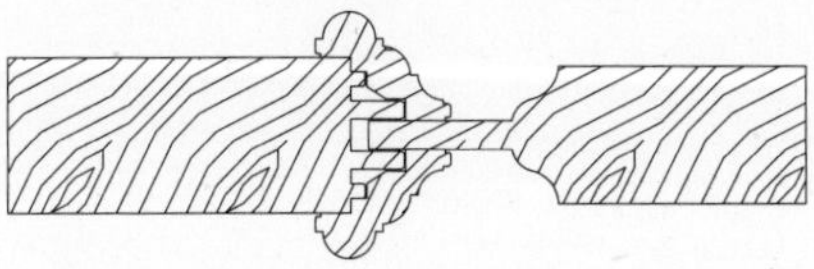 刀型：R05-K04-X09	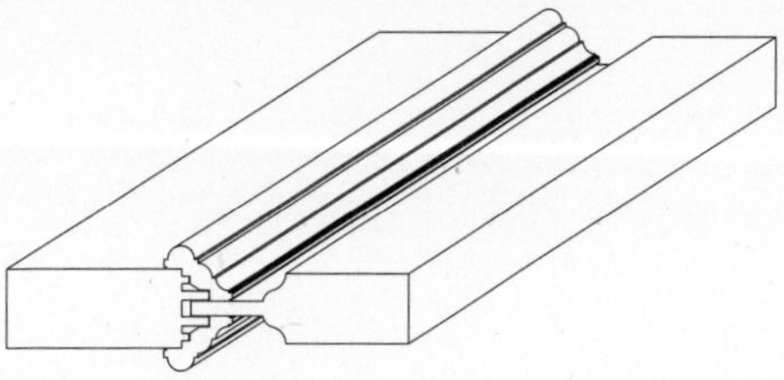

刀型剖面	刀型效果图
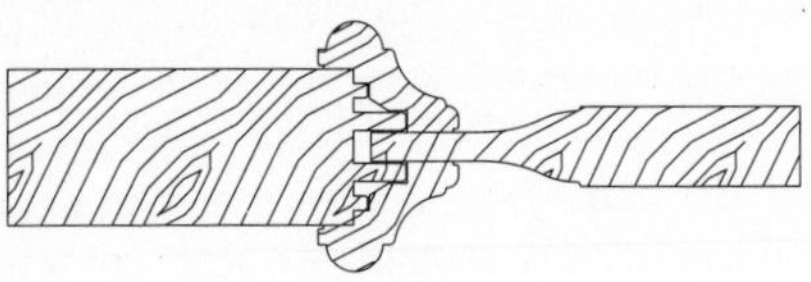 刀型：R05-K05-X01	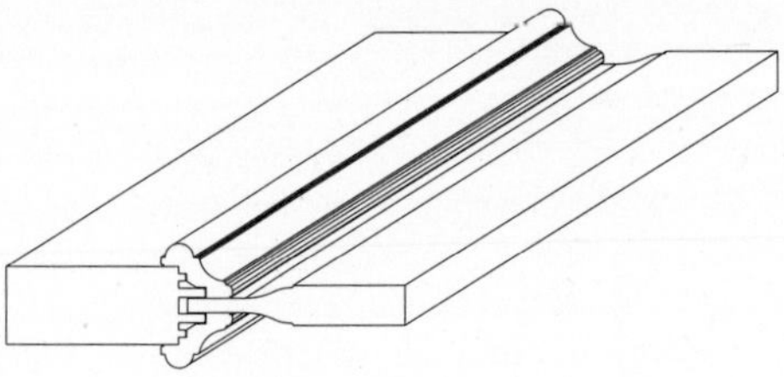
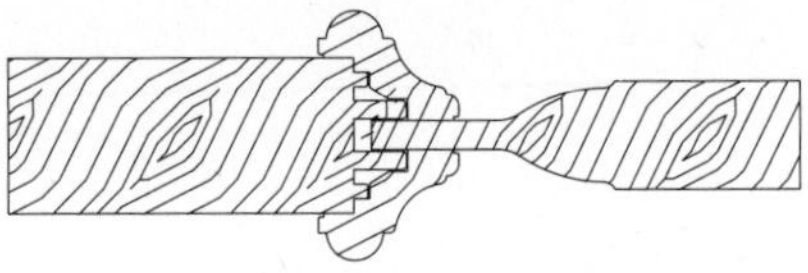 刀型：R05-K05-X05	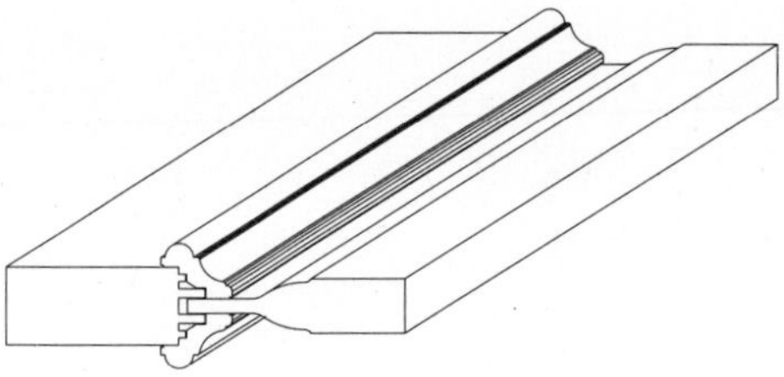
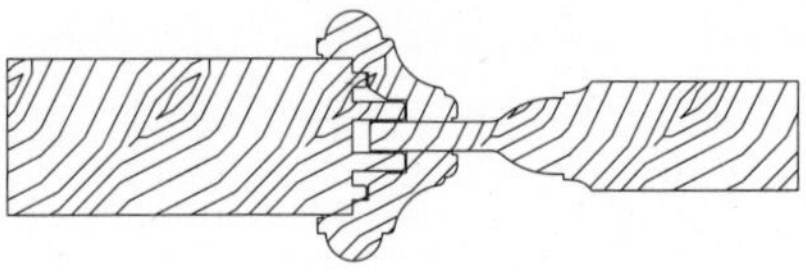 刀型：R05-K05-X06	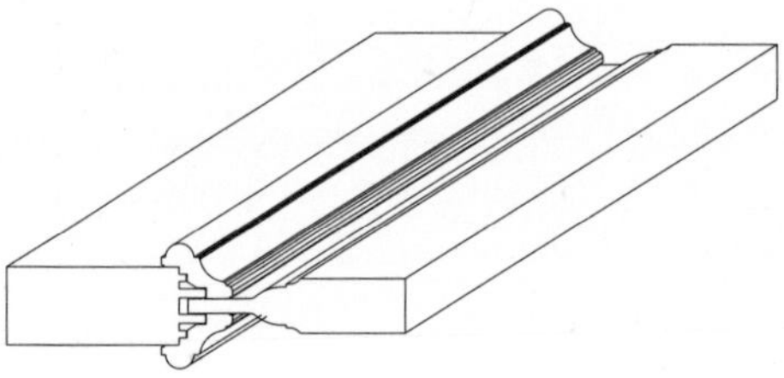
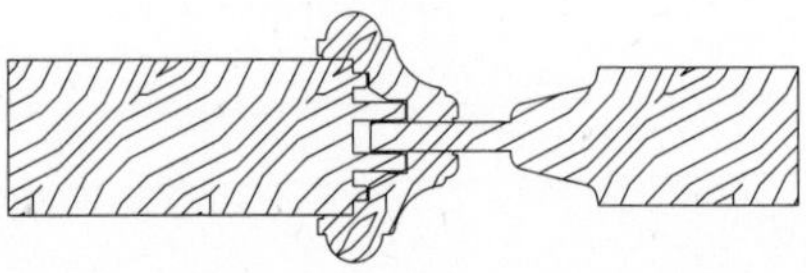 刀型：R05-K05-X07	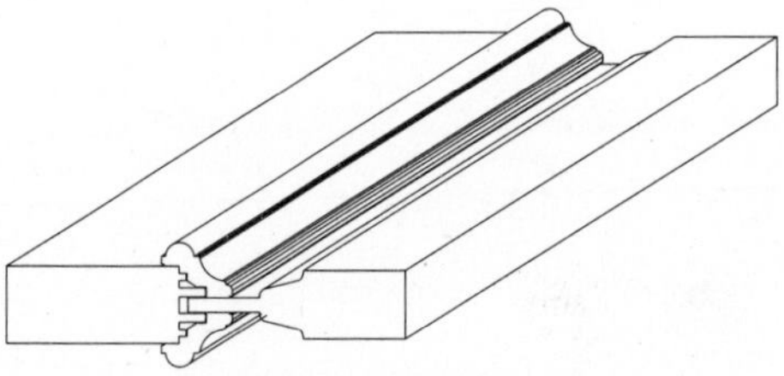
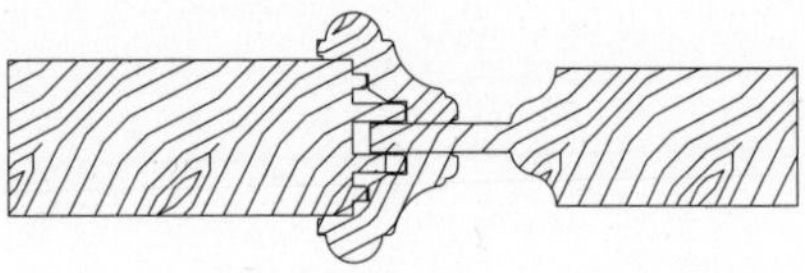 刀型：R05-K05-X09	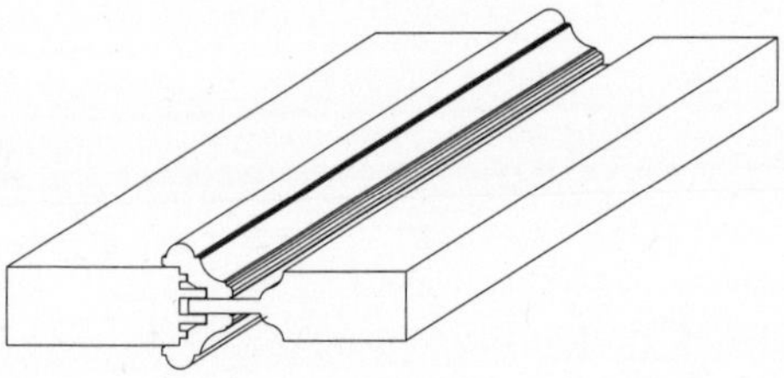

刀型剖面	刀型效果图
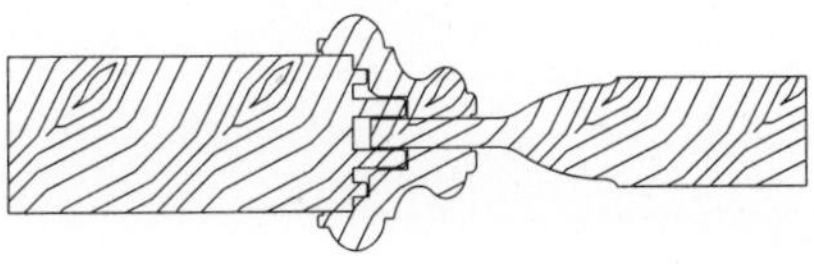 刀型：R05-K06-X05	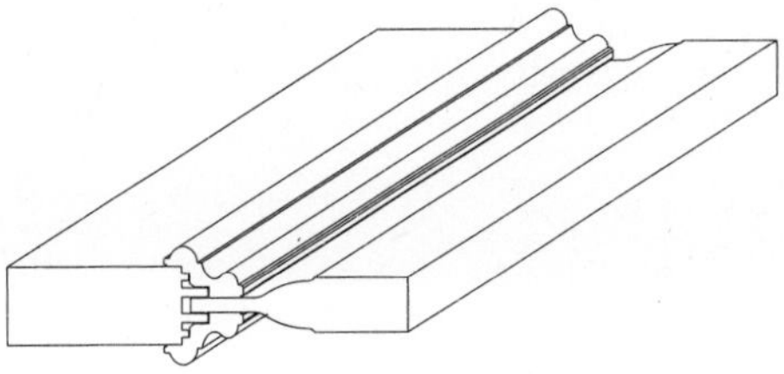
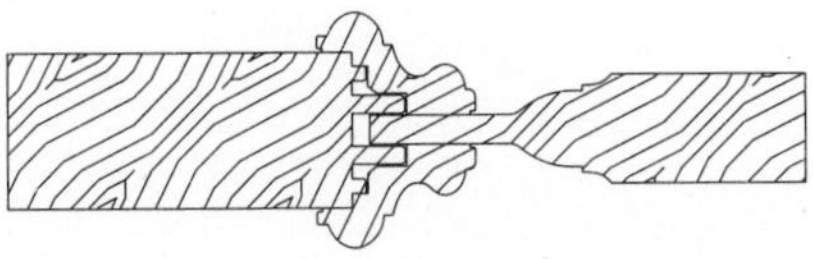 刀型：R05-K06-X06	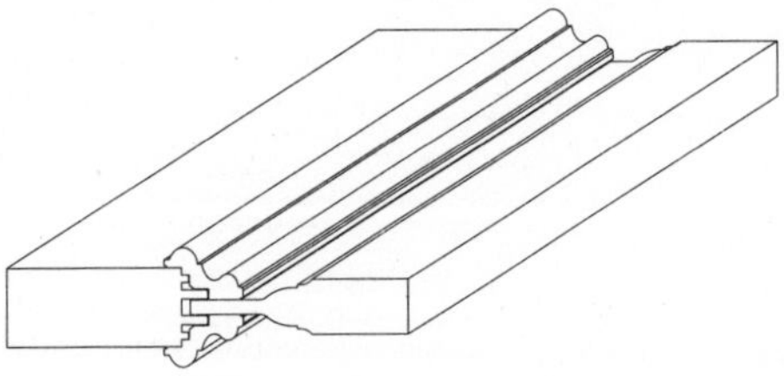
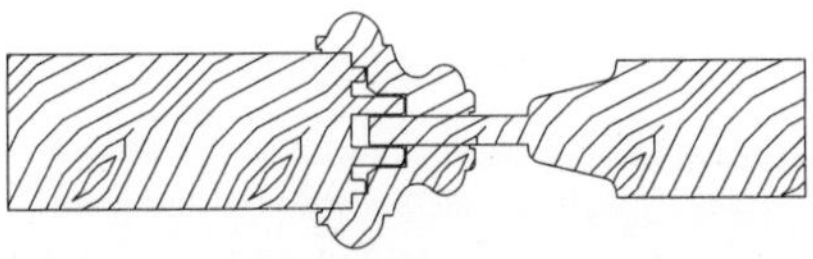 刀型：R05-K06-X07	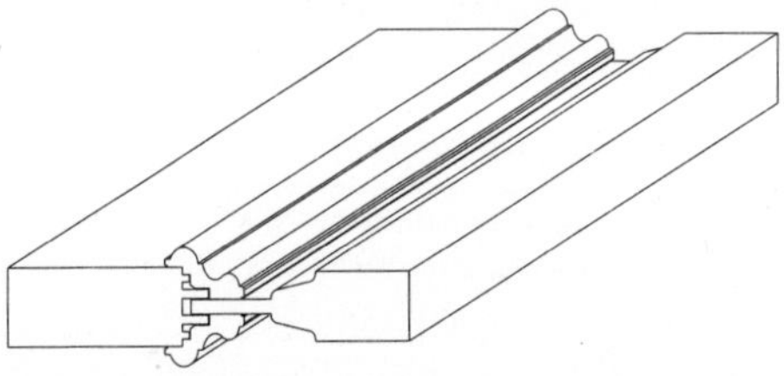
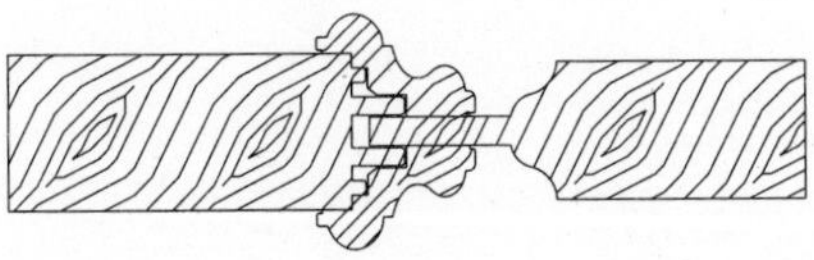 刀型：R05-K06-X09	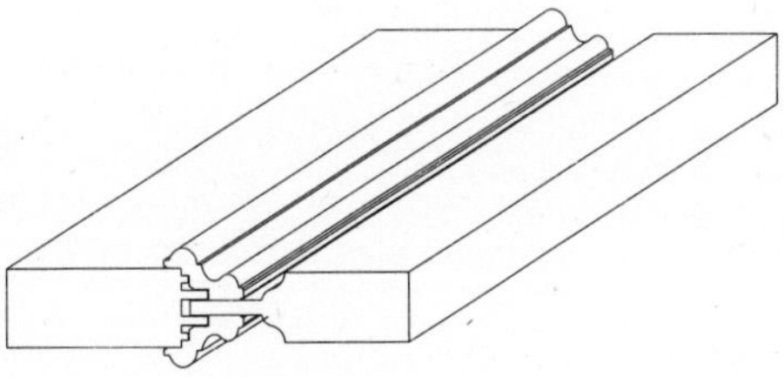
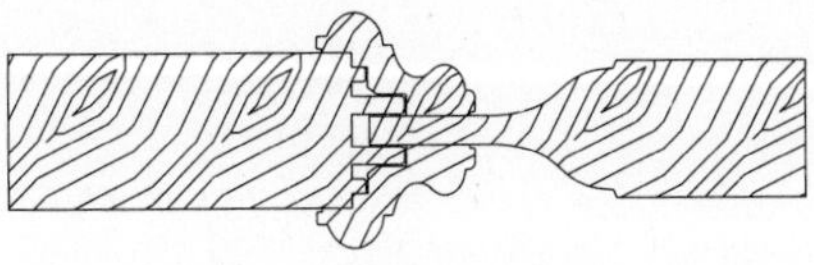 刀型：R05-K06-X08	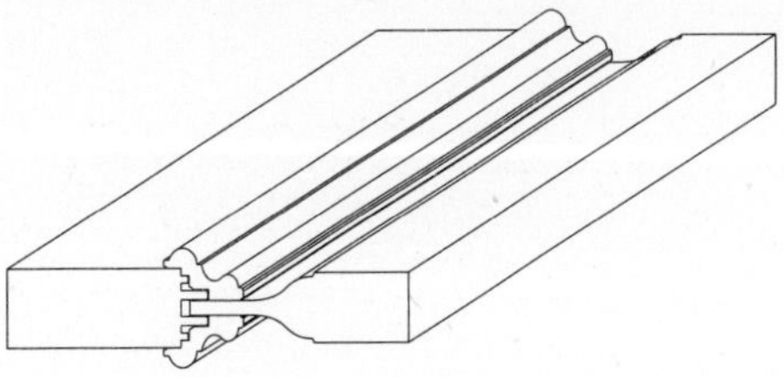

刀型剖面	刀型效果图
刀型：R05-K07-X05	
刀型：R05-K07-X06	
刀型：R05-K07-X07	
刀型：R05-K07-X09	
刀型：R05-K07-X08	

刀型剖面	刀型效果图
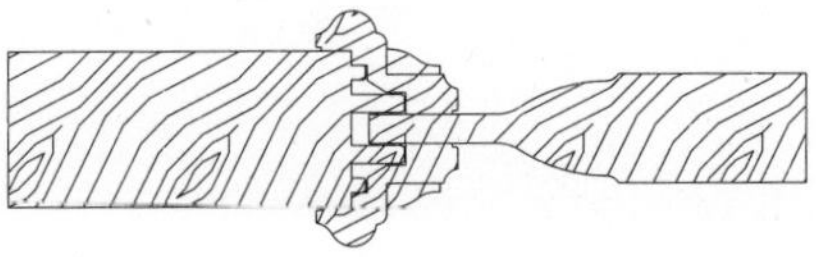 刀型：R05-K08-X05	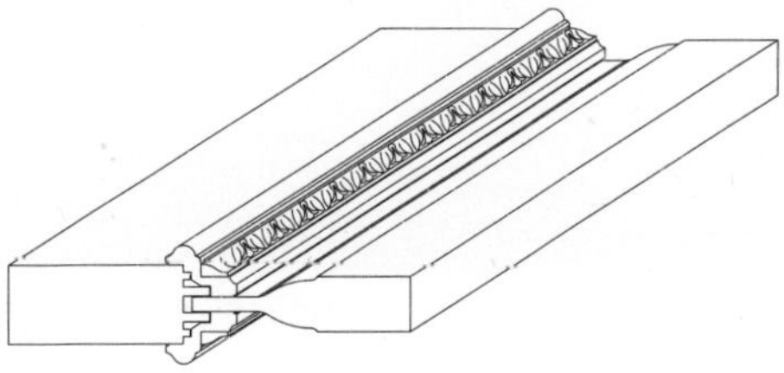
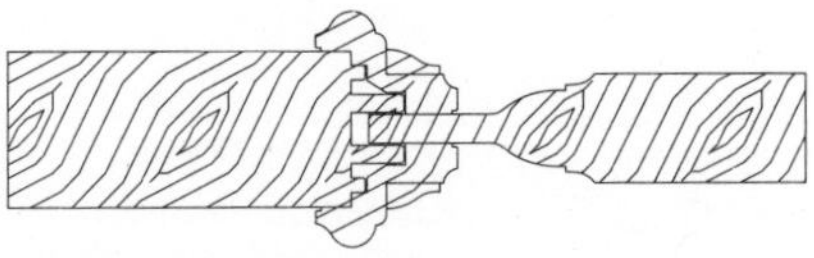 刀型：R05-K08-X06	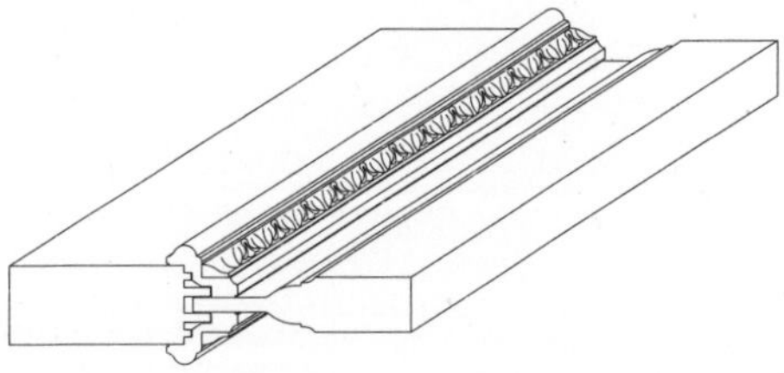
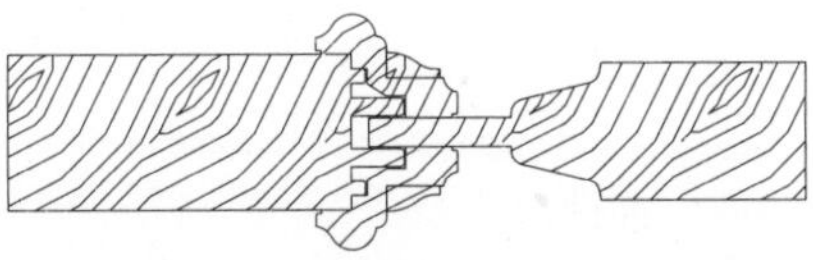 刀型：R05-K08-X07	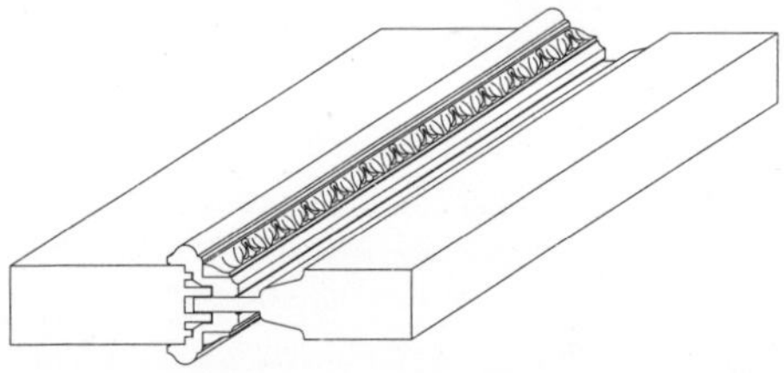
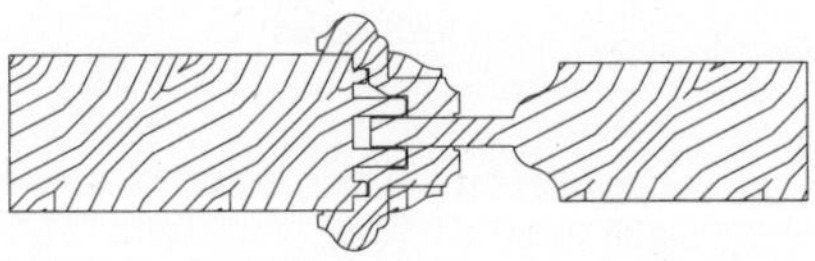 刀型：R05-K08-X09	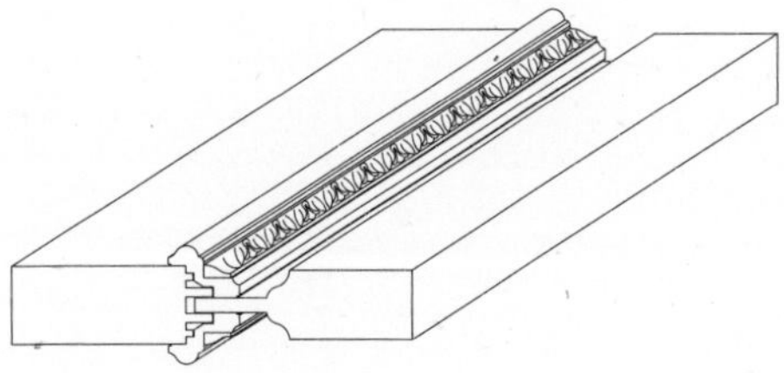
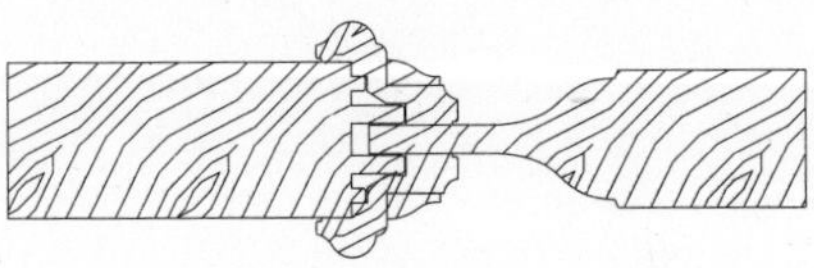 刀型：R05-K08-X08	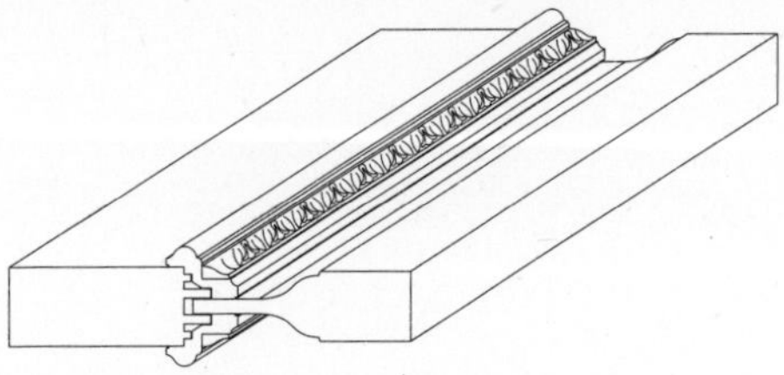

刀型剖面	刀型效果图
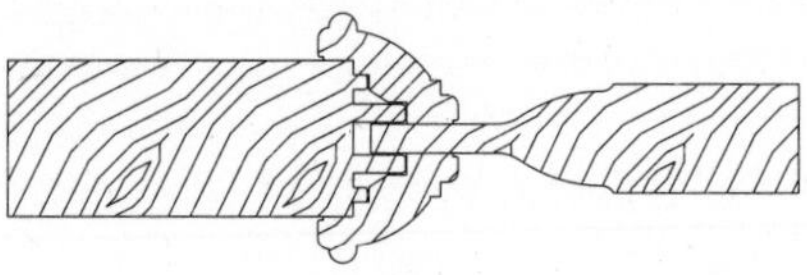 刀型：R05-K09-X05	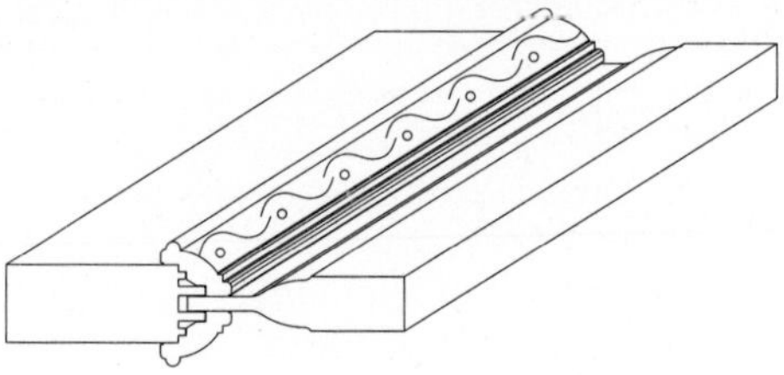
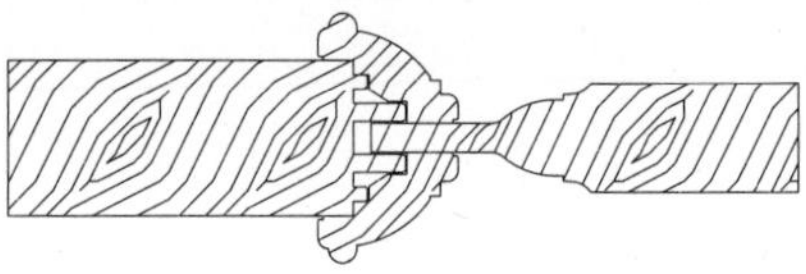 刀型：R05-K09-X06	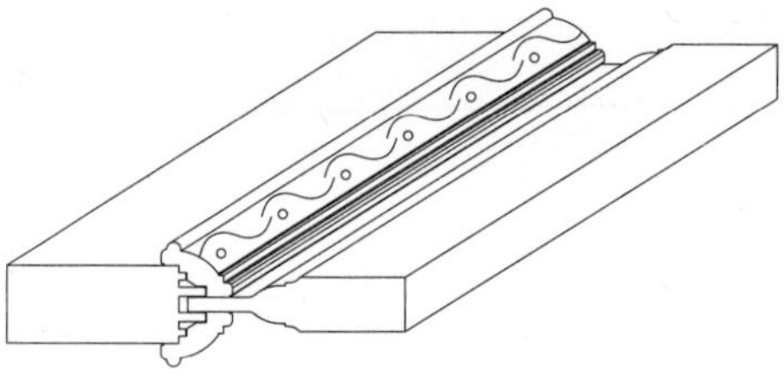
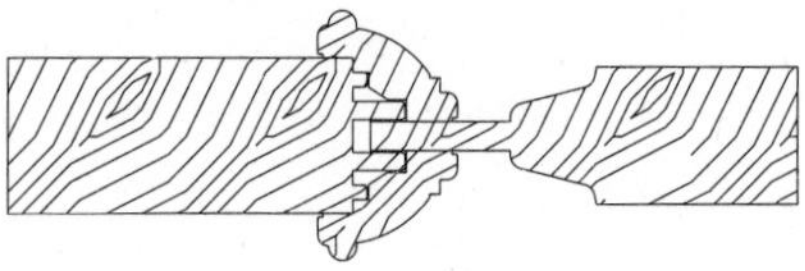 刀型：R05-K09-X07	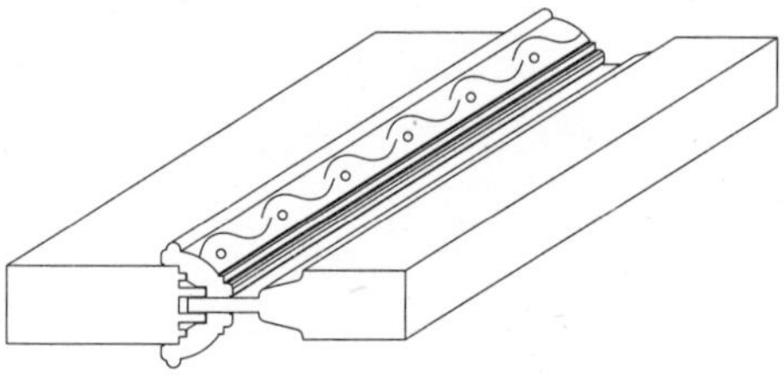
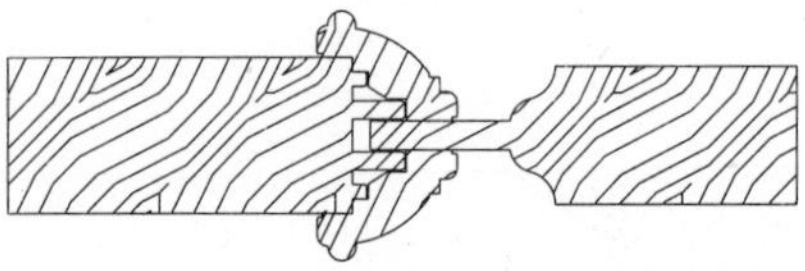 刀型：R05-K09-X09	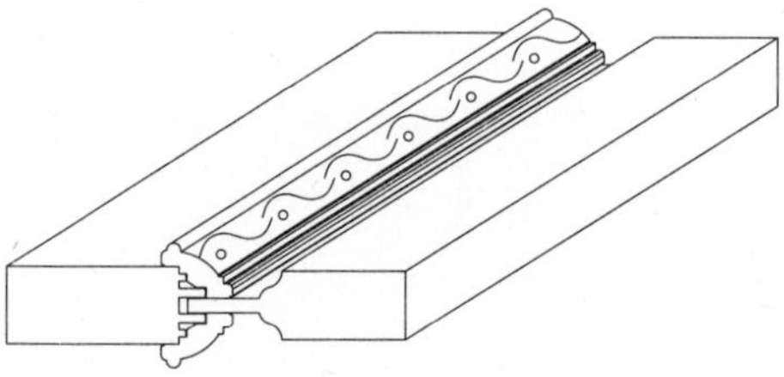
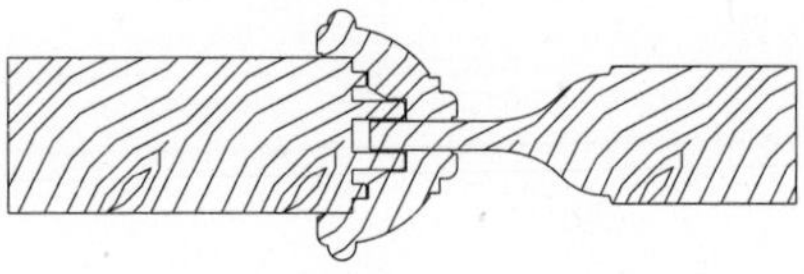 刀型：R05-K09-X08	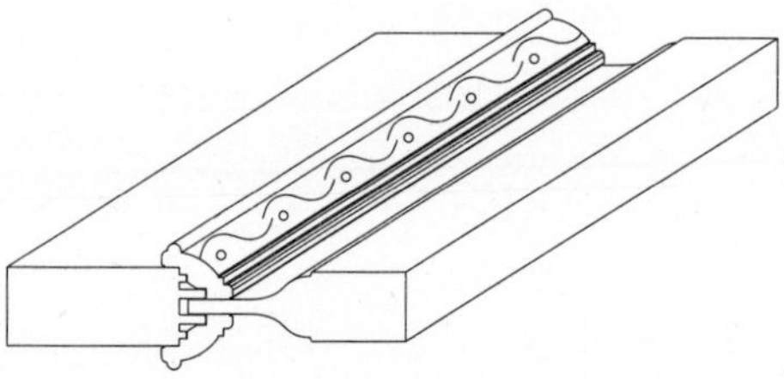

刀型剖面	刀型效果图
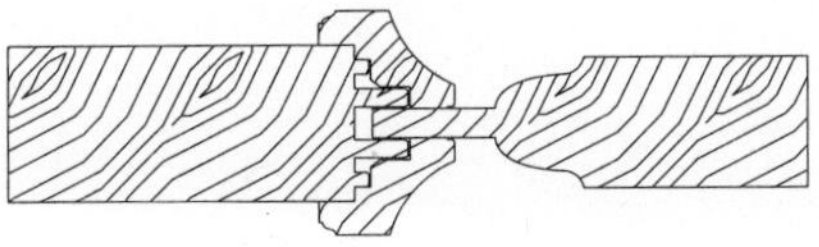 刀型：R05-K10-X11	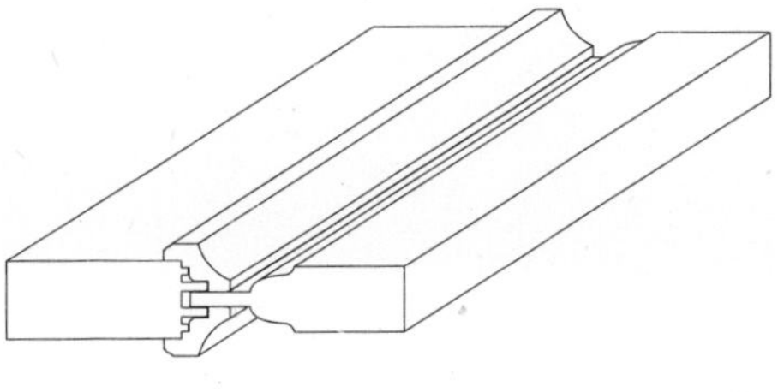
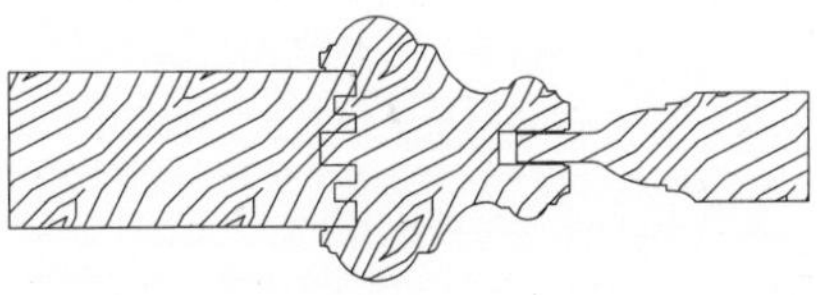 刀型：R06-K12-X06	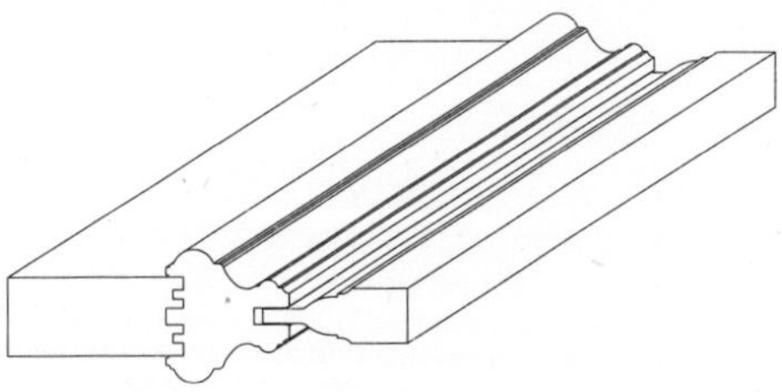
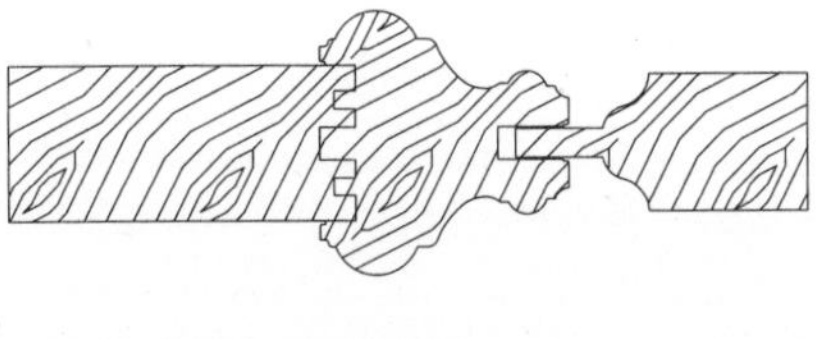 刀型：R06-K12-X09	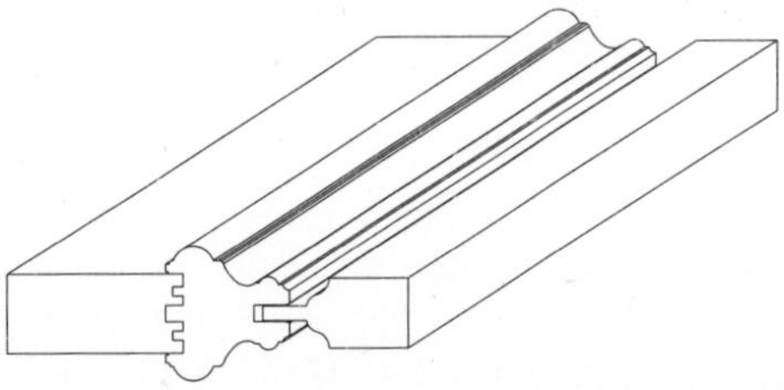
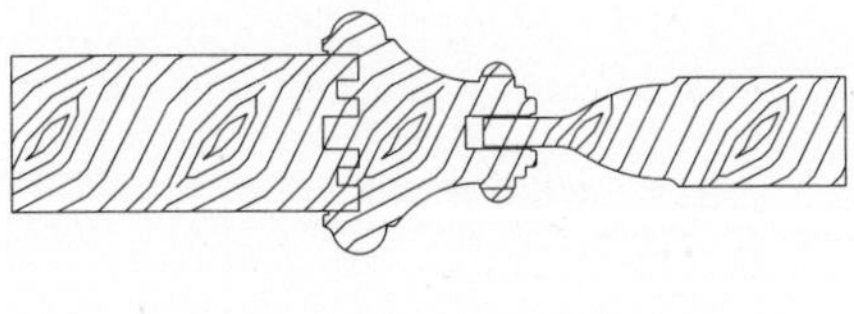 刀型：R06-K11-X05	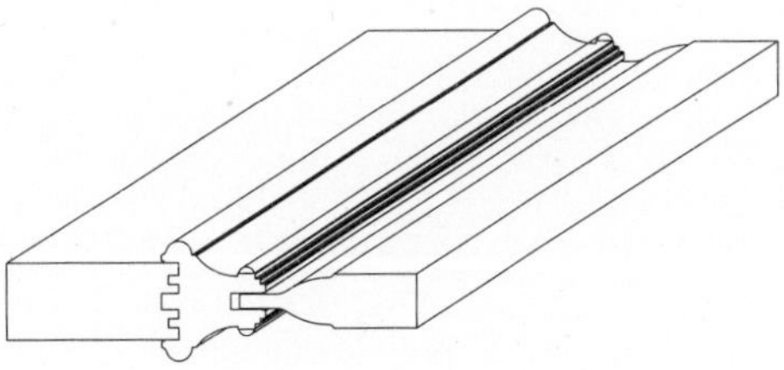
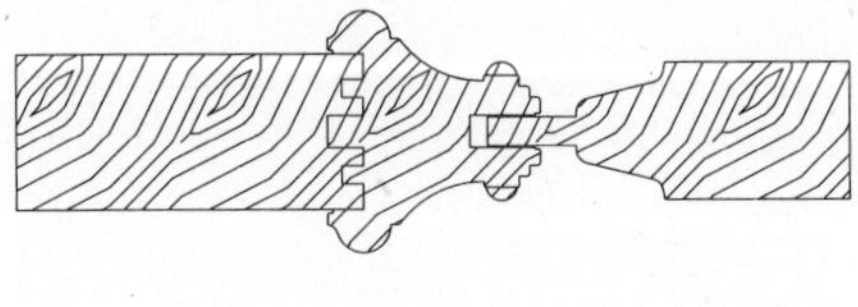 刀型：R06-K11-X07	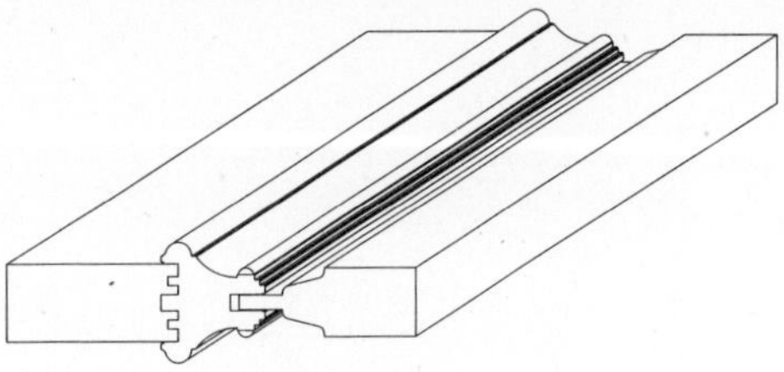

刀型剖面	刀型效果图
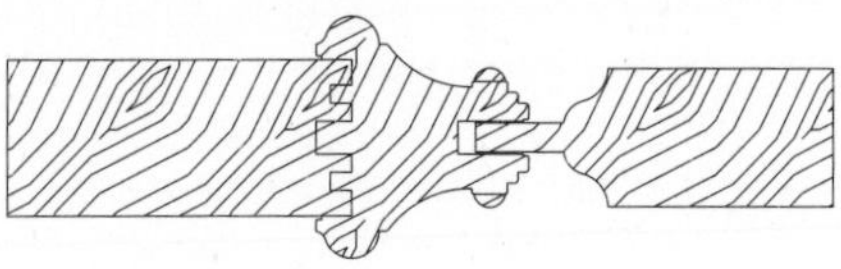 刀型：R06-K11-X09	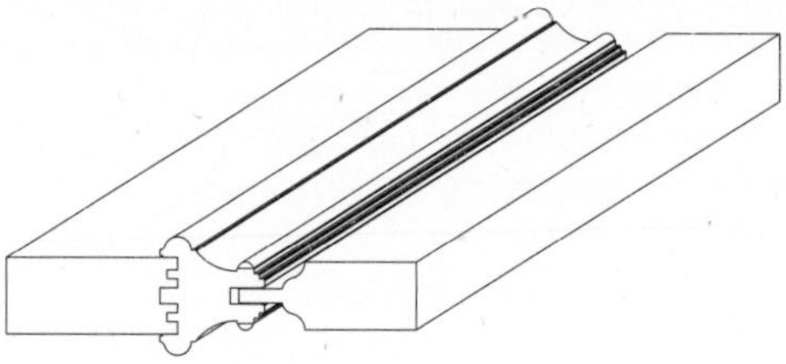
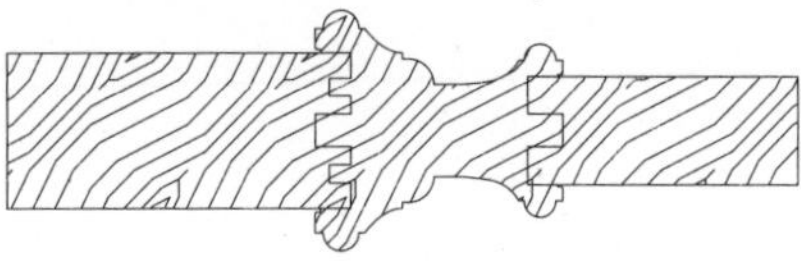 刀型：R06-K13-X12	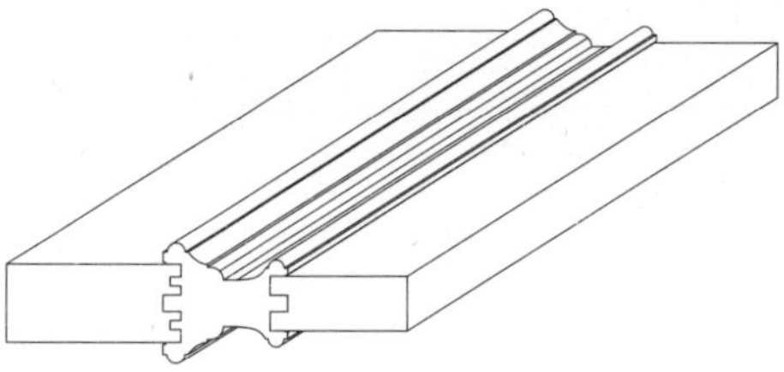
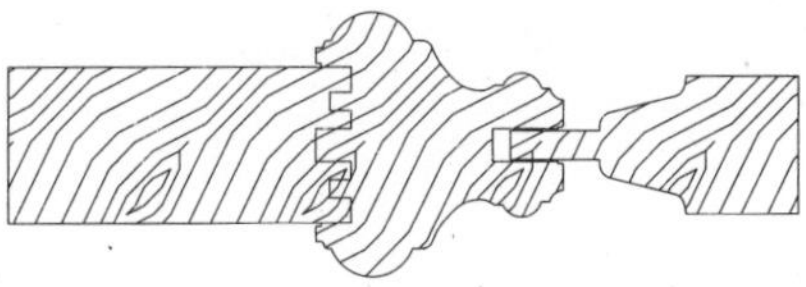 刀型：R06-K12-X07	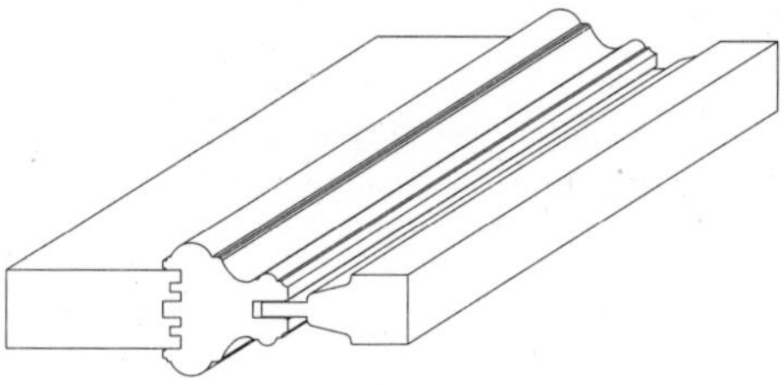
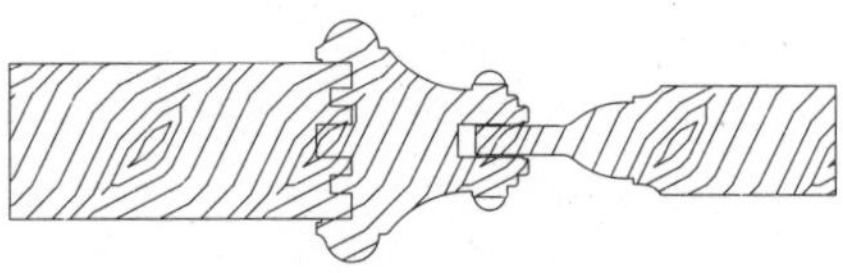 刀型：R06-K11-X06	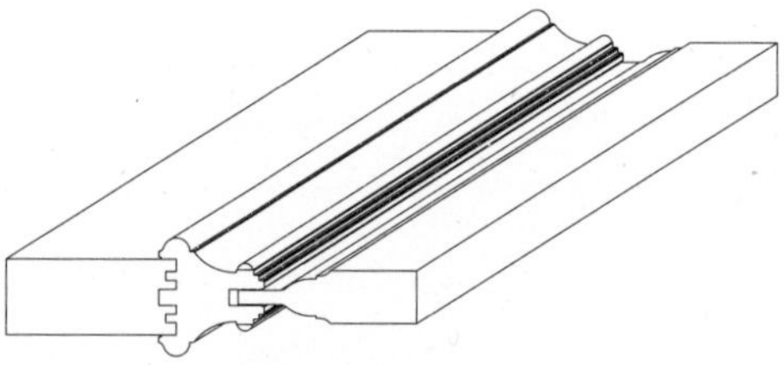
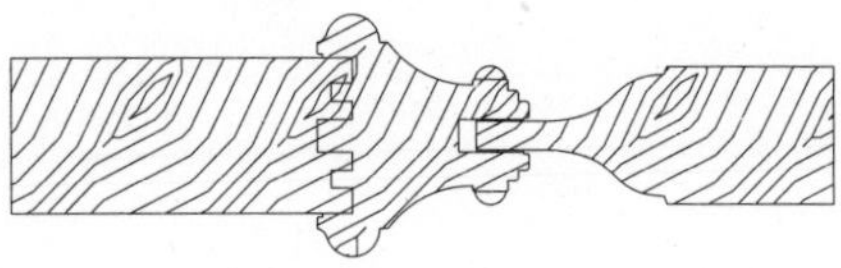 刀型：R06-K11-X08	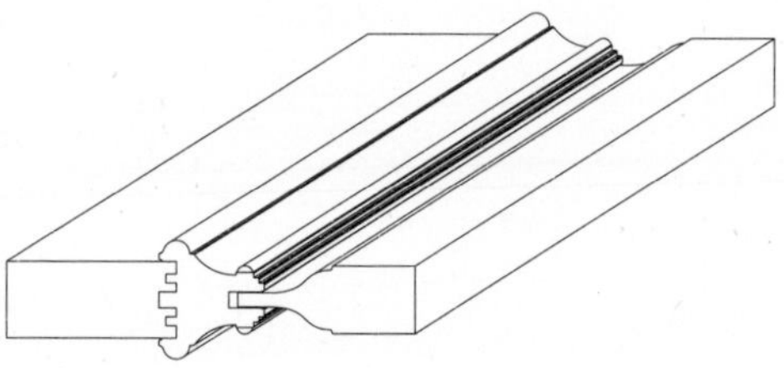

第十九节 门扇装饰线

名称	装饰线剖面	型号	规格(mm)
装饰线	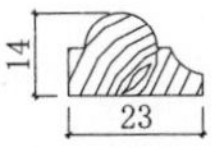 14 23	ZSX-01	23×14
装饰线	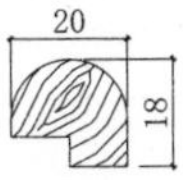 20 18	ZSX-02	20×18
装饰线	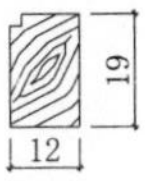 19 12	ZSX-03	19×12
装饰线	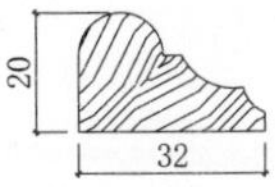 20 32	ZSX-04	32×20
装饰线	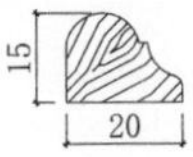 15 20	ZSX-05	20×15
装饰线	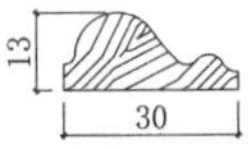 13 30	ZSX-06	30×13
装饰线	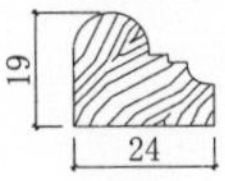 19 24	ZSX-07	24×19
装饰线	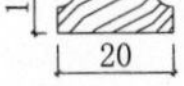 12 20	ZSX-08	20×12
装饰线	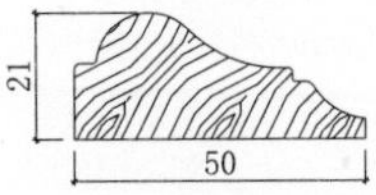 21 50	ZSX-09	50×21
装饰线	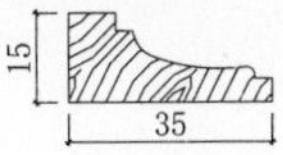 15 35	ZSX-10	35×15
装饰线	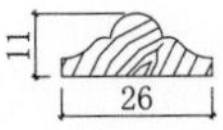 11 26	ZSX-11	26×11

名称	装饰线剖面	型号	规格(mm)
装饰线	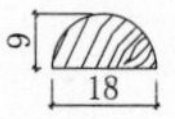	ZSX-12	18×9
装饰线	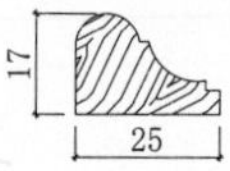	ZSX-13	25×17
装饰线	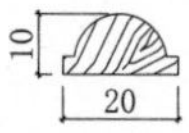	ZSX-14	20×10
装饰线	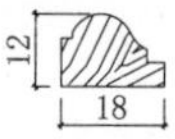	ZSX-15	18×12
装饰线	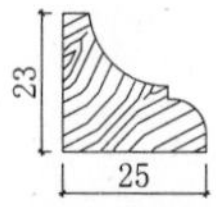	ZSX-16	25×23
装饰线	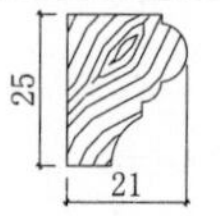	ZSX-17	25×21
装饰线	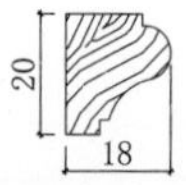	ZSX-18	20×18
装饰线	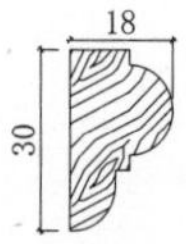	ZSX-19	30×18
装饰线	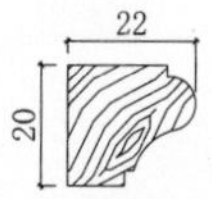	ZSX-20	20×22
装饰线	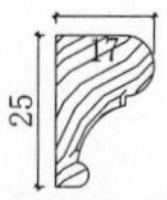	ZSX-21	25×17
装饰线	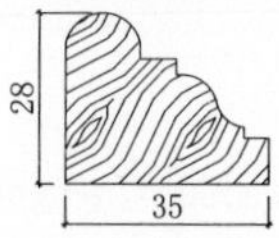	ZSX-22	35×28

名称	门套线剖面	型号	规格(mm)
门套线	60 13	MTX-01	30×20
门套线	60 13	MTX-02	30×20
门套线	60 20	MTX-03	30×20
门套线	60 20	MTX-04	30×20
门套线	70 25	MTX-05	30×20
门套线	80 22	MTX-06	30×20
门套线	80 22	MTX-07	30×20
门套线	80 22	MTX-08	30×20
门套线	80 28	MTX-09	30×20
门套线	80 32	MTX-10	30×20
门套线	80 24	MTX-11	30×20

木
门

名称	门套线剖面	型号	规格(mm)
门套线	80 25	MTX-12	30×20
门套线	80 25	MTX-13	30×20
门套线	80 27	MTX-14	30×20
门套线	80 28	MTX-15	30×20
门套线	80 24	MTX-16	30×20
门套线	80 30	MTX-17	30×20
门套线	100 32	MTX-18	30×20
门套线	100 38	MTX-19	30×20
门套线	100 30	MTX-20	30×20
门套线	100 27	MTX-21	30×20
门套线	100 27	MTX-22	30×20

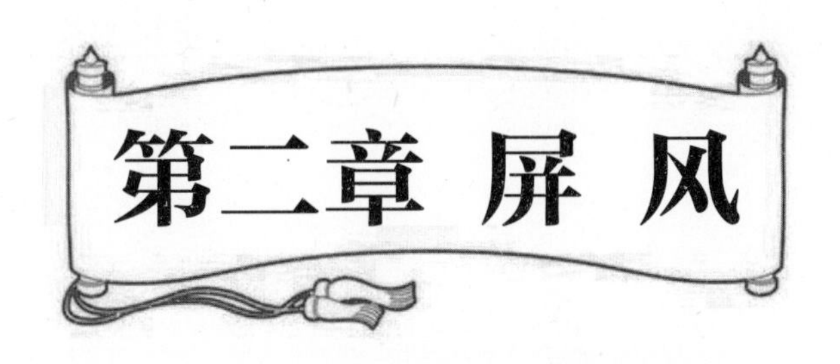

第一节 屏风基本知识

中式屏风简称屏风，是古代建筑内部挡风用的一种家具，所谓“屏其风也”。屏风作为中国传统家具的重要组成部分，历史由来已久。屏风一般陈设于室内的显著位置，起到分隔、美化、挡风、协调等作用。

中式屏风所展示出那种高贵的气势，是客厅、大厅、会议室、办公室的首选。它可以根据需要自由摆放移动，与室内环境相互辉映。以往屏风主要起分隔空间的作用，现如今更强调屏风装饰性的一面，需要营造出“隔而不离”的效果，又强调其本身的艺术效果。它融实用性、欣赏性于一体，既有实用价值，又赋予屏风以新的美学内涵，绝对是极具中国传统特色的手工艺精品。中式屏风总体分为浅浮雕中式屏风和深浮雕中式屏风两大类。

第二节 中式屏风款式

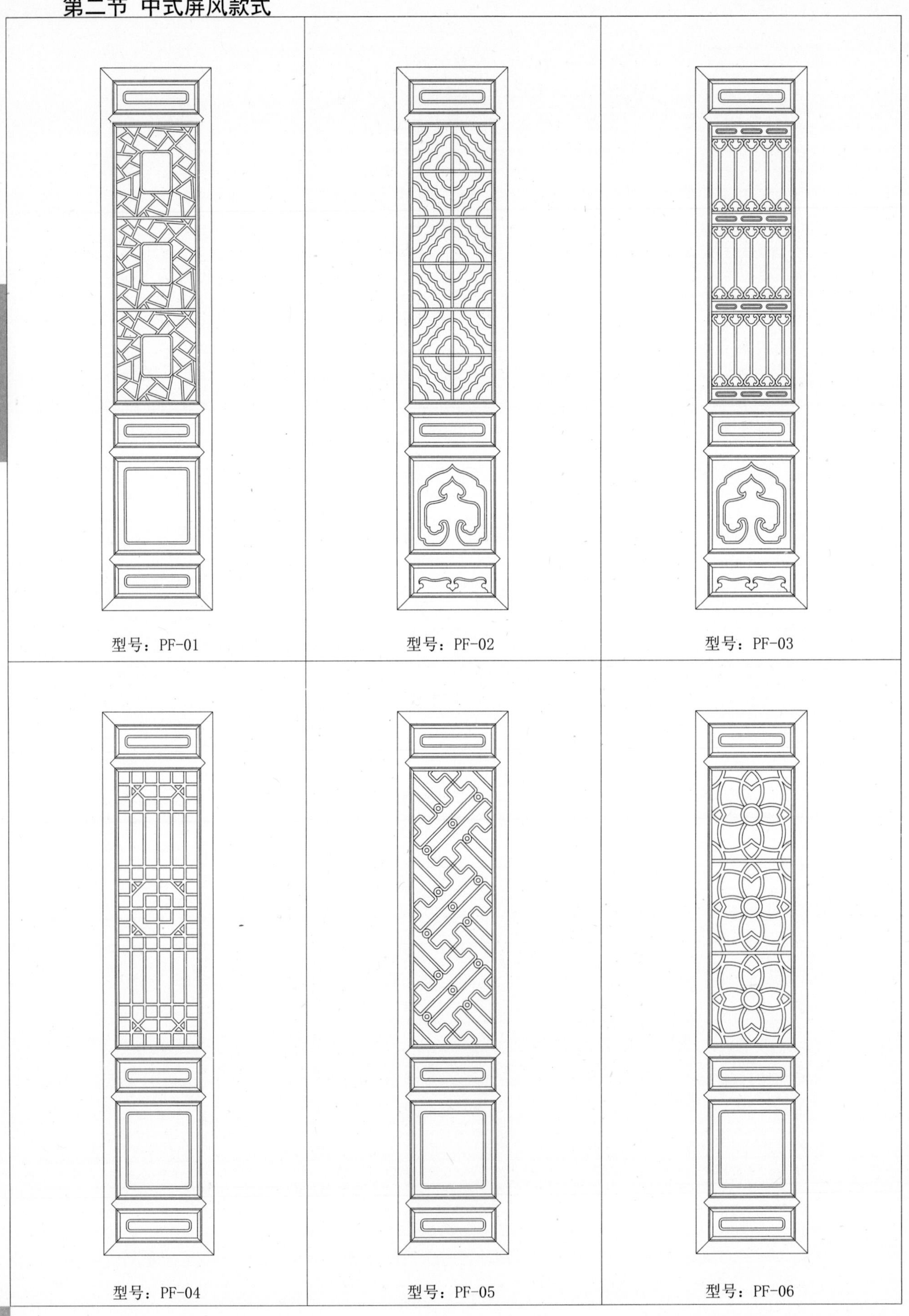

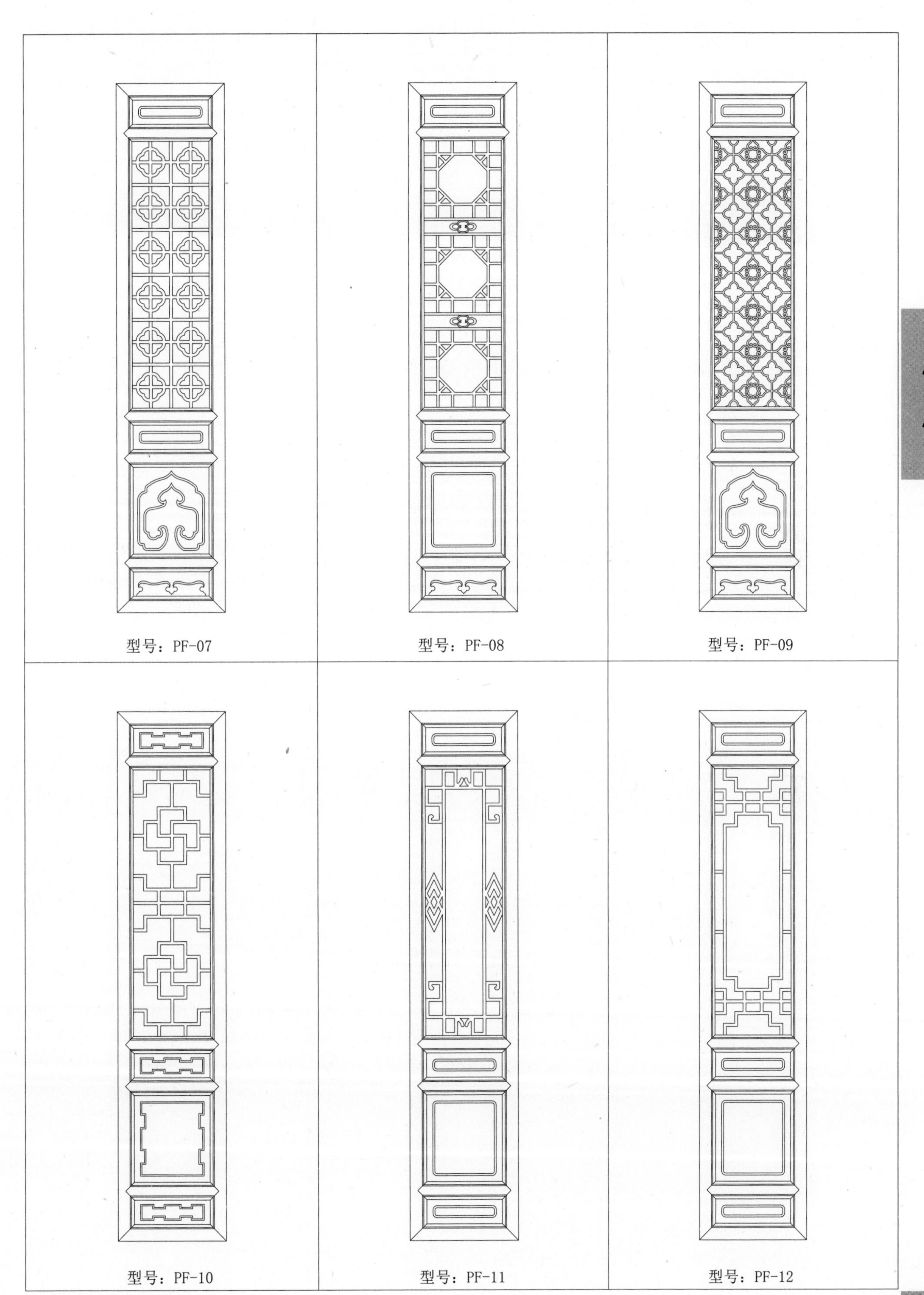
型号：PF-07
型号：PF-08
型号：PF-09
型号：PF-10
型号：PF-11
型号：PF-12

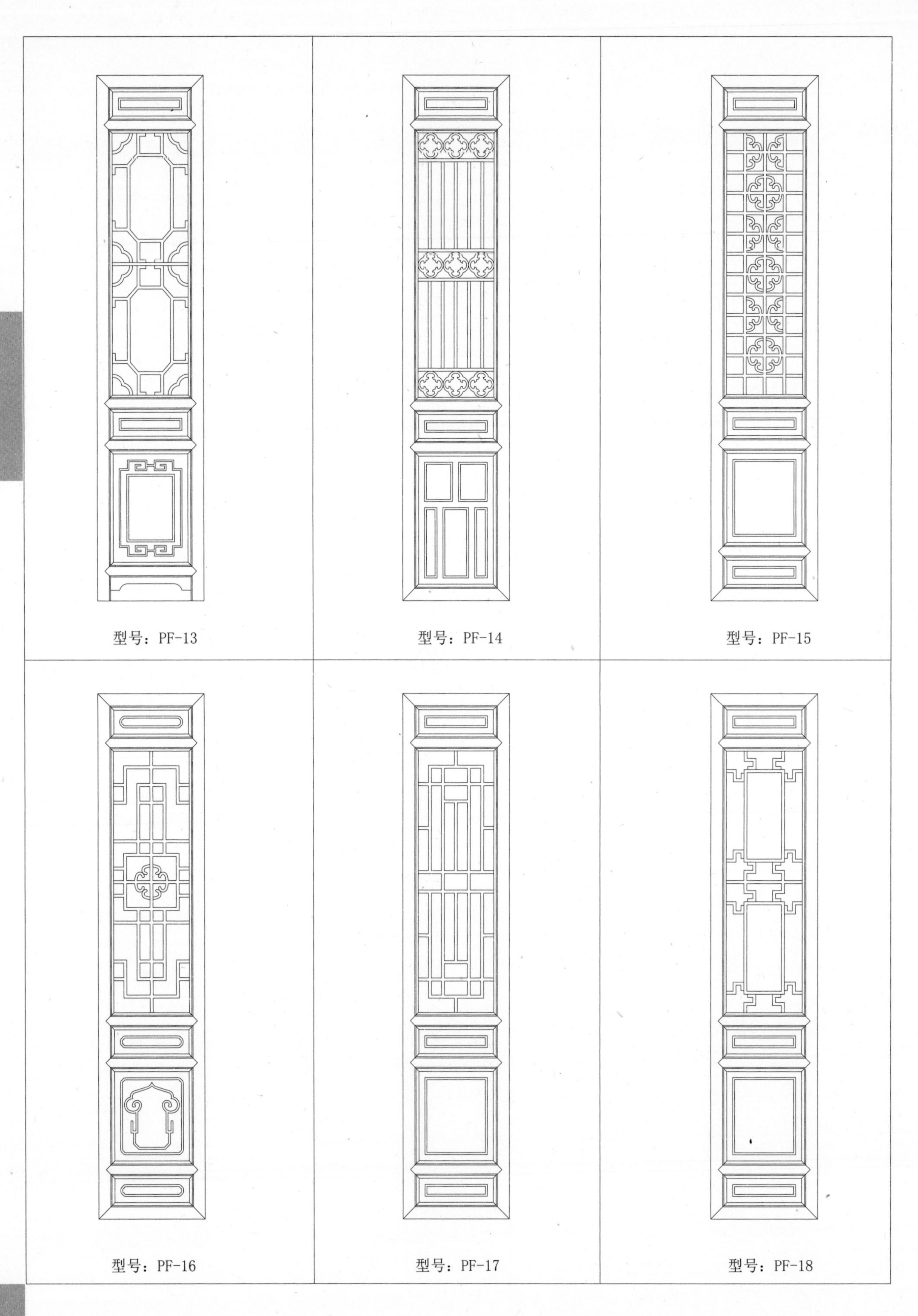

型号：PF-13

型号：PF-14

型号：PF-15

型号：PF-16

型号：PF-17

型号：PF-18

型号：PF-19
型号：PF-20
型号：PF-21
型号：PF-22
型号：PF-23
型号：PF-24

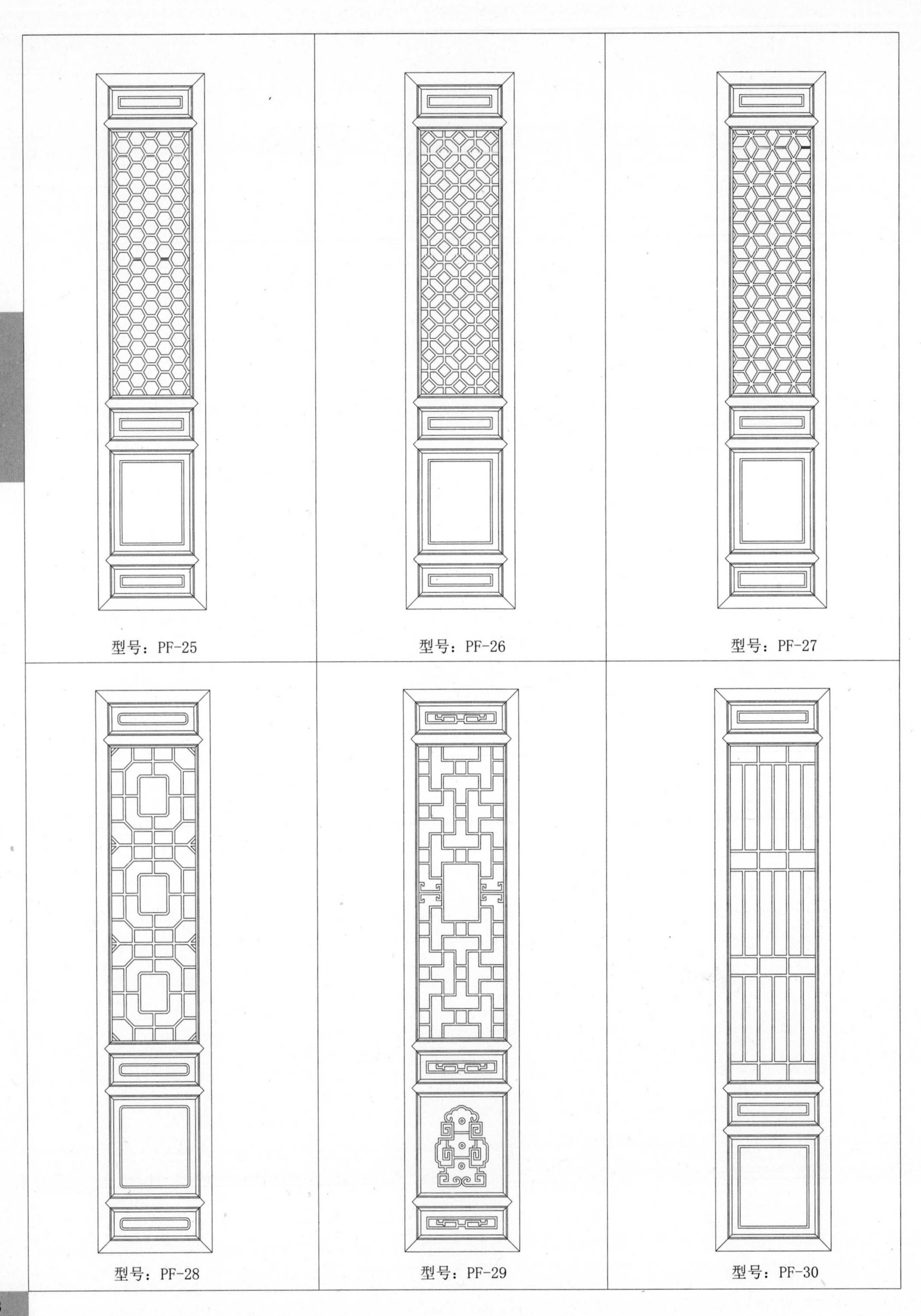
型号：PF-25
型号：PF-26
型号：PF-27
型号：PF-28
型号：PF-29
型号：PF-30

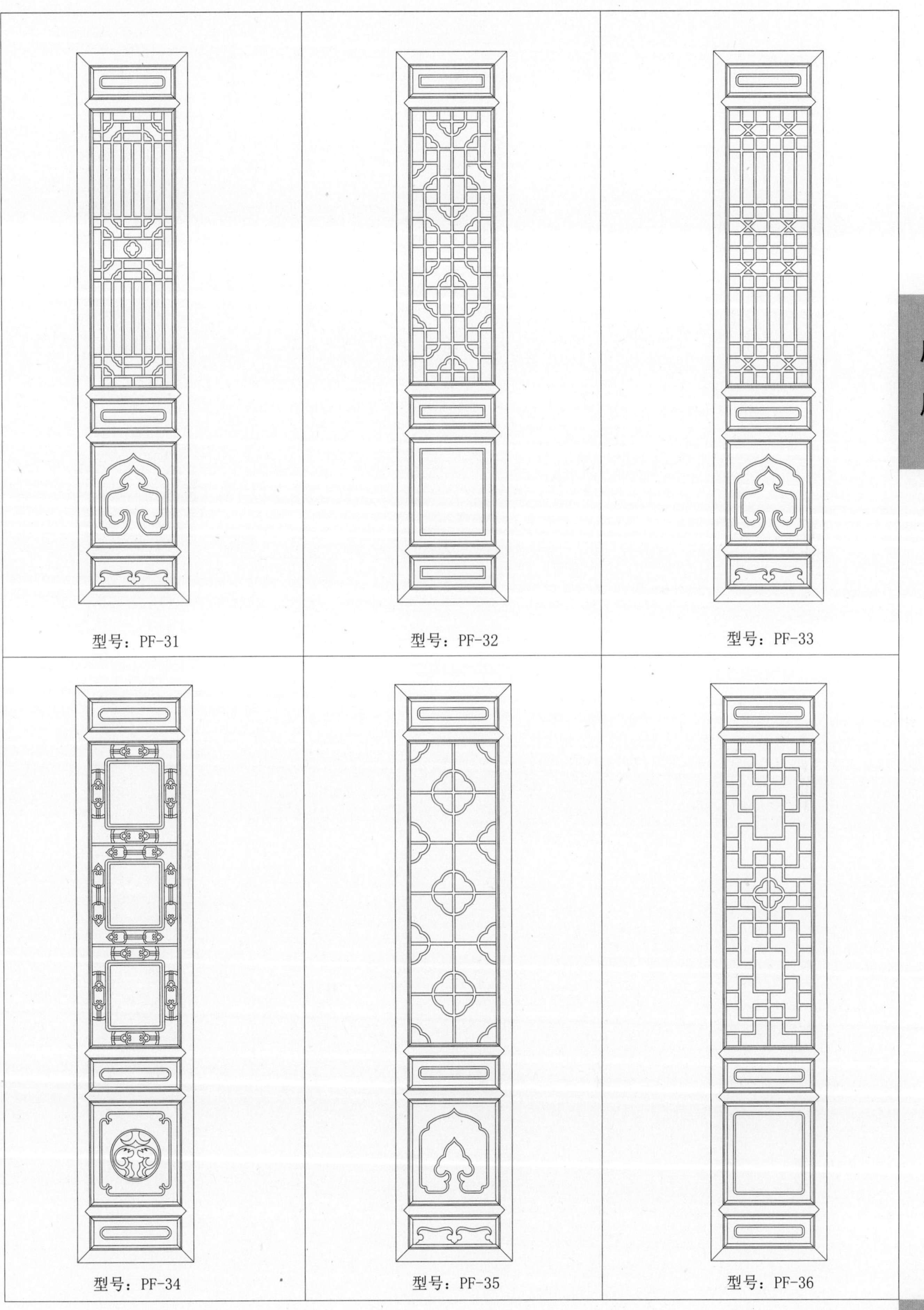
型号：PF-31
型号：PF-32
型号：PF-33
型号：PF-34
型号：PF-35
型号：PF-36

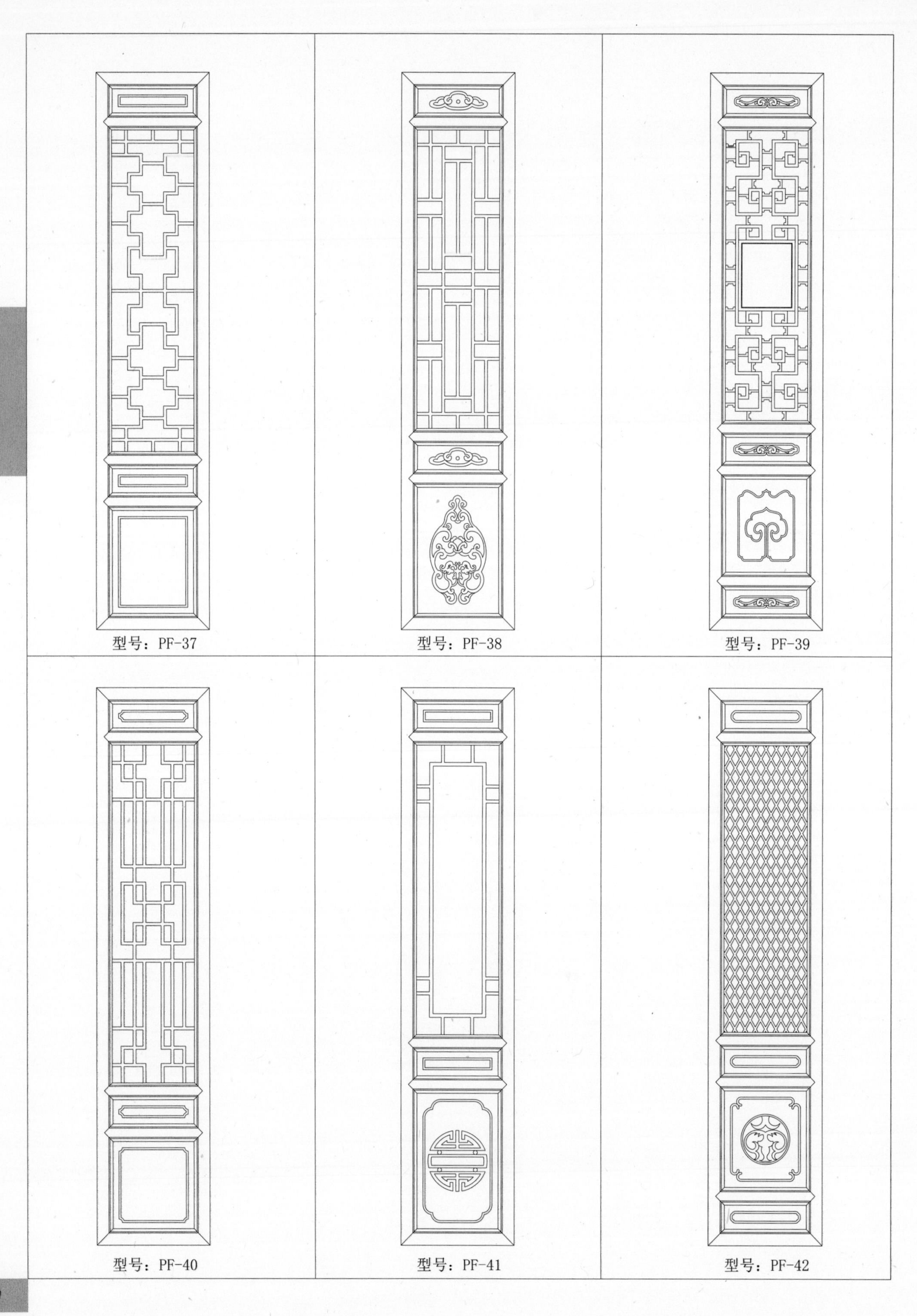
型号：PF-37
型号：PF-38
型号：PF-39
型号：PF-40
型号：PF-41
型号：PF-42

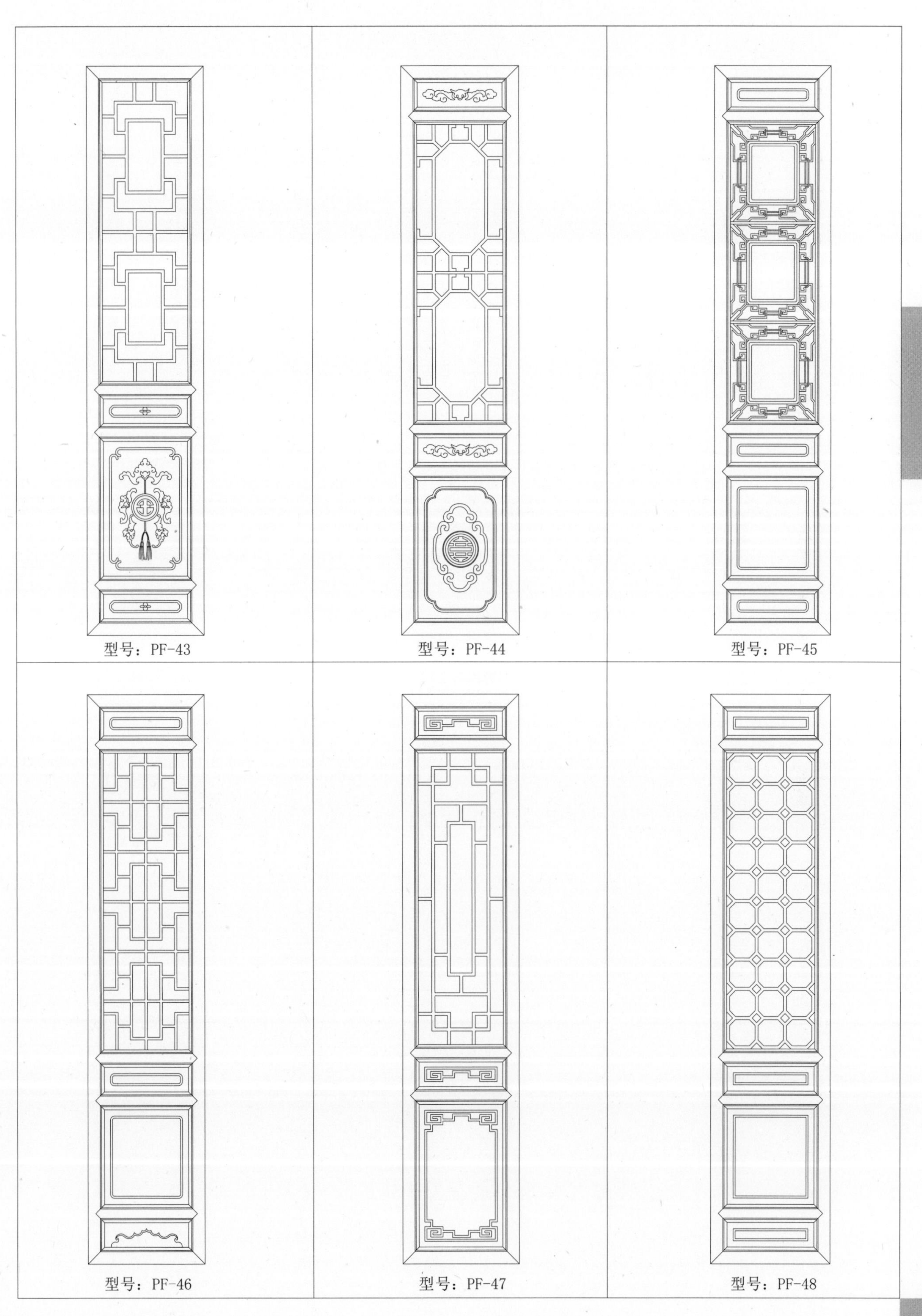
型号：PF-43
型号：PF-44
型号：PF-45
型号：PF-46
型号：PF-47
型号：PF-48

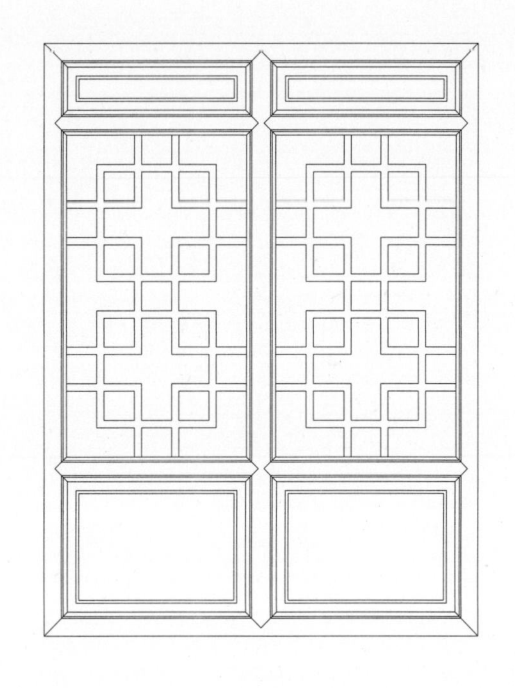

型号：PF-49

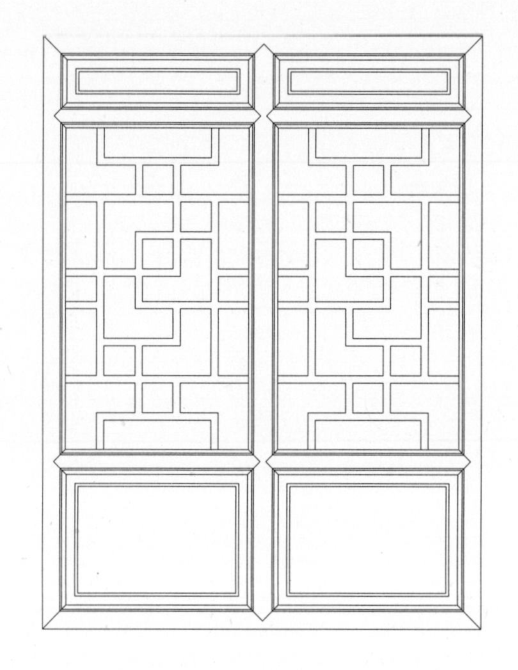

型号：PF-50

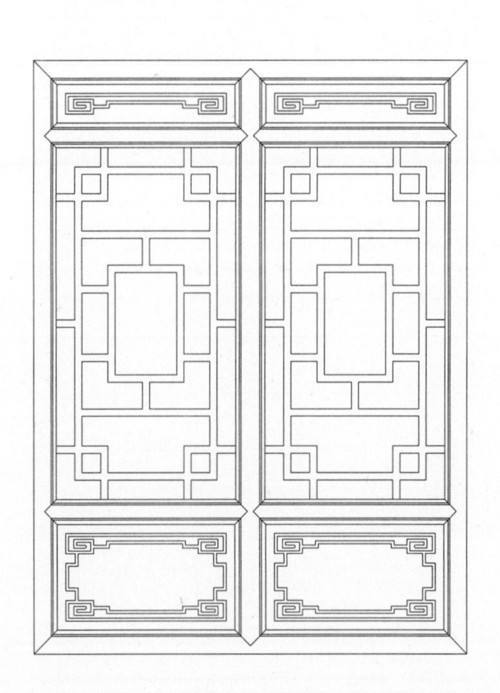

型号：PF-51

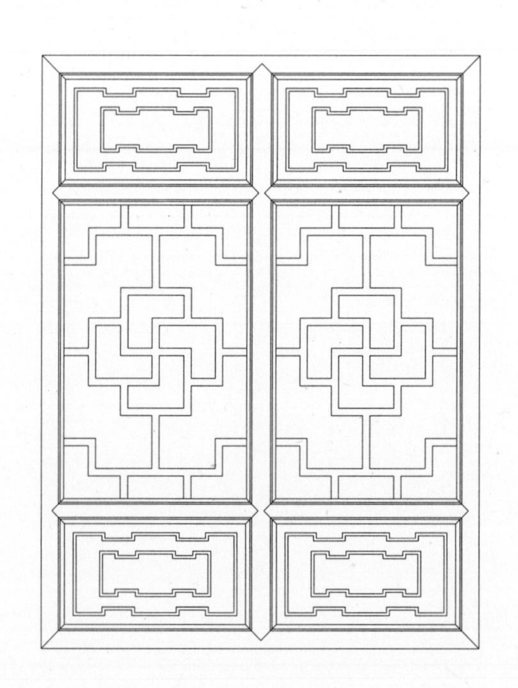

型号：PF-52

型号：PF-53

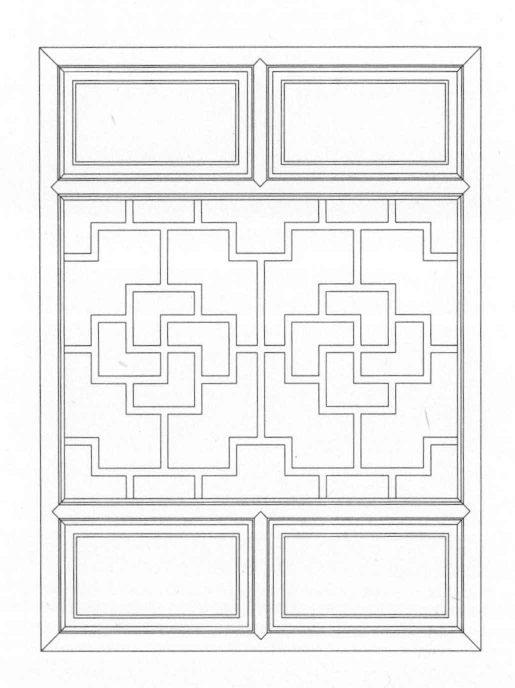

型号：PF-54

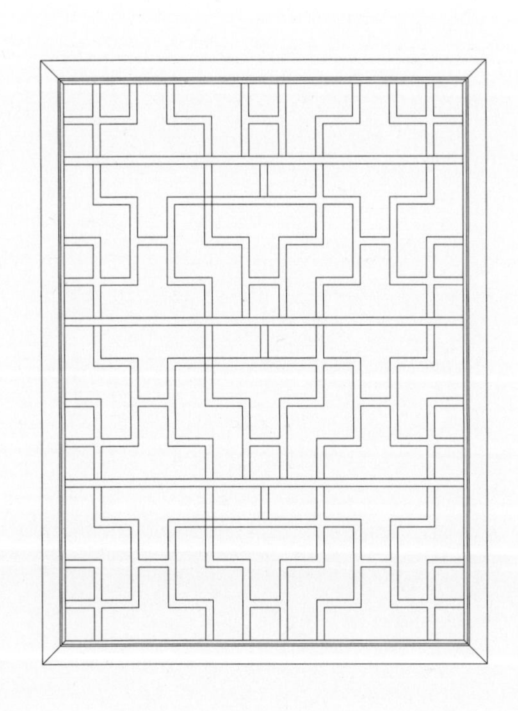

型号：PF-55

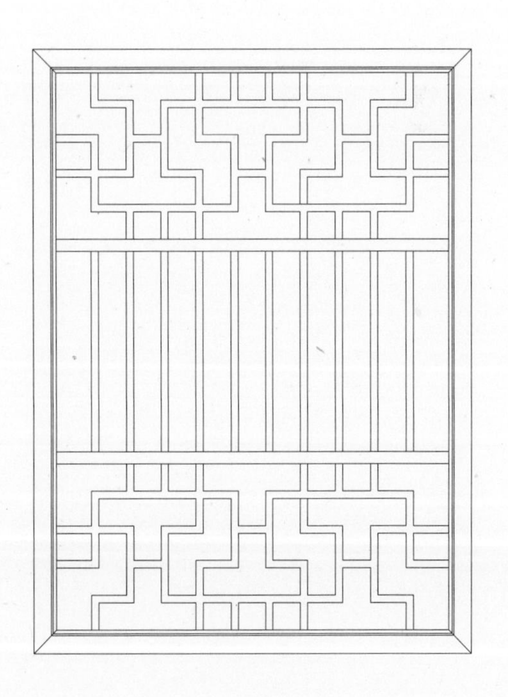

型号：PF-56

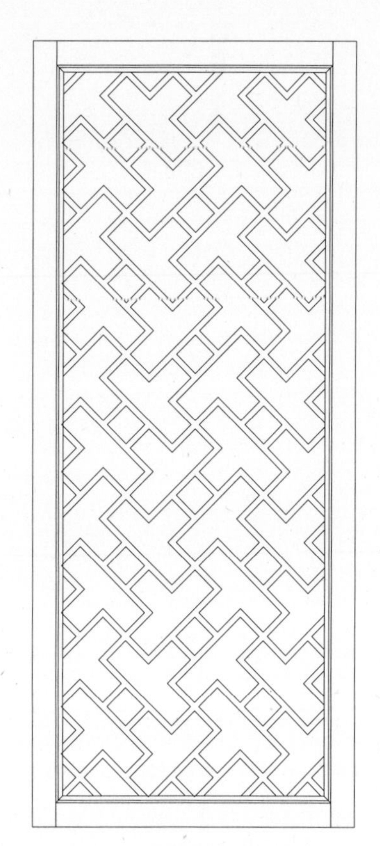

型号：PF-57

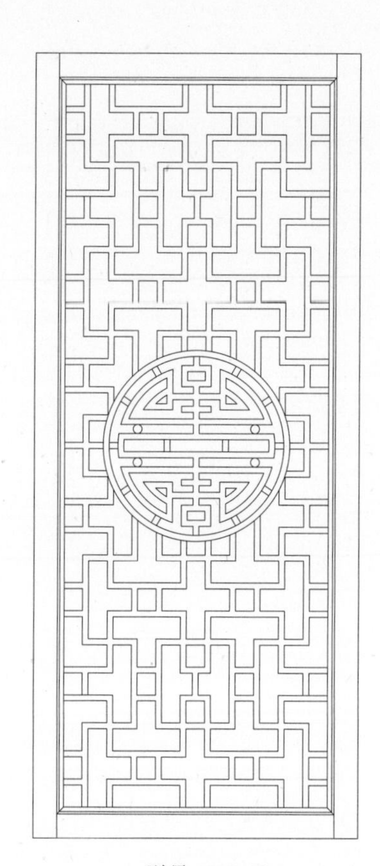

型号：PF-58

型号：PF-59

型号：PF-60

型号：PF-61

型号：PF-62

型号：PF-63

型号：PF-64

型号：PF-65

型号：PF-66

型号：PF-67

型号：PF-68

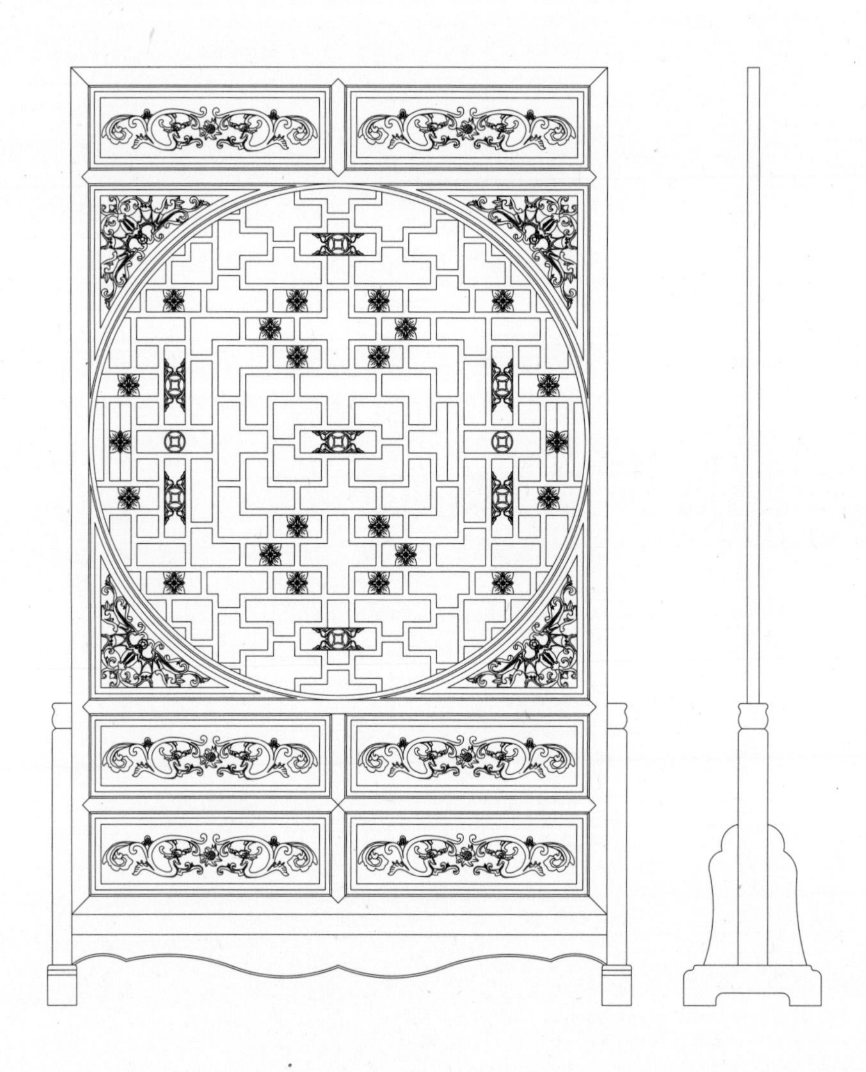

型号：PF-69

型号：PF-70

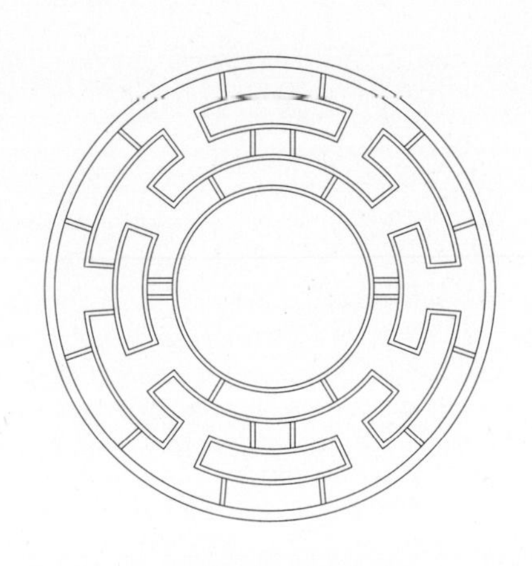

型号：PF-71

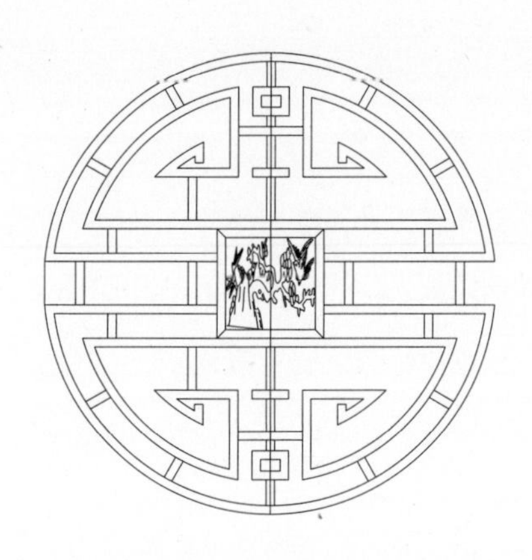

型号：PF-72

型号：PF-73

型号：PF-74

型号：PF-75

型号：PF-76

型号：PF-77

型号：PF-78

型号：PF-79

型号：PF-80

型号：PF-81

型号：PF-82

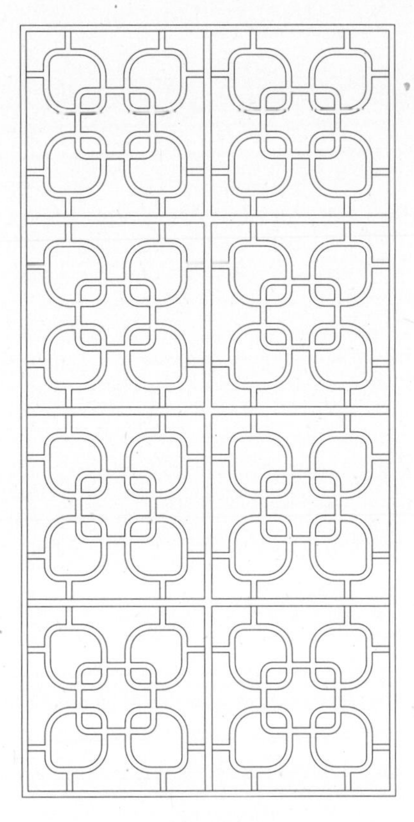

型号：PF-83

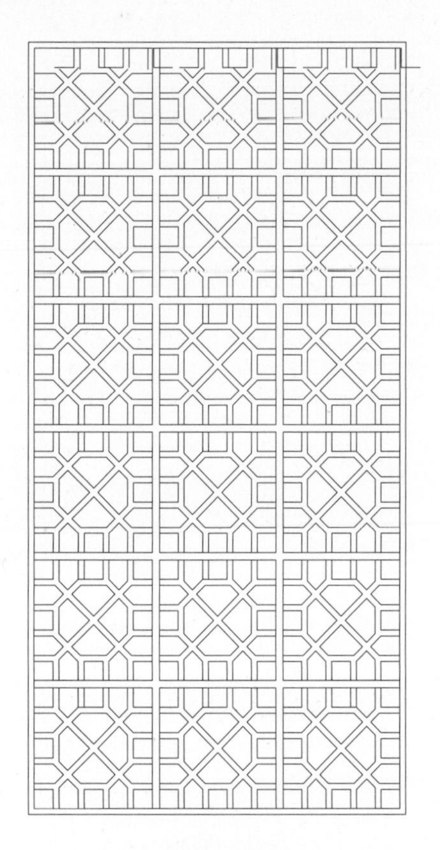

型号：PF-84

型号：PF-85

型号：PF-86

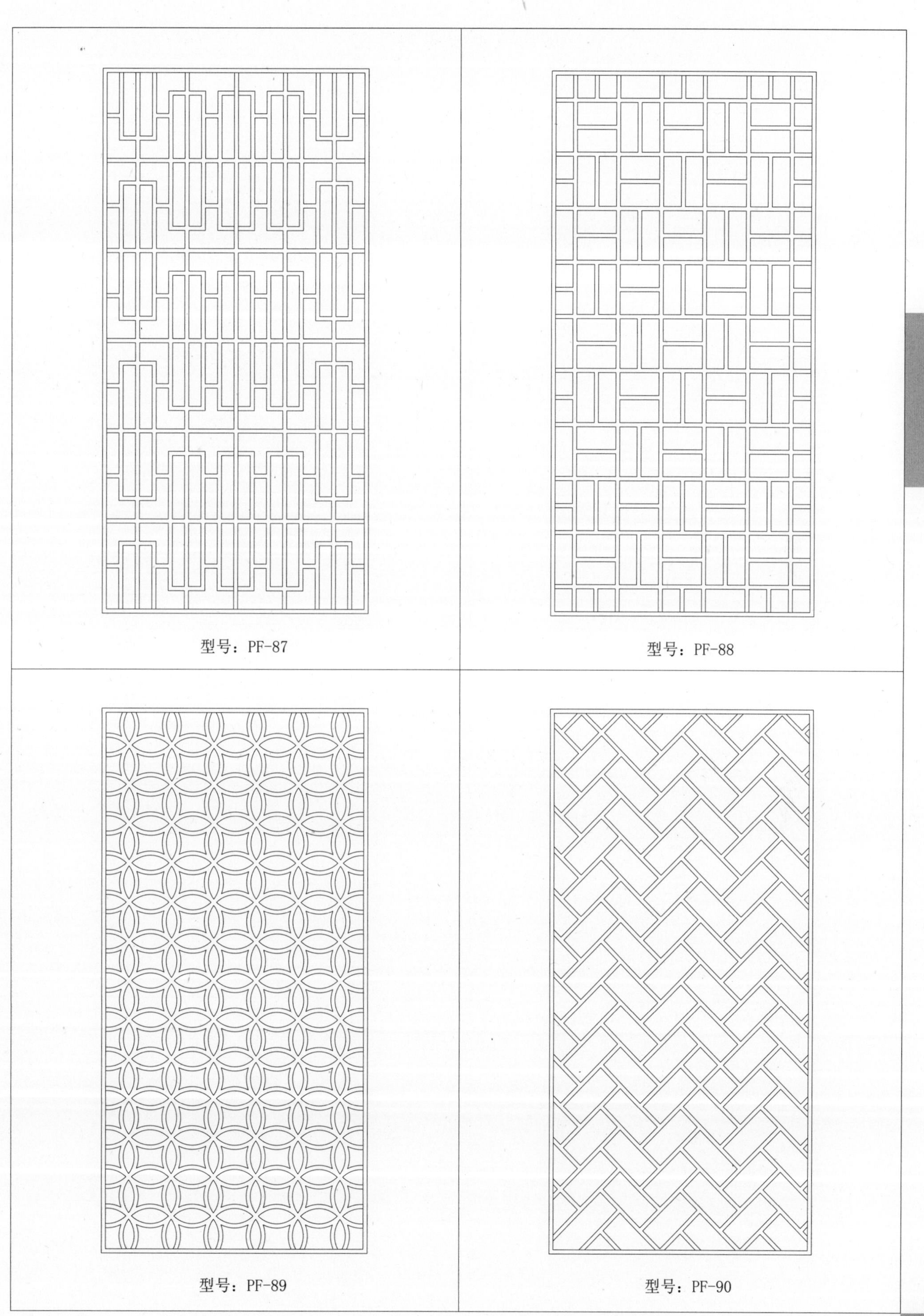
型号：PF-87
型号：PF-88
型号：PF-89
型号：PF-90

型号：PF-91

型号：PF-92

型号：PF-93

型号：PF-94

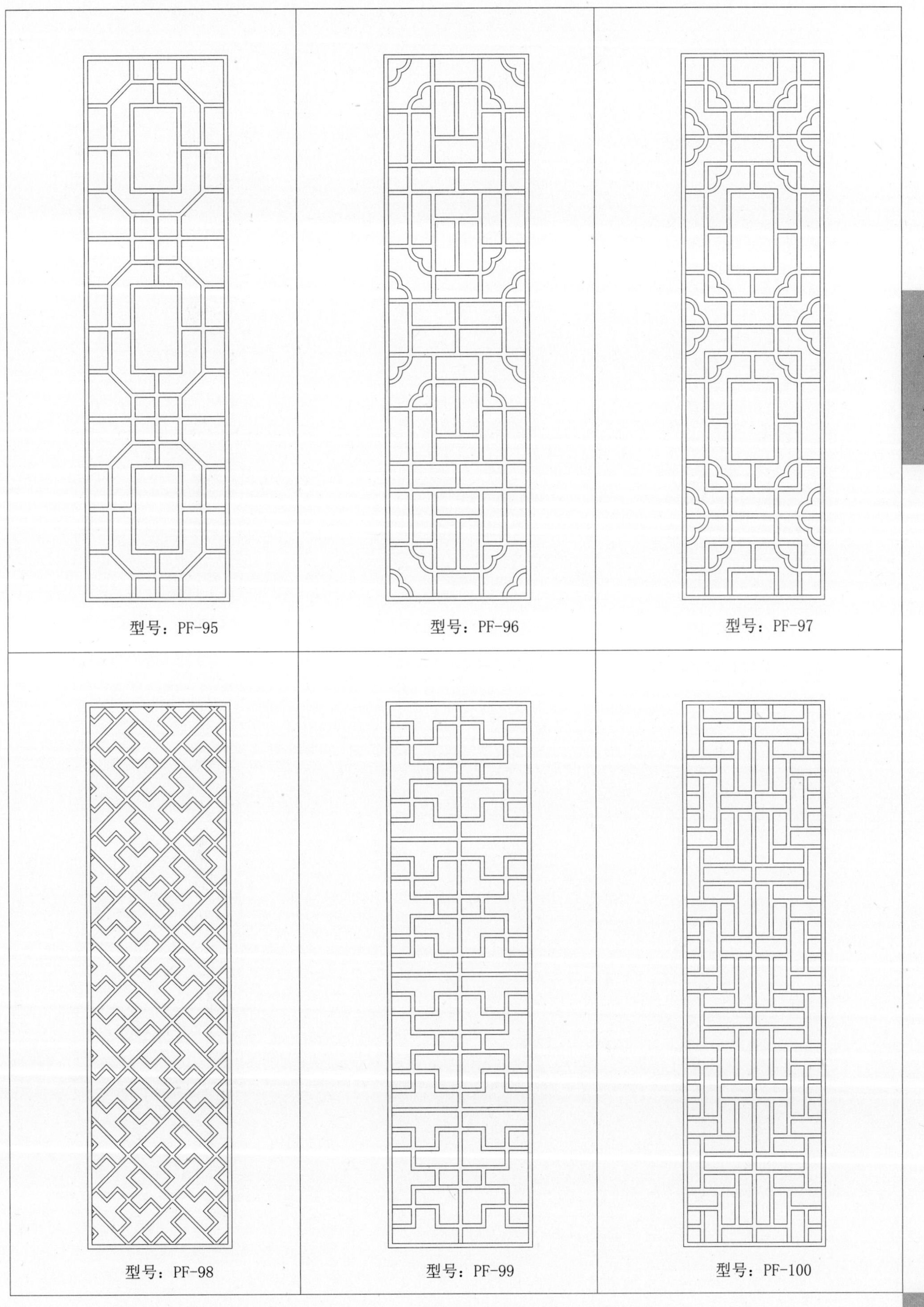
型号：PF-95
型号：PF-96
型号：PF-97
型号：PF-98
型号：PF-99
型号：PF-100

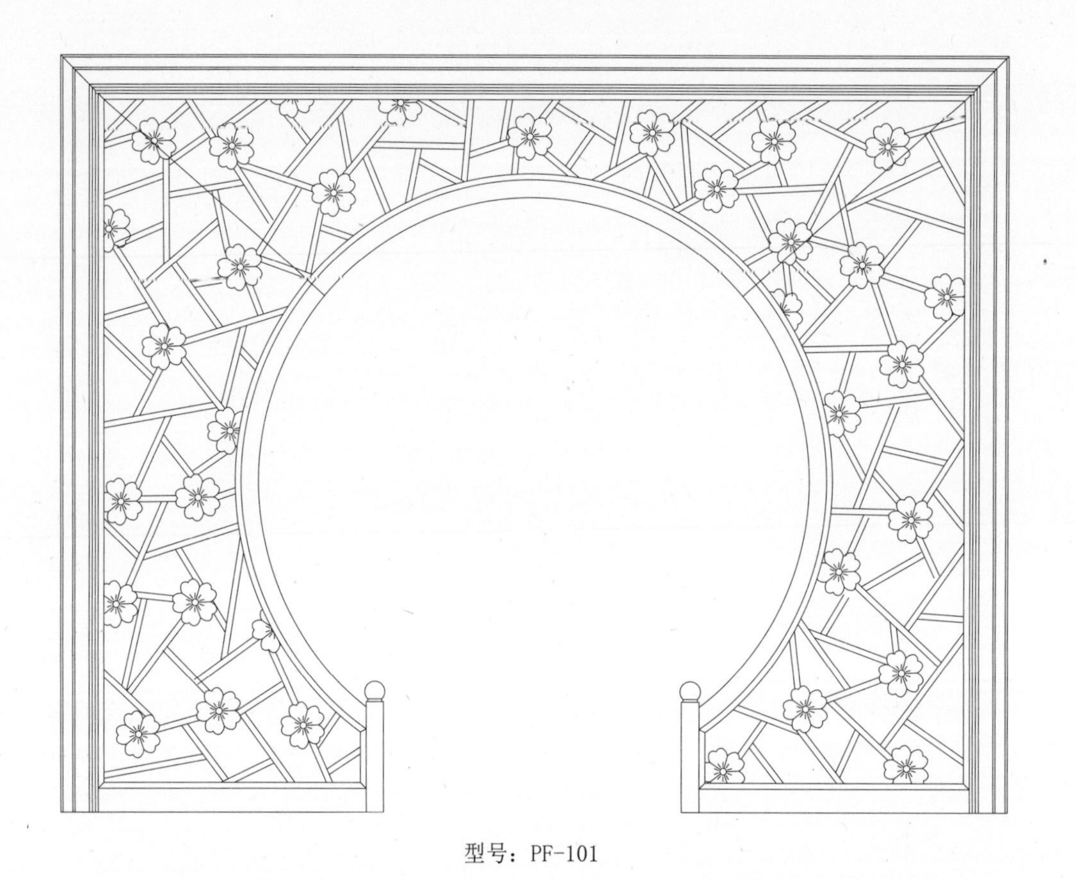

型号：PF-101

型号：PF-102

型号：PF-103

型号：PF-104

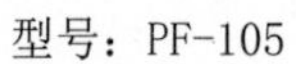

型号：PF-105

型号：PF-106

型号：PF-107

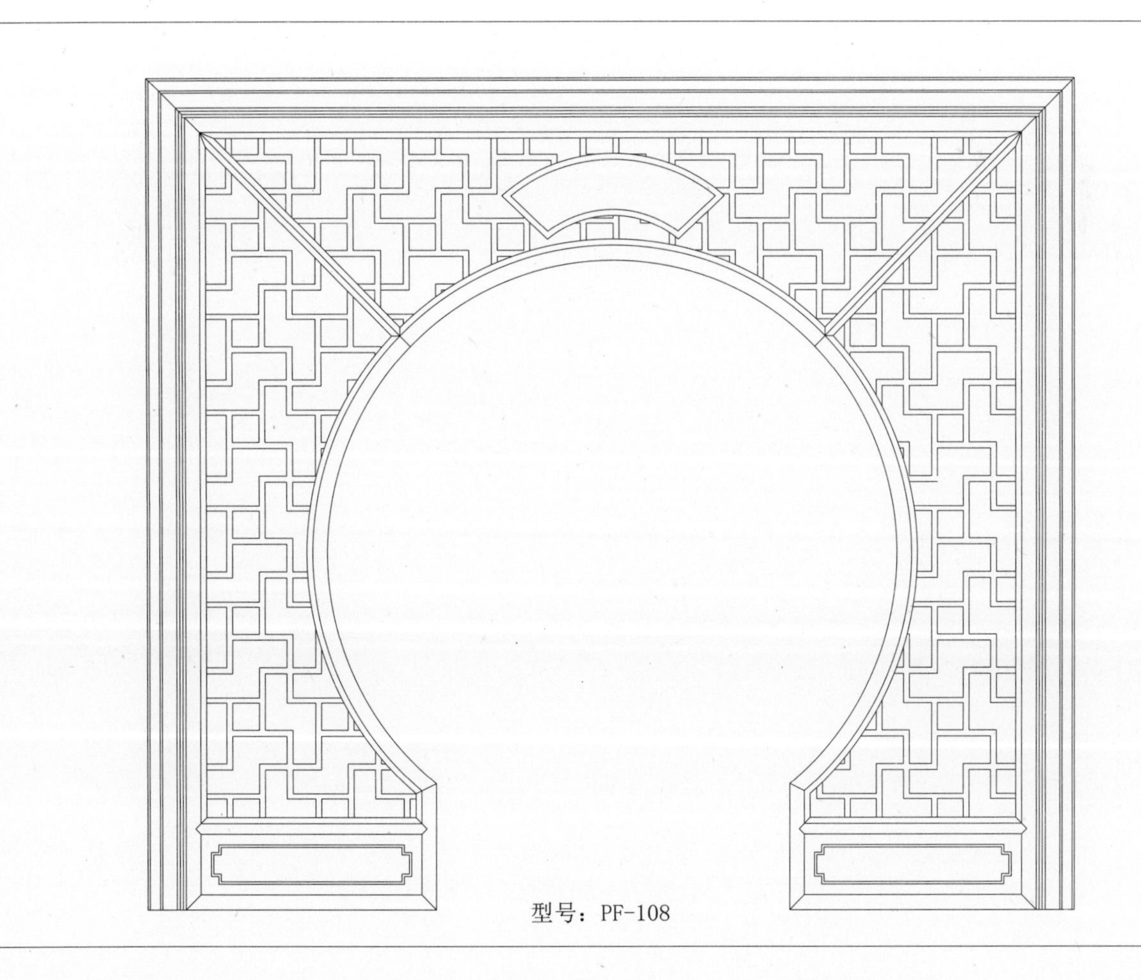

型号：PF-108

型号：PF-109

型号：PF-110

型号：PF-111

型号：PF-112

型号：PF-113

型号：PF-114

型号：PF-115

型号：PF-116

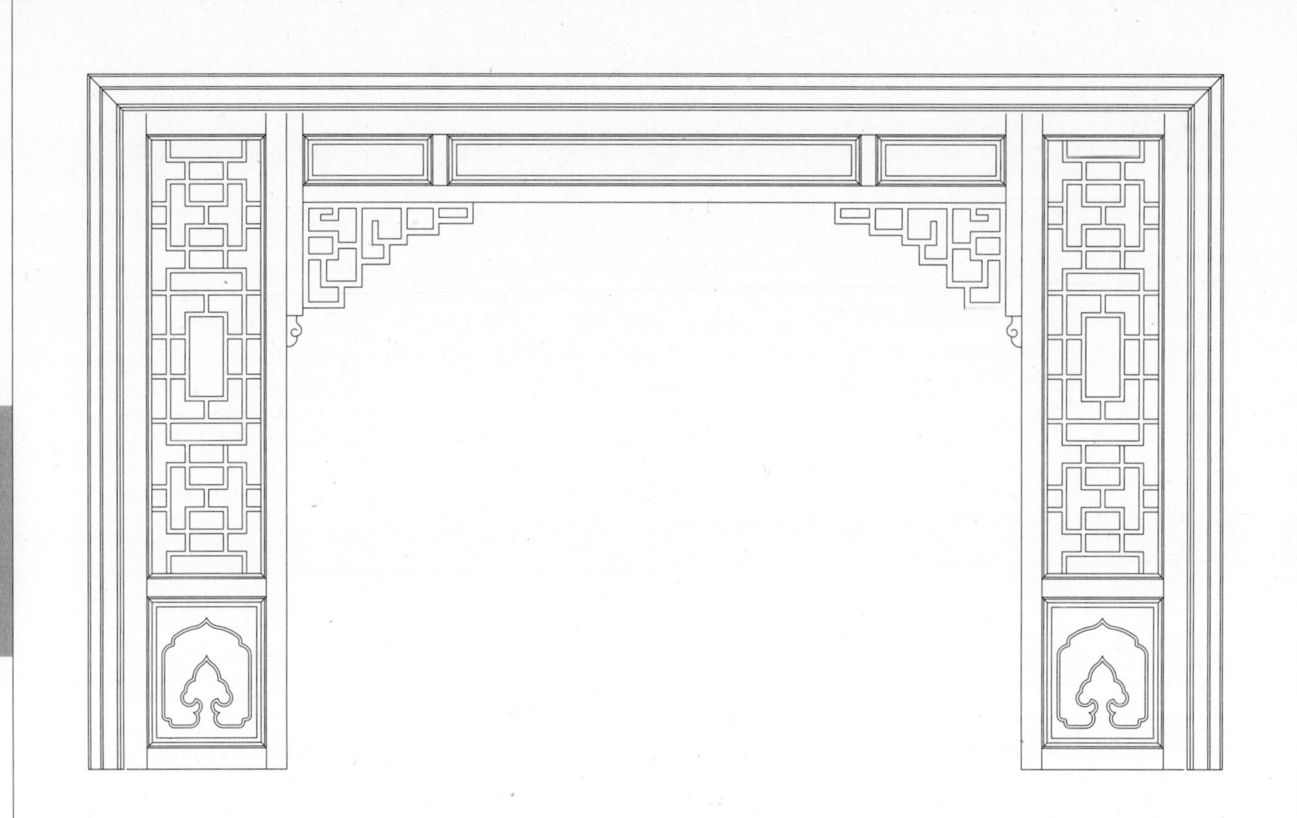

型号：PF-117

型号：PF-118

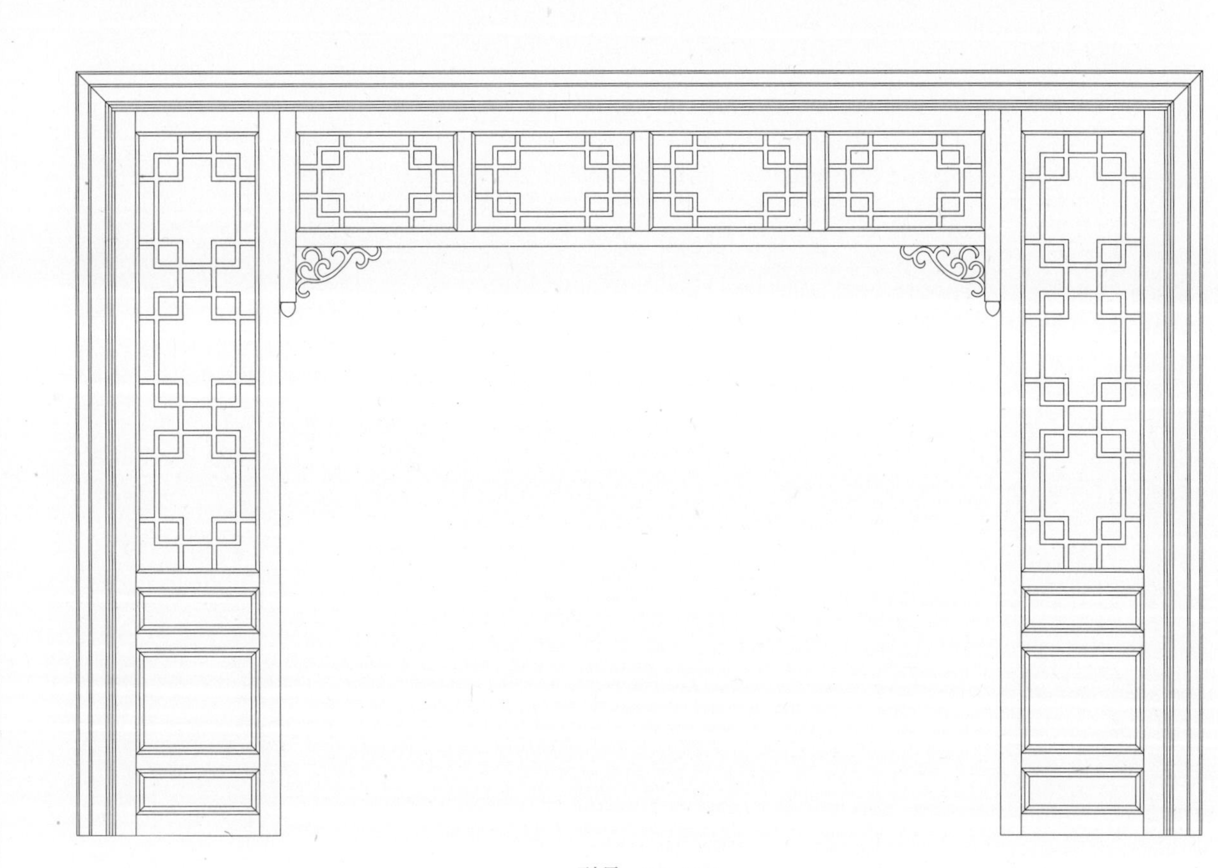

型号：PF-119

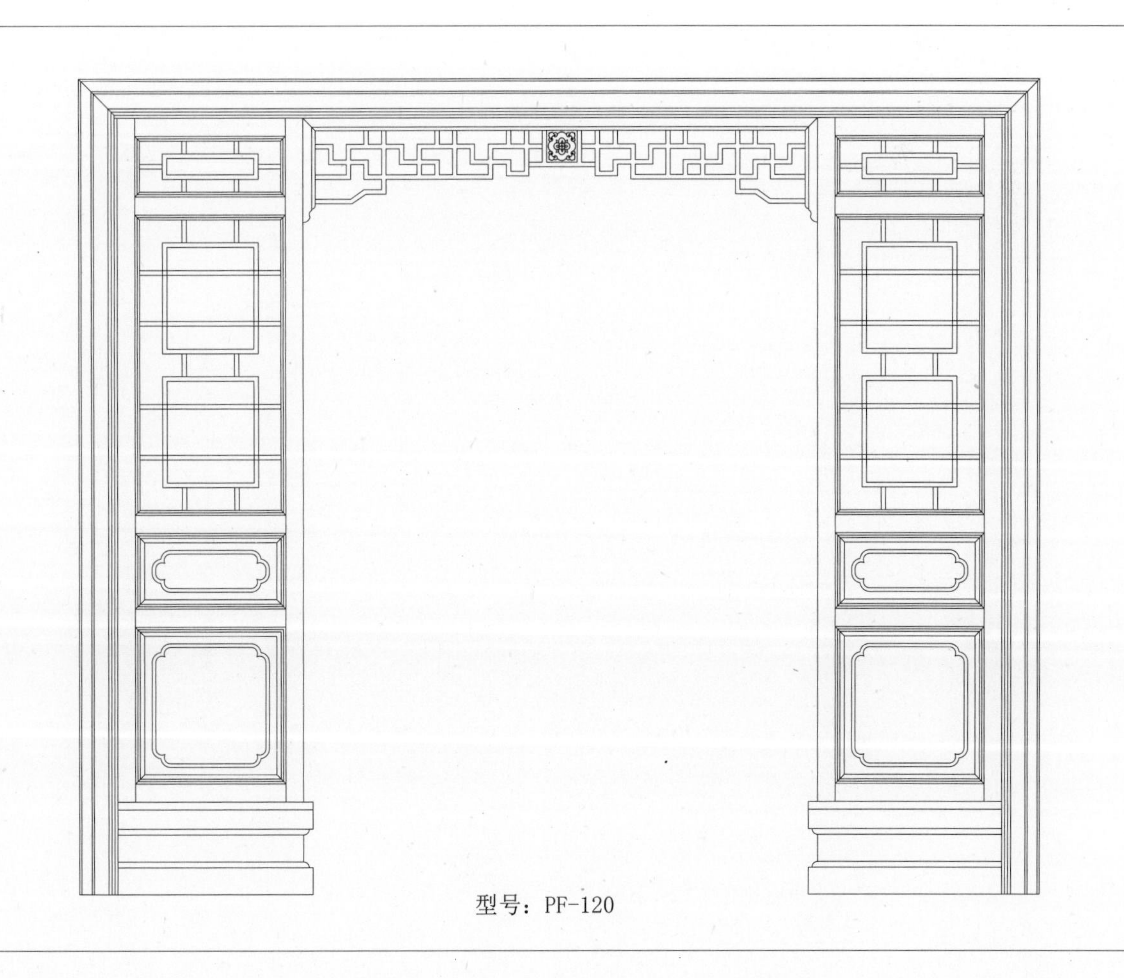

型号：PF-120

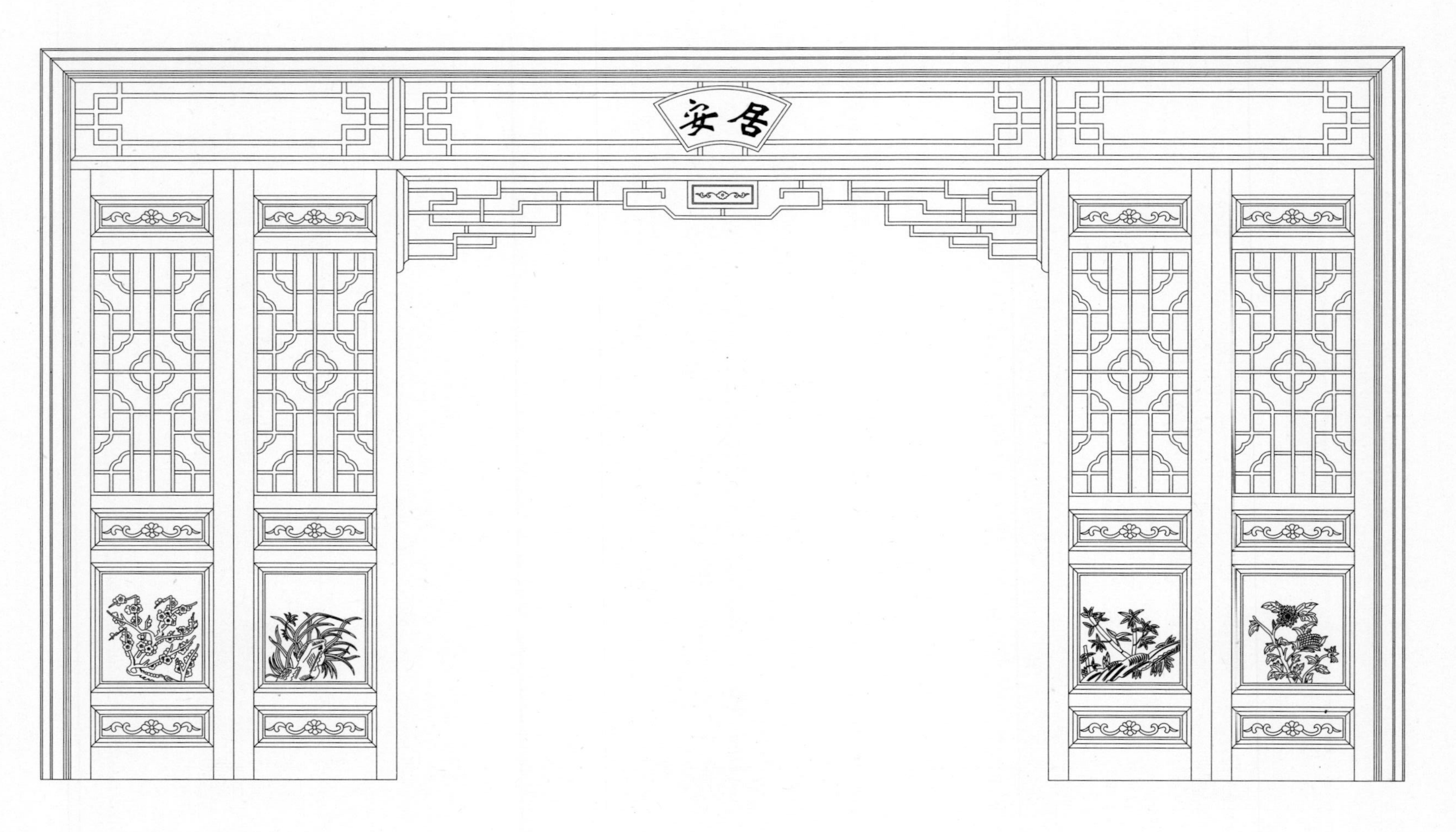

型号：PF-121

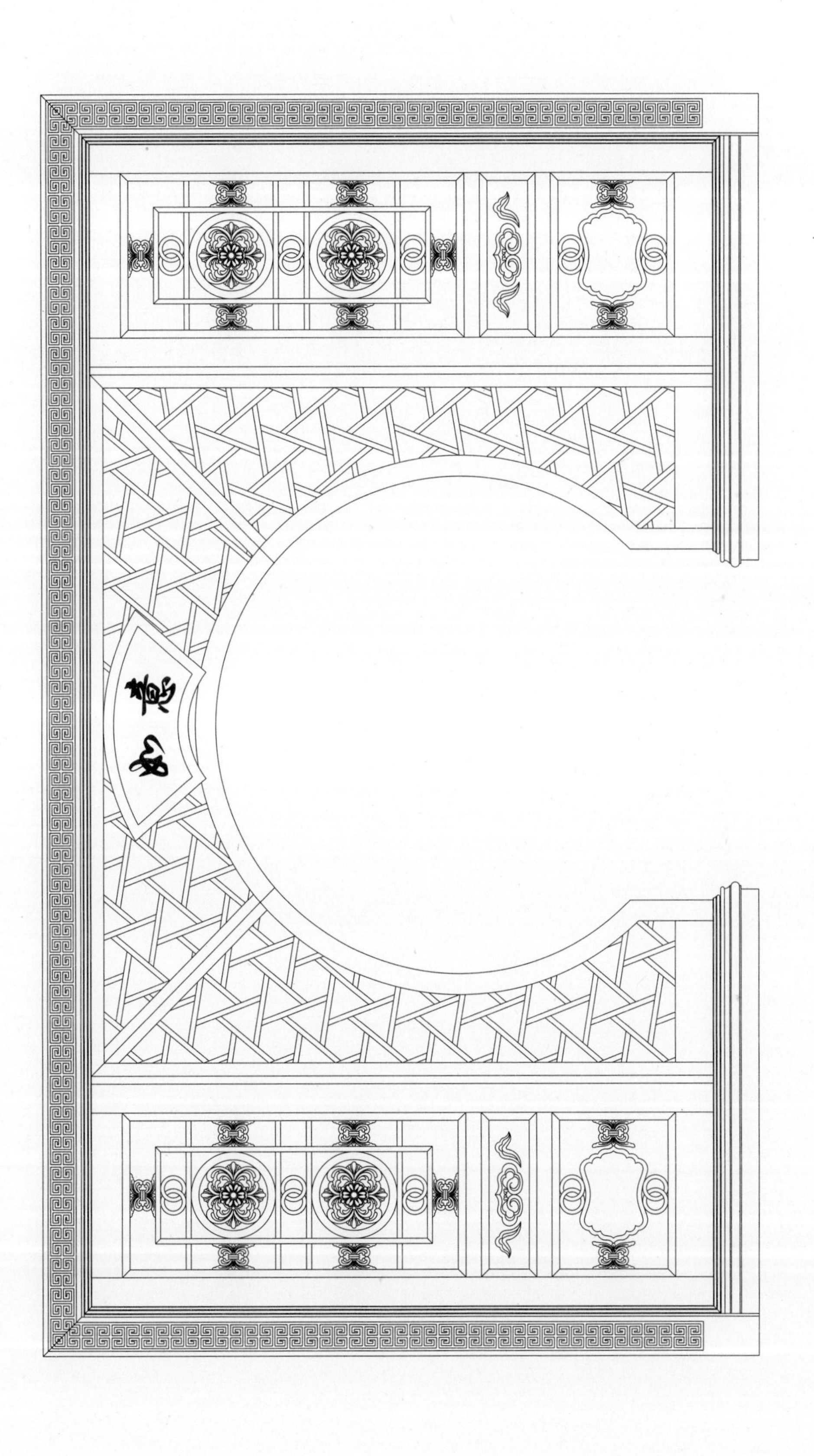

型号：PF-122

型号：PF-123

型号：PF-124

图书在版编目（C I P）数据

全屋定制 CAD 标准图集 . 1 / 名门汇编 . -- 北京 : 中国林业出版社 , 2019.5

ISBN 978-7-5219-0053-8

Ⅰ . ①全… Ⅱ . ①名… Ⅲ . ①室内装饰设计—计算机辅助设计— AutoCAD 软件—图集
Ⅳ . ① TU238.2-39

中国版本图书馆 CIP 数据核字 (2019) 第 076314 号

中国林业出版社
责任编辑：李 顺　薛瑞琦
出版咨询：（010）83143569

出版：中国林业出版社（北京西城区德内大街刘海胡同 100009）
网站：http://www.forestry.gov.cn/lycb.html
印刷：深圳市汇亿丰印刷科技有限公司
发行：中国林业出版社
电话：（010）83143500
版次：2019 年 5 月第 1 版
印次：2019 年 5 月第 1 次
开本：889 mm × 1194 mm 1/16
印张：16
字数：200 千字
定价：198.00 元